航空侦察图像三维重建理论与工程实现

王培元　赵静　衣晓　著

国防工業出版社
·北京·

内 容 简 介

本书系统介绍了航空侦察图像三维重建的关键理论与技术，给出了重建系统的工程实现方法。首先，对基于图像三维重建的数据采集方法进行介绍；其次，分别对特征提取与匹配、相机标定、稀疏点云重建、密集点云重建、表面重建以及纹理映射几个主要重建环节的基本理论进行阐述；再次，针对海面舰船图像特点，构建了显著区域检测、特征点检测、加权函数特征点检测方法，深入探讨了稀疏三维重建中的基础矩阵估计和光束法平差问题，给出了舰船目标三维重建系统的建设需求和设计方案，并开发了一个舰船目标混合三维重建系统；最后，通过试验验证了系统的有效性。

本书可供三维重建、目标精确识别、智能视觉等领域科研人员和工程技术人员参考，也可作为高等学校应用数学类、电子信息类、计算机应用类等专业高年级本科生或研究生的教材。

图书在版编目(CIP)数据

航空侦察图像三维重建理论与工程实现／王培元，赵静，衣晓著.—北京：国防工业出版社，2022.9
ISBN 978-7-118-12632-7

Ⅰ.①航… Ⅱ.①王… ②赵… ③衣… Ⅲ.①航空侦察—图像重建—研究 Ⅳ.①E87

中国版本图书馆 CIP 数据核字(2022)第 162868 号

※

国防工业出版社出版发行
(北京市海淀区紫竹院南路 23 号　邮政编码 100048)
北京虎彩文化传播有限公司印刷
新华书店经售

*

开本 710×1000　1/16　**印张** 15½　**字数** 273 千字
2022 年 9 月第 1 版第 1 次印刷　**印数** 1—1300 册　**定价** 118.00 元

国防书店：(010)88540777　书店传真：(010)88540776
发行业务：(010)88540717　发行传真：(010)88540762

前　言

近十多年来,基于多视角可见光图像的三维重建理论与技术日趋成熟,相关理论研究与算法构建更加多元,部分商业软件也如雨后春笋般涌现,在三维测绘、文物保护、医疗检测、自主导航等领域大放异彩,有效提升了人类的认知维度。但长久以来,对三维重建理论与三维可视化理论的阐述是分离的,即绝大多数资料对于三维重建理论的探讨集中在稀疏点云重建环节,对密集点云重建、网格构建、纹理映射等环节较少涉及。虽然在目标三维识别领域,基于三维点云即可以实现全方位识别,但为了给决策人员提供更加全面、形象的视觉体验,后续的可视化流程也是不可少的。目前,常见的国内外的三维重建软件,大多针对民用领域开发,在军事侦察领域,如何基于侦察图像,特别是航空侦察图像,对复杂战场环境或战场特定目标,给出专业三维重建软件的开发方案,也较为少见。因此,进一步梳理全流程三维重建理论并开发更加专业的重建系统,将极大提高图像情报的利用率和保障水平,引领军事智能化中的视觉潮头。

本书是对近年来智能视觉感知技术基础——图像三维重建技术的一个阶段总结和应用扩展,主要针对多角度、非定标的航空侦察可见光图像,系统地梳理了全流程航空图像三维重建理论,创造性地将非线性泛函不动点理论与计算机视觉理论进行了交叉融合,利用不动点迭代方法解决了三维重建中面临的一些难题,并在算法优化的基础上,给出了一套专业三维重建系统的顶层论证和总体设计方法,以期在理论优化、技术应用、工程实现相融合的基础上,为业内人员提供参考。

全书共分为六部分:第1、第2章为概述与数据采集方法部分,针对三维重建数据需求,系统地给出了合理的图像采集方法,以获取更优的重建结果;第3~第8章为三维重建理论阐述部分,分别从特征点提取与匹配、相机标定、稀疏点云重建、密集点云重建、表面重建以及纹理映射几个方面,系统深入地对相关原理和算法进行了介绍,为重建系统的开发奠定了理论基础;第9~第13章为重建典型环节优化算法部分,分别从预处理环节、特征提取环节以及稀疏重建环节进行了算法优化研究;第14、第15章为三维重建系统工程化研究部分,基于某专业三维重建系统的建设需求和各类指标要求,给出了一个系统的构建方案,并以此开发了一套混合三维重建系统；第 16、第 17 章为试验测试及结果分析部分，通过对不同图像数据、软件和拍摄条件的对比测试，验证了所研发软件的有效性，并进一步给出了三维模型数据的质量评价、组织管理和共享发布的基本要求。

全书的策划与撰写由王培元负责，赵静与衣晓对实验数据进行了整理，海军航空大学关欣教授、海军研究院周建军研究员、陆军工程大学周海云教授指导了本书的写作，在此一并表示感谢。

由于侦察图像三维重建理论的发展非常迅速，作者受理论储备和工程经验的限制，书中难免存在不妥和疏漏之处，恳请专家学者批评指正。

王培元

2021 年 6 月

主要缩略词说明

SfM	structure from motion	从运动恢复结构
BA	bundle adjustment	光束法平差
DEM	digitalelevation model	数字高程模型
DOM	digitalorthophoto map	数字正射影像图
DSM	digitalsurface model	数字表面模型
GPS	global positioning system	全球定位系统
GIS	geographic information system	地理信息系统
GSD	ground sample distance	地面分辨率
SIFT	scale-invariant feature transform	尺度不变特征变换
MVS	multiple-view stereo	多视角立体视觉
CMVS	clusteringviews for multi-view stereo	聚簇多视角立体视觉
PMVS	patch-based multi-view stereo	基于贴片的多视角立体视觉
HSV	hue, saturation, value	色调、饱和度、亮度
CRF	corner response function	角点响应函数
HSDM	hybrid steepest descent method	混合最速下降法
PGM	projected gradient method	投影梯度法
VI	variational inequalities	变分不等式
VIP	variational inequality problem	变分不等式问题
GVIP	general variationalinequality problems	广义变分不等式问题
SFP	split feasibility problem	分裂可行性问题
MSSFP	multiple-set split feasibility problem	多重集合分裂可行性问题
RCQ	relaxed CQ	松弛的 CQ(算法)

主要符号说明

$\mathbb{N}$	自然数集
$\mathbb{R}$	实数集
$\varnothing$	空集
$\langle \cdot, \cdot \rangle$	Hilbert 空间中的内积
$\Vert \cdot \Vert$	Hilbert 空间中的诱导范数
I	图像或 Hilbert 空间上的恒等映射
$\mathrm{dom}(T)$	映射 T 的定义域
$\mathrm{Fix}(T)$	T 的不动点集
$\to$	强收敛
$\rightharpoonup$	弱收敛
$\overline{\lim_n}$	上极限
$\underline{\lim}$	下极限
$\omega_w(x_n)$	序列 $\{x_n\}$ 的弱 ω -极限点集
$\{x_n\}$	空间 X 中的序列
$S(X)$	X 中的单位球面
$\Rightarrow$	蕴含
$\Leftrightarrow$	当且仅当
$\forall$	对所有的,任意固定的
$\exists$	存在某个(一些)
∂f	泛函 f 的次微分
∇f	泛函 f 的梯度
$\square$	证毕

目　录

第一部分　概述及数据采集方法

第二部分 基于运动恢复结构的三维重建理论研究

第四部分 三维重建系统工程化研究

第一部分　概述及数据采集方法

传统对航空侦察图像进行人工判读与标注的方式,已难以满足未来智能精确作战的需要。基于航空侦察图像全自动、快速地重建出目标或环境的三维模型,属高级数字测绘与高级计算机视觉领域的交叉,也是武器装备智能视觉发展的重要技术支撑。当前,基于航空图像对地理环境开展三维重建的研究已较为常见,在航空摄影测量、数字测绘等地理信息领域已经发展的较为成熟,其重建案例本书不做讨论。但基于航空图像,对地面或海面典型武器装备开展三维重建的研究尚不多见,故本书主要以基于航空侦察图像的舰船目标三维重建为例,探讨航空侦察图像三维重建的基本理论与工程实现方法。

本部分首先对舰船目标的三维重建需求、三维重建技术及软件的发展现状、相关不动点优化算法的发展现状及本书的主要内容进行总体的介绍;其次,在采用基于侦察图像和从运动恢复结构(SfM)的方法进行舰船目标三维重建时,为取得更优的结果,本部分针对舰船目标及其场景属性,系统地给出侦察监视时的图像采集方法,为三维侦察监测能力的提升和海空侦察摄影规范的更新提供参考。

第1章 概　述

当前,外军舰船打着"自由航行"的旗号频繁活跃于我国敏感海域,是作战关注的重点目标。随着航空摄影装备的发展,各类非接触式、高清长焦距的CCD侦察系统正在逐步装备完善,从一定程度上缓解了对海上舰船目标"看不清"的问题。但是从现有的图像数据中,无法直观地获取这类目标的深度信息,仅凭多角度、多位置的图像数据集,缺乏作战目标准确的空间参数,"辨不明"的困难依然存在。例如,对于精确制导武器,如果在末制导阶段难以对相似和隐身目标以及典型目标要害部位进行精确识别,就无法实行空射平台的全方位发射与立体定点打击。"辨不明"的实质是后端图像处理中的目标识别问题,缺乏各类舰船目标先验信息数据库的有效支持,使舰船目标的精确、快速识别工作很难高效开展。

对于海面舰船目标的拍摄,不仅距离较远,而且容易形成多角度、多位置、多时域、不同比例尺的图像数据,视点变化较大,很难获得全方位的图像数据,不利于对目标进行有效的识别。并且舰船属于十分复杂的目标,各类舰炮、雷达及导弹发射装置等实体结构复杂,相互影响,互相遮挡。更兼对海拍摄图像易存在耀斑、云雾遮挡,在对舰船目标图像进行特征提取时,很容易产生积累误差和外点,降低重建和识别过程中的匹配效率。而且,在当前基于多视图像的三维重建几个关键环节的算法中,存在局部寻优,鲁棒性与收敛性不理想,缺乏自适应算法而导致的精度不高、运行时间较长等不足。

因此,为更好地识别海面舰船目标,有必要先充分利用平时获取的外军或我军舰船的多视角可见光图像,开展舰船目标三维重建及关键环节优化算法研究:一方面可为当前舰船目标模型库的建设和动态积累提供新的技术支撑;另一方面可为未来海战场目标的综合识别与精确打击提供有力的信息保障,如图1.1所示。这将对提高航空侦察情报的生成效率、增强航空侦察对海上目标的综合识别能力具有重大的军事意义。

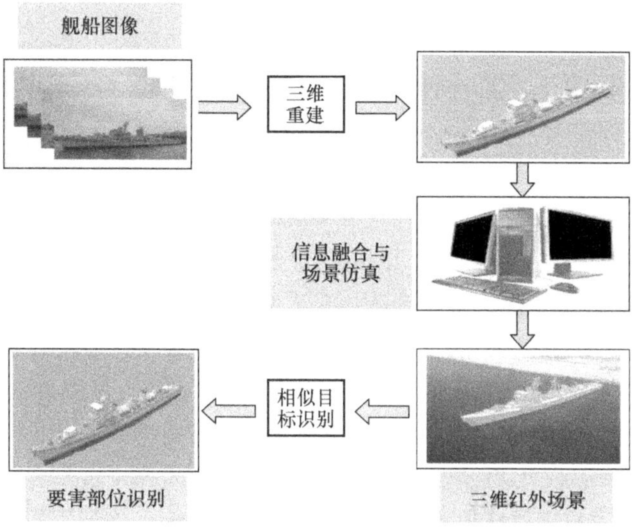

图 1.1　基于舰船图像的三维重建及三维识别示例

1.1　三维重建软件研究现状

若要建立舰船目标或场景的三维模型，以往常用的一种方法是使用三维建模软件重建物体的三维模型[1]，如 3Dmax、Maya、AutoCAD、Lightwave 等软件，需要预先了解舰船的尺寸比例以及相应的位置信息，通过专业人员进行处理，建模过程复杂、周期长、成本高；另一种方法是使用测量仪器获取舰船的三维信息，如激光扫描仪，重建出来的三维模型的精度和效率都比较高、效果理想，但是此类仪器属主动探测，作用距离短，且对于户外大场景的重建效果往往不够理想，而且该方法较难融合光照纹理等信息，还可能产生大量冗余数据。

近十多年来，随着数值算法、计算机技术、信息技术以及光电技术的不断发展，上述传统的基于测量或设计的手工半自动建模的方法，逐渐被基于多视角拍摄可见光图像的三维重建方式所取代，此类方法可以同时得到重建目标物体的准确几何信息、光照以及纹理信息等，并对重建的场景要求不高[2]。该类技术的最大优点是可实现建模过程的自动化，在较少的人工干预下即可生成模型，能够节省大量的时间，尤其是针对小目标和大场景的三维重建已有不少成熟的解决方案。下面仅对国内外基于 SfM 三维重建方法的商业软件和开源工具包进行简介。

1.1.1 商业软件

国外著名的几个三维重建商业软件有 Autodesk 123D[3]、PhotoModeler、全自动重建模块、Street Factory[4]、Pix4Dmapper[5]、PhotoScan[6] 及 Smart3D Capture[7] 等。Autodesk 123D 由美国 Autodesk 公司发布,通过强大的云计算能力进行全自动三维重建,但无法离线处理;PhotoModeler 是一款由 EOS 公司研发的近景摄影测量工具,可在短时间内捕捉大量准确的细节,但人工交互较复杂;全自动重建模块由美国 Skyline 公司发布,增强了云计算与云服务技术;Street Factory 是由欧洲空客防务与空间 Astrium 公司研制的全自动三维重建系统;Pix4Dmapper 是由瑞士 Pix4D 公司研发的一款针对无人机影像的全自动处理软件,具有较高的灵活性;PhotoScan(已更名为 Metashape)由俄罗斯 Agisoft 公司推出,既可进行近距小物体的三维重建,还支持无人机数据的处理,功能较为强大、可扩展性较强;Smart3D Capture(商业支流更名为 Context Capture)是由法国高等路桥学校与法国建筑科学技术中心实验室推出的一款支持海量城市重建的全自动三维重建软件。

目前,国内三维重建领域相比国外还存在一定差距,引进国外软件直接进行技术应用的很多。各大学、工业部门、研究所进行三维重建理论研究的不在少数,但大多仅停留在某几个环节或算法层面上,且应用主要偏重测绘领域。可喜的是,部分单位已开始了自主研发的探索,如中国科学院自动化研究所的 CV-Suite[8]、中国测绘科学研究院的 PixelGrid、武汉郎视软件有限公司发布的 Lensphoto、北京北科光大信息技术股份有限公司的在线 3DCloud、北京无限界科技有限公司的 Infinite 3D、香港科技大学的 Altizure 等。

总的来说,目前国内各个单位发布的软件系统的自动化能力、重建效率、与国外主流软件相比还存在一定差距,而且对基本代码持保守态度居多,完全自主化的三维重建产品凤毛麟角。同时,对三维模型的应用还处于浏览查看的阶段,与具体的军事作战应用结合还不够紧密。

1.1.2 开源工具包

目前在基于图像的三维重建方法中,国外一些开源工具包对推动该领域发展作用巨大。如 VisualSFM 可完成相机标定与稀疏重建;CMVS(clustering views for multi-view stereo)或 PMVS(patch-based multi-view stereo)可以完成密集重建;PCL(point cloud library)是处理二维/三维图像和点云数据的 C++模板库;CGAL(computational geometry algorithms library)为提供计算几何相关的数据结构和算法的开源 C++算法库;MeshLab 是一个开源处理三角形网格的 C++算法库;OpenMesh、Libigl、Trimesh、Triangle、NetGen 均为开源网格处理库;此外,还有 Insight3D、Python Photogrammetry Toolbox(PPT)、VLFeat、OSM Bundler 等,均可在国外相关网站免费下载。国内少见有相关开源工具包的发布。

1.1.3 启示

根据上述分析和对其中软件的测试可知,当前主流的三维重建软件都将重心放在软件框架与功能实现上,每种软件并非能够处理所有符合三维重建标准的图像数据,即所处理的重建目标和场景均有一定的针对性。虽然大部分软件都可免费试用,或通过代理渠道购买使用权,但其核心技术却无法掌握。因此,需要在掌握核心技术的基础上,将三维重建过程的重心放到数据的流转上,引入新的设计理念,通过模块化插件的设计,扩展系统的普适性、提高系统的灵活性,并要进一步以具体需求为牵引,做好三维模型的运用工作。

1.2 三维重建关键技术研究现状

三维重建技术是利用二维信息对三维物体或场景建立适合计算机表示和处理的数学模型的技术[1]。基于多视图像的三维重建属于多领域的交叉,涉及数学、计算机视觉、计算机图形学、图像处理、模式识别、光学等诸多学科[9]。近年来,国内外学者在理论和应用上取得了大量优秀的研究成果。特别是对于非线性映射不动点的优化方法,因其迭代格式简洁、适用模型广泛、包含先验信息能力强,相关研究日趋成熟。下面仅对基于图像点特征的三维重建中涉及的关键技术和不动点迭代方法进行简要综述。

1.2.1 特征点检测与匹配

图像特征点对应(feature point correspondence)是基于图像特征点三维重建方法的基础,通常包括特征点检测、特征描述和特征匹配等主要步骤。

特征点检测(corner detection),也称角点检测,是计算机视觉系统中用来获得图像特征的一种方法,广泛应用于运动检测、图像匹配、视频跟踪、三维建模和目标识别等领域。目前,常用的是 Harris 检测检测算子[10]和基于尺度不变特征变换(scale-invariant feature transform, SIFT)的特征点检测匹配方法[11]、PCA-SIFT 方法[12]、SURF(speeded up robust features)匹配算法[13]以及 CenSurE 等。其中,SIFT 是一种图像特征提取与描述算法。SIFT 算法由 David. G. Lowe 在 1999 年[14]提出并于 2004 年[11]进行了完善总结。SURF 在一定条件下性能和速度都超过了 SIFT,而 CenSurE 提取的特征点即使在视点改变的情况下仍然具有较好的显著性、稳定性和可重复性，计算速度是 SURF 特征的 3 倍。由于 CenSurE 对视点变换的适应性较好，且计算速度较快，可适用于倾斜影像匹配。

常用的特征描述符主要包括 DAISY[15]、LIOP[16]、MRRID 和 MROGH[17]、BRIEF[18]、ORB[19]、BRISK 及 FREAK[20] 描述符等，都是基于手动设计得到的。常用的特征描述子之间相似测度距离主要有三种：一是欧氏距离；二是马氏距离；三是汉明距离。其中，大部分描述子都使用欧式距离进行相似度测量，如 NCC[21]、KD-tree [22]、SP-tree[23]、ANN[24] 及 FLANN[25] 等。

常用的特征匹配方法有 NCC 匹配、Kd-树匹配及 BBF 匹配等。NCC 匹配易受局部光照变化的影响，匹配速度较慢。Kd-树匹配会耗费大量的时间；在特征点集规模不大时，采用穷尽搜索时间效率会更高。但在某些应用场合，如果特征点集的 Kd-树是可以事先离线构建的，那么特征点的匹配毫无疑问应该选择 BBF 匹配方法。如在景象匹配中，由于基准图区域是已知的，基准图特征点模板也是可以事先制备的，在实时图与基准图匹配时，就可以采用 BBF 匹配方法[26]。此外，还需用 RANSAC 方法对匹配对进行提纯，该方法的缺点是计算参数的迭代次数没有上限；如果设置迭代次数的上限，得到的结果可能不是最优结果，甚至可能得到错误的结果。

1.2.2 稀疏三维重建

根据极线几何理论，基础矩阵的估计是整个稀疏三维重建环节的重要基础。根据不同的约束条件，有 8 点算法[27]、归一化 8 点算法[28]、非线性 LM 算法[29]、7 点算法以及 6 点算法等[30]。在实际应用中，由于在匹配点集中不可避免地存在噪声和异常数据（如外点、特征点定位不准确、误匹配等）的干扰，若直接用最小二乘法求解式（5.4），异常匹配点会严重影响基本矩阵的正确性[31]。因为在实际情况中，无法满足噪声均值为零和整个匹配点集由给定模型的参数向量表示的假设，甚至当只有一对匹配点不好时，也会使最小二乘法受到很大的干扰[32]，所以需要采用其他基本矩阵估计方法。

若要实现欧氏空间下的三维重建，必须确定相机的参数，即进行相机标定。三维重建中的相机标定（camera calibration）指的是求解相机投影矩阵（camera projection matrix），即相机的内部参数（intrinsic parameters）和外部参数（extrinsic parameters）的过程。传统的摄影测量学采用基于三维标定物进行定标，微软亚洲研究院的张正友[33]提出了一种利用平面模板的标定方法，不适于本书中图像处理的应用。

基于基础矩阵，可进行相机的自标定（self-calibration），即估计相机内部参数（intrinsic parameters）。自标定的概念是 Mybank 和 Faugeras 等学者[34]率先提出的，该方法不仅不需要标定物体，也不需要任何场景的先验知识，故可以满足更多实际应用需求[34-35]。其中，基于 Kruppa 方程的自标定算法受到了学者的广泛关注[36-37]。然而，由于 Kruppa 方程的解对噪声非常敏感[38]，且解的个数随图像数量的增加呈指数级增长[39]，限制了其在许多实际场合的应用。随后研究者们又提出了分层逐步标定的思想，该类方法以 Hartley 的 QR 分解法[40]、Triggs 的绝对二次曲面法[41]、Pollefeys 的模约束法[42]等为代表。Heyden 和 Pollefesy 等进一步研究表明，在相机内部参数变化的情况下[43]，实现相机的自标定在理论上是完全可行的[44-46]。尽管自标定技术理论本身已经趋于成熟，但是算法的鲁棒性、收敛性和实用性仍然是自标定技术的难点[47]。

在相机内部参数已知的情况下，可采用从运动恢复三维结构的 SfM 技术求解相机的外方位元素。基于 SfM 方法[48]的多视图像三维重建是当前该领域研究最为活跃的方法。国内外相关研究文献数量庞大，有大量的学者在进行研究，本书不再赘述。运动重建结构指的是同时恢复相机的外部参数和三维场景结构的过程。有的文献中也称这一过程为运动分析(motion analysis)。该技术可以追溯到 Longuet-Higgins[49]在 20 世纪 80 年代初提出的一个两视图相对姿态(relative orientation)估计算法。后来相继出现了包括利用因数分解(factorization)方法以及一些优化算法[50-53]的多视图像运动推断结构技术。Schaffalitz 和 Zisserman [54]提出一个基于无序图像(unordered images)结构和运动估计方法，该算法重点在于多视图像特征匹配效率的提高。Vergauwen 和 Van Gool[52]随后将类似的技术成功应用到基于 Web.的文化遗产重建服务中。

最流行的 SfM 方法是由 Snavely 等[55]于 2008 年提出的，该方法在 Brown 和 Lowe[56]提出的方法上做了几处关键的改进。利用小孔成像模型来近似真实成像过程的合理性已被验证，且充分展示了在弱标定情形下(已知焦距的粗略取值)，采用光束法平差(bundle adjustment, BA)[57-58]对相机参数和场景结构求精的可行性。该方法不仅绕开了自标定的过程，还为三维重建相关研究奠定了基础，最重要的是把研究中心从自标定转向最优化结构的估计，促进了鲁棒性及最优三维重建等新理论的发展。

目前，普遍采用 LM(levenberg-marquardt)算法、SBA(sparse bundle adjustment)及其改进算法。此类算法通过对若干相机模型参数和三维稀疏点同时进行优化调整，以实现最小化误差代价函数，但是此类算法对噪声和初始值比较敏感，收敛性和鲁棒性都比较差，且随着参与优化参数数量的增加，该方法需要消耗大量的运算时间，已成为制约大数据稀疏重建的性能瓶颈。

对于 SfM 运算效率的改进，主要有两种解决方案：第一种方案是利用现代图形处理单元(graphics process unit, GPU)或者计算机集群的强大计算能力，提高

SfM 从图像匹配到集束优化等各处理阶段运算效率[59-61];第二种方案是从数据组织和重建策略上改进 SfM 技术[62-64]。这两种方案都忽略了从算法本身提高运算效率的可能性,即通过调整算法步长来加快算法的收敛速度。经验表明,算法的自适应步长在计算效率上所起的作用不容忽视。

另外,对基于无序图像的三维重建研究,有利用多视图聚类分层重建的方法,虽然进行了分组,但由于图像数量较多,各组之间的可用图像是可以立体匹配的,不适用本书的情形。刘帅研究了通过 SfM 方法建立物体的 DSM(digital surveying and mapping)模型和构建物体的轮廓线的混合重建方式;其余的混合方法大多是图像和 LiDAR 点云的混合重建,鉴于 LiDAR 的作用距离,不在本书的讨论范围。

1.2.3 多视图像三维点重建

多视角立体视觉(multi-view stereo, MVS)或多视图像三角化(multi-view triangulation)的目标是从多幅定标图像中重建完整、稠密的三维模型。MVS 方法[65-69]通常用来处理三种数据:

(1) 单体目标:在图像序列中目标完全可见,可以计算其包围盒和可见外壳;

(2) 类平面场景:在图像序列中场景部分可见,视角范围受限;

(3) 复杂场景:移动的障碍物在图像序列中出现在目标物体的不同位置。

在现有 MVS 重建方法中,可粗略分为四类:基于体素的方法[70]、基于可变形多边形网格的方法[71]、基于多深度图的方法[72]、基于面片的方法[73]。通常情况下,基于体素和可变形多边形的重建方法只能对单体目标进行操作;基于多深度图和面片的重建方法可以很好地处理类平面场景数据;基于面片的重建方法对复杂场景也有较好的处理效果。其中,基于面片的方法,通过集成小的面片来表达场景的表面形状,简单有效且可视化,后续需要进一步的网格化处理,特别适合基于图像的建模应用。

Furukawa 提出了基于多视贴片重建的 PMVS 算法[74],在 MVS 测评网站[75]上提供的测试结果表明,其在重建的完整性和精度上都具有较为突出的表现,不足在于其高度的算法复杂度和空间复杂度,无法直接应用到倾斜摄影的海量数据三维重建中。为此文献[76]提出了 CMVS 的聚类算法,根据稀疏重建结果将原始影像自动聚类,对每个类进行单独重建并融合,CMVS 算法在一定程度上解决了 PMVS 算法对内存的依赖,实现了聚类重建。

1.2.4 表面重建

三维点云数据的表面模型一般通过构建网格来表达,对于表面信息丰富的离散点云数据，传统的处理手段已很难满足其重建需求。现阶段，海量点云及小规模点云表面重建已经形成了一些较为成熟的算法和解决方法。根据构网思路的不同，可以分为基于局部区域生长的表面重建方法、基于三角剖分的表面重建方法和基于隐式函数的表面重建方法。

1. 基于局部区域生长的表面重建方法

Bernardini 首先对该算法[77]进行了研究，后续 Chung 和 Hua 也做出了相当的贡献[78]，不同区域生长算法的主要区别在于三角形生长的方式不同，即如何设计有效的策略获取种子三角形周围形态上较优的邻接三角面片。该类方法简单直观，可直接处理凸封闭曲面和开曲面情况，具有较高的运算效率，适用于并行计算；不足的是对噪声以及不均匀的点云较为敏感、算法的鲁棒性不高。

2. 基于三角剖分的表面重建方法

三角剖分是一种局部重建方法，关键是如何去掉错误的连接，提取正确的三角面片[79]。文献[80]首先通过 Delaunay 三角剖分生成物体的表面网格模型；文献[81]先对点集数据进行 Voronoi 图分解，进一步通过 Delaunay 三角化方法建立物体的表面模型；文献[82]提出的方法能够为点集被测面的几何结构提供完美的框架，不足的是算法复杂度较高。该类方法从理论上保证了重建曲面的质量，能够系统有效地构建散乱点云的几何结构，保证原模型中凸域的尖锐特征；不足的是算法复杂度较高、计算量偏大、对噪声也较为敏感。

3. 基于隐式函数的表面重建方法

该类方法最早由 Hoppe 等[83]提出，首先构造采样点的有向距离函数，然后利用有向距离函数的零水平集，通过采用抽取等值面的方法来求解三角网格模型；文献[84]通过构造多重调和径向基函数对原始数据进行曲面拟合，得到光滑的曲面；文献[85]提出了一种基于径向基函数的全局优化曲面重建算法；文献[86]采用距离估计的策略代替径向基曲面梯度计算；文献[87]采用局部二次曲面代替径向基函数；文献[88]提出了基于隐式函数的泊松曲面重建算法，它通过对点云数据进行最优化插值处理来获取近似曲面，对噪声不敏感，并可进行孔洞的修复，为当前较为常用的方法。

1.2.5 纹理映射

三维重建的目的是获得具有高度真实感的物体模型。纹理是计算机识别的一个重要手段，可使三维模型更加生动、更加自然。在计算机图形学中，为了使模型在视觉上具有真实感，常常预先定义一个纹理图像，再通过某种映射算法建立物体表面点和纹理图像像素点之间的对应关系，合理填充纹理图像像素，最后将纹理图像覆盖到三维表面上，这一过程就是纹理映射[89]。

传统的方法主要采用半自动纹理贴图的形式,效率低下。近年来,全自动的纹理映射技术逐渐成熟。如何全自动地生成纹理图像、消除纹理的色彩差异、实现纹理的三维无缝映射是纹理映射的难点[90]。文献[91-92]采用图像拼接的方法消除纹理的缝隙,这种方法在消除缝隙时非常有效,但在图像整体色差较大时效果一般;文献[93]在此基础上提出了多尺度分解融合的纹理映射方法,这种方法依然存在色差较大时的色彩过渡问题,且当图像的重叠率较高时效果并不理想;文献[94]将超分辨率重建的思路引入纹理映射中,它能够从低分辨图像中重建出高分辨率纹理细节,不过这要求高精度重建模型以及标定参数;文献[95-96]在纹理图像的构建上引入了马尔可夫能量约束法则,这种方法在纹理细节与平滑度上寻找了一个平衡点,取得了较好的效果,但当图像重叠率较高时效果依然不明显。

1.3 不动点优化算法研究现状

综上所述,在三维重建关键环节问题中,涉及许多复杂的参数估计问题,此类问题常表现为反问题,具有非线性和多模态的特点。各种算法或有严格约束或存在不足,因此进一步寻求更优的算法是一个值得研究的课题。

在非线性泛函分析领域,单调变分不等式的数值解法始终是数学家们的研究热点问题[97-101]。早期在 Hilbert 空间的一个非空闭凸子集上求解含 Lipschitz 强单调算子的变分不等式,数学家们创造了著名的投影梯度方法(projected gradient method,PGM)。使用 PGM,一大批优秀的收敛性结果被建立。然而,对于一般的 Lipschitz 单调算子来说,PGM 不再有效。因此,为了研究一般单调变分不等式,人们不得不修改 PGM,许多尝试已经获得成功。Korpelevich[102]在有限维欧氏空间中引入了一种超梯度方法(extragradient method),该方法收敛于含 Lipschitz 单调算子的变分不等式的某个解。然而,在无穷维 Hilbert 空间 Korpelevich[102]的超梯度方法只有弱收敛。如果把超梯度方法中的迭代步修改为第二个投影与一个固定锚点的凸组合,那么修改后的序列确实按范数收敛于变分不等式的一个特定解。但事实上,这种修改仍不令人满意。一则锚点必须取在闭凸子集中,这样一来,当原点不在此闭凸子集中时无法求得极小范数解;二则两次投影导致计算量过大。Xu 等[103]选择 Lipschitz 连续强单调算子作为正则化算子,提出了另外一种迭代算法,获得了强收敛结果。

最近,使用极大单调算子理论,周海云[104]针对半连续强单调算子建立了相应变分不等式解的存在唯一性;基于此存在唯一性定理,针对半连续一般单调算子,他还提出了一整套全新的迭代方法,创造性地发展了该方向的近期研究成果。无论是从理论的角度还是从应用的角度看,强单调算子的要求是很严厉的,把强单调算子的要求放宽为强制单调算子的情形是特别有意义的研究工作。

为了降低投影计算的复杂性, Yamada[105] 提出了杂交最速下降方法(HSDM),即找一个非扩张映像使其不动点集是闭凸子集,而此非扩张映像容易计算。HSDM 对于 Lipschitz 强单调算子是有效的,但对于一般单调算子, Yamada 的 HSDM 不再有效,因此对 HSDM 进行修正是必需的。日本学者 Iemoto 等深入地研究了具有多重结构的分层问题,获得了一些有意义的结果,详见文献[106]。然而,他们的算法大多为弱收敛。

目前,常见的已广泛应用于多视图几何中涉及非线性优化问题的迭代算法有高斯-牛顿算法(Gauss-Newton algorithm, GNA)、梯度下降算法(gradient descent algorithm, GDA)以及列文伯格-马奈尔特算法(Levenberg-Marquardt, LMA)等算法[1],但是上述几种算法均为局部优化方法。非线性映射不动点的迭代方法,例如,Picard 迭代、正规 Mann 迭代、Ishikawa 迭代、Halpern 迭代、Moudafi 黏滞迭代、杂交投影算法、正则化迭代、渐近化迭代、最速下降迭代、混合最速下降迭代、投影梯度法、预解式迭代、邻近点迭代以及超梯度迭代等[107],不仅具有全局最优的数值解,而且具备确定的收敛性、自适应性及较好的鲁棒性。其中,可供实际工程使用的用来解决分裂可行性问题(split feasibility problem, SFP)的 CQ 算法成为研究热点[108],笔者已将部分不动点的迭代算法应用到了带限信号外推重构[109]、断层图像重建[110]、图像去噪恢复和压缩传感中[111],并取得了较好的效果。

本书将在系统阐述侦察图像三维重建与三维可视化理论的基础上,利用数学建模的思想进一步研究三维重建中参数估计问题与优化问题、凸可行性问题以及不动点问题的联系,从而利用目前非线性泛函分析中的优化方法、变分不等式以及不动点算法来解决工程问题中的数学难题,为系统的算法优化与工程实现奠定基础。

第2章 侦察图像三维重建的数据采集方法研究

随着侦察指挥、目标识别、精确制导等领域发展,CCD相机的原始图像及其预处理或拼接后的图像已经无法满足作战指挥中对目标深度信息的需求。因此,需要基于可见光侦察图像,对目标或场景进行三维重建。

本书所指的三维重建,其数据源是一组对静态对象从不同角度拍摄的图像[112],可在非接触目标的前提下快速给出实景重建[113]。在加入各类辅助数据之后,利用专业工具,无须人工干预,可在数分钟或数小时之内,输出可立体表征原始对象外观的三角网格模型,并包含色泽、纹理等信息。目标图像的采集质量,直接决定着三维模型的重建质量。尤其是利用从运动恢复结构的重建方法,对数据的要求较高。

由于缺乏三维重建需求引导,当前有些单位的侦察图像未按照重建要求进行采集,拍摄角度随意、图像间重叠率不足、构图无章法等问题突出。本章针对这些问题,系统地对目标状态选取、拍摄环境选择、相机内外参数设置、拍摄运动轨迹、构图方式以及定位数据获取进行了研究,给出了一套较全面的、符合三维重建要求的图像拍摄方法,适用于手持、车载、舰载、机载等光电设备。

2.1 基本原则

为达到较好三维重建效果,在图像的采集过程中须遵循以下几个基本原则:

(1) 目标应相对静止,不要单独拍摄平面场景;

(2) 环境光照均匀;

(3) 图像应是聚焦的、清晰的,像素精度越高越好;

(4) 选择合适的相机运动轨迹使相邻图像间有较大的重叠率;

(5) 合理构图,相片的数量必须足够覆盖目标或场景;

(6) 尽可能多地采集目标的细节和纹理信息;

(7) 尽量引入定位数据,完成精确重建。

2.2 目标及环境选择

2.2.1 目标选择

当前,基于图像的三维重建较成熟的理论及应用的适用对象为静态目标和场景(相对相机的运动是静止的)。对于无纹理或无颜色变化的目标,如海面、纯色墙、地板、天花板等平面的目标或场景,三维模型可能会出现漏洞,很难重建。对于任何有可能造成光线折射、衍射、焦散等现象的物体也不适合使用此方法,如镜面的、高光泽的,透明的、折射的玻璃、塑料、陶瓷等目标,重建结果可能会存在凸凹和噪声,很难甚至无法重建[112]。此外,三维重建的目标必须是"凸表面"结构,对具有空腔结构、太多孔洞、特别黑暗,以及结构和纹理完全对称的目标(轴对称、圆对称等)也难以重建。

对应上述条件,联系舰船装备实际,只要装备表面不明显反光、有纹理(图案、颜色)区别,不含大量玻璃材质,拍摄主体不运动,基本都可以应用基于 SfM 的图像三维重建技术。

2.2.2 环境选择

为了满足特征提取和纹理映射的要求,在采集过程中需要充分而均匀的光照,尽可能多地还原目标的细节。为减少曝光过度和曝光不足的风险,需要选择稳定的环境光源,但是一定要从相机视野中将光源移除,并尽可能地避免使用反光设备。根据实际拍摄条件一般可分为室内和室外两种情况,鉴于部队侦察的所处环境,本节重点针对室外环境进行讨论。

在室外拍摄时,光照充足的条件很容易满足,阴天及多云的天气光照柔和均匀,既不会使目标出现反光,又不会形成影子,适宜拍摄。在晴天拍摄时,强烈的光线不但会引起反光,而且难以避免逆光和阴影。逆光会造成主体过暗和背景过亮,导致目标表面的细节特征弱化;阴影会掩盖目标及环境的细节特征,并给纹理映射工作带来困难。为避免光照强度和角度随时间变化而变化(在日出、日落时刻尤为明显),拍摄时间应尽可能缩短,最好控制在半小时以内;也可借助云、山、楼房等遮挡物,降低目标整体光照强度完成拍摄;若无遮挡物,应尽量在正午时分拍摄,可在一定程度上抑制阴影和逆光;为避免阳光直射造成的图像色彩失真,可使用紫外线滤光镜,若无法避免逆光拍摄,可使用遮光罩避免图像中由于曝光过度产生的高光泛白。

2.3 相机的设置

三维模型的重建质量取决于图像的质量,而图像的质量又取决于相机的空间配置质量,具体来说分为对相机的内部设置和外部设置[114]。

2.3.1 内部设置

三维重建的精度和细节恢复程度与相机的分辨率密切相关,对于 CCD 相机或胶片的数字扫描,想要获得较好的重建结果,分辨率至少为 1200 万像素[115]。在相同分辨率条件下,拍摄图像的重建效果优于视频提取帧。在拍摄时,图像尺寸设置为最大,最好采用 RAW 格式,之后转换为 TIFF 格式进行重建。JPG 格式采用了图像压缩技术,不仅会造成细节的丢失,还会引入噪声。在进行重建前,一般禁止对图像进行任何如调整大小、裁剪、旋转、去噪、锐化或调整亮度、对比度、饱和度或色调等处理。

为了获得最优的精度和最佳的性能,需将同一台相机在同一焦距和影像尺寸(同样的内方位元素)拍摄的影像定义为一个图像组,不同的相机(即使型号相同)拍摄的影像定义为不同的组。当使用变焦距镜头时,在一组图像的采集过程中,应保持焦距固定。在拍摄过程中,受拍摄距离的限制,若无法避免使用不同的焦距,则应在每个焦距下各采集一定数量的图像,避免某个焦距只有非常少量的图像。为避免相片分辨率损失,不要使用数码变焦功能。此外,为避免在采集过程中图像产生几何畸变,尽量不要使用鱼眼镜头和广角镜头,并且要关闭相机的自动旋转模式。

其他内部参数手动设置还包括 ISO 大小、光圈大小、快门速度等,具体可参考文献[116]。根据拍摄目标或场景的环境属性,良好地权衡这些参数,可避免重影、散焦与噪声、曝光过度或曝光不足等情形,有效降低三维模型的色差。

2.3.2 外部设置

根据图像侦察实际情况,拍摄方式主要有手持拍摄、舰/车载光电拍摄以及机载光电拍摄等。手持拍摄和舰/车载光电拍摄相机自由度设置范围宽泛,本书不予讨论。对于机载光电的航拍,相机的自由度设置可分为三种:垂直模式、倾斜模式、倾斜+垂直模式,如图 2.1 所示。

为实现更好的重建效果,对于平坦地形建议使用垂直模式;为采集目标侧面信息或进行远距离航空侦察时,建议使用倾斜模式;为更好地还原建筑物类目

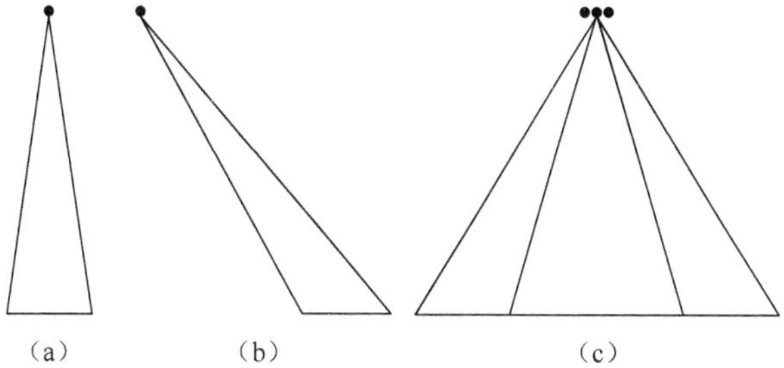

图 2.1 相机三种拍摄模式

(a)垂直;(b)倾斜;(c)倾斜+垂直。

标,建议采用倾斜+垂直模式。

若相机倾斜角度可实时调整,在航拍时,随着飞行高度的增加,按照右手定则,则倾斜角度应适当减小,分层拍摄角度调整如图 2.2 所示。

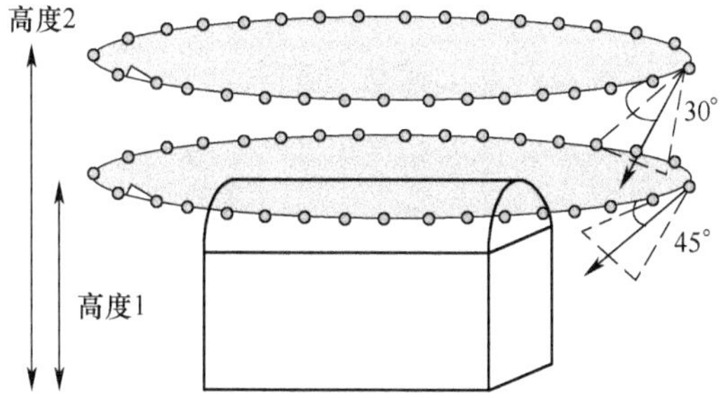

图 2.2 分层拍摄角度调整

为获得清晰的相片,应尽量减少相机的抖动,同时要关闭光学或数码稳像功能,不要使用相机及镜头的自动防抖功能,因为这些功能会造成相机的存储信息与拍摄瞬间的信息不一致。

2.4 相机运动方式

与进行全景拼接不同,在拍摄过程中切忌定点转动相机,一定要通过相机的移动拍摄多组图像[117]。针对不同的目标和场景,相机拍摄的运动方式分为环绕拍摄和平行拍摄两种基本方式,绝大多数的场景均可通过这两种方式灵活组合,并配合恰当的拍摄距离完成图像数据的采集。此外,还要保证图像间较大的重叠率。

2.4.1 环绕拍摄

环绕拍摄就是使相机对准目标的主题做环形运动进行拍摄。这种拍摄方法特别适合对单体目标或者标志物的拍摄，三维重建效果好，所需的图像也较少。在拍摄时，应从目标周围均匀分隔地采集影像，如图 2.3 所示。根据目标大小的不同，应相应地调整拍摄距离和仰角，为避免图像畸变，拍摄仰角不宜超过 45°。

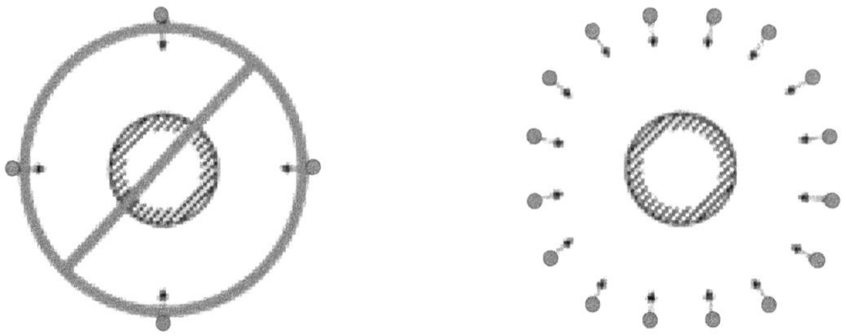

图 2.3 环绕拍摄方式

若目标比较高大，为确保扫描到所有的细节信息，还可以采取多层环拍，保证目标的顶部、底部和侧面都能被高精度的图像所覆盖，如图 2.4 所示。

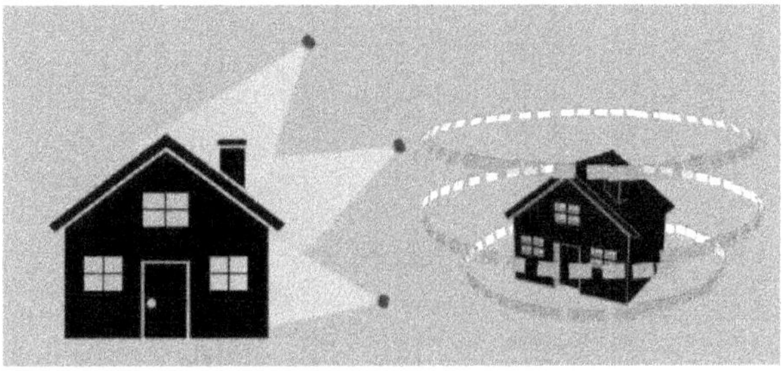

图 2.4 高大目标多层环绕拍摄方式

对于环绕拍摄方式，应确保相邻相片之间有至少 60% 的重叠率，每两个连续拍摄的角度差不得超过 15°，建议每 5°~10°采集一次。同时这也取决于物体的大小，以及相机与目标的距离，较短的距离和较大的目标往往需要更小的拍摄间隔角度。若要获取目标的细节信息，则可使相机逐步靠近对象，如图 2.5(a)所示[118]。对于分层拍摄的情况，不同高度层的重叠率最好也保持在 60%以上。对于体积较大的目标，若其存在拐角，则在转弯时应以更大的弧度运动相机，如图 2.5(b)所示，依据两个连续相片角度差不超过 15°的原则进行拍摄，这样在重建时可更好地连接物体拐角处的两个面。

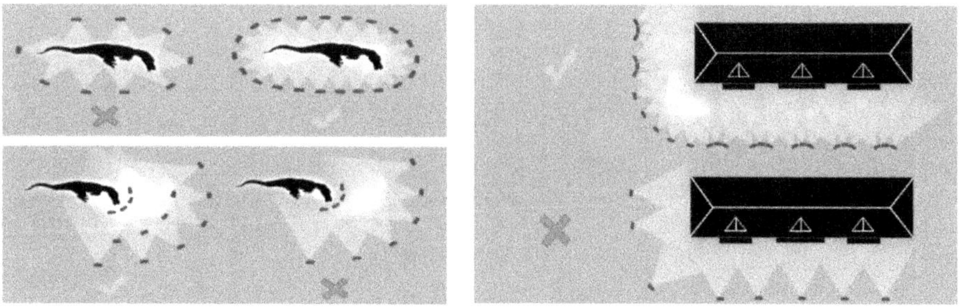

(a) (b)

图 2.5 环绕拍摄间隔角度和距离及大目标拐角处拍摄方法

(a)环绕拍摄间隔;(b)拐角处间隔。

2.4.2 平行拍摄

平行拍摄就是使相机对准场景的主题,沿着给定的平行方向,扫描场景整个区域。这种方式比较适合拍摄大面积的场景,如森林、植被、农田、雪地及沙地等。如图 2.6(a)所示,对于航空摄影,为确保地面采样间距(ground sampling distance, GSD),相机应尽量保持同一高度。在此种方式下,航向重叠率(frontal overlap)(沿着飞行方向的重叠率)至少为 80%,旁向重叠率(side overlap)(相邻飞行轨迹间的重叠率)至少为 60%[118],如图 2.6(b)所示。

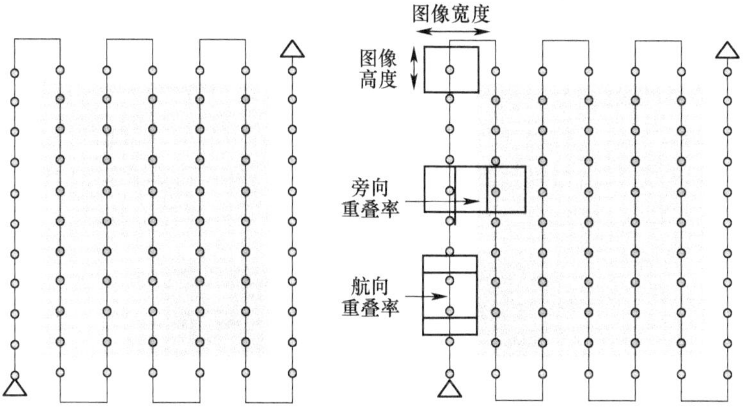

(a) (b)

图 2.6 平行拍摄与航向重叠率与旁向重叠率

(a)折线飞行;(b)重叠率。

还可对大场景进行多架次拍摄,要确保每个架次拍摄的图像有足够的重叠度,如图 2.7(a)所示。不同的架次应在相同的条件下拍摄,如太阳角度、天气状况应一致,尢新的建筑物等。如对城市外观进行重建,可采用需要双折线网格运动方式进行拍摄,如图 2.7(b)所示,可使图像完全覆盖建筑物四周外观。

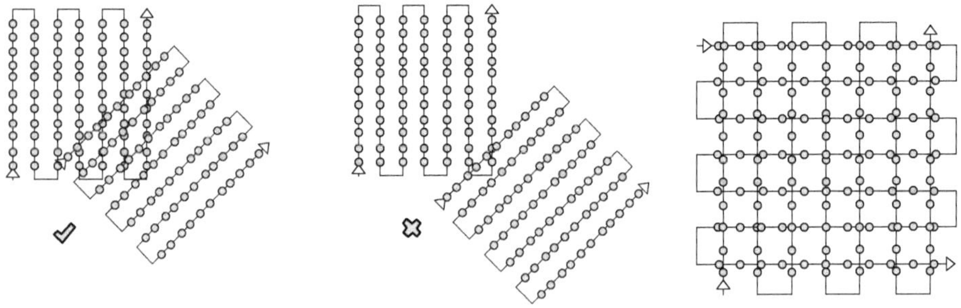

（a）　　　　　　　　　　　　　　　　　　　　　　　（b）

图 2.7　多架次拍摄与双折线网格拍摄方式

(a)多架次重叠方式;(b)双折线网格拍摄。

对于铁路、公路、河流等线状目标,至少需要两个轨迹拍摄,如图 2.8(a)所示。当客观条件不允许,只能用一个轨迹进行拍摄时,如图 2.8(b)所示,若要获得精确重建,则需要标定锯齿形地面控制点(GCP)。

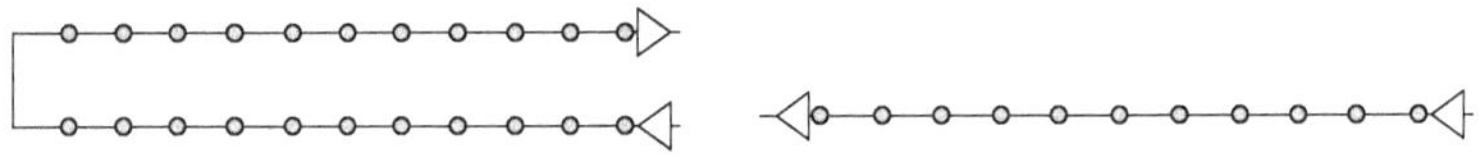

（a）　　　　　　　　　　　　　　　　　　　　　　　（b）

图 2.8　线状目标的双轨迹和单轨迹拍摄方式

(a)双轨拍摄;(b)单轨拍摄。

特别需要注意的是对于水面类目标,由于其特征的一致性且缺乏细节信息,光线反射、水波等特征不可用来匹配。因此,远离海岸线的海面很难重建,而对于河流和湖泊,可通过提升飞行高度,依靠其周边陆地特征进行重建。

此外,无论是环绕拍摄还是平行拍摄,为避免缺少目标局部信息,摄站个数都最好保证三基站,即在每个摄影点拍摄 3 张照片,如图 2.9 所示。

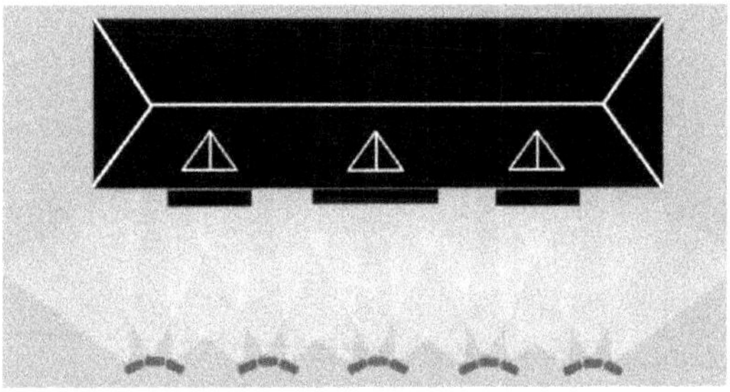

图 2.9　三基站摄影方法

2.4.3　拍摄距离

为达到预定的影像精度,必须使用准确的焦距及拍摄距离采集影像,具体可参考下式：

$$D = \frac{P \cdot f \cdot L}{W}$$

式中：D 为拍摄距离（m）；P 为影像精度（m/像素）；f 为焦距（mm）；L 为图像的最大尺寸（像素）。

相机的拍摄距离除了需要考虑相机本身的性能，还应根据不同的目标或场景适时调整。若客观条件允许，对于较小目标，应本着尽可能多地将目标主题纳入画幅中的原则调整拍摄距离；而对于航空影像的拍摄，在相机倾斜角度一定的前提下，要考虑调整飞行高度。例如，农田、沙地、雪地等平坦地形有大量相似特征，在图像之间很难提取相同的点，需要降低飞行高度，增加可见细节，会取得较好的结果；而森林和密集植被有复杂的几何形状，如密不可数的树枝和叶子，在图像之间很难提取相同的点，此时需提升飞行高度，减少透视扭曲（perspective distortion），使之具备更好的可观测性。

另外，飞行高度结合图像像素分辨率和相机焦距可确定图像地面采样间距（ground sampling distance，GSD）或空间分辨率。在同一款相机下，飞行高度越低，相片分辨率越高，GSD 也就越高，三维重建的结果就越细致。

2.5 构图方式

在确定好合适的相机运动轨迹后，在拍摄过程中还应注意构图的方式。在环绕拍摄中，若目标较小，需遵循先总体后局部的原则，要尽可能地将更多的主题纳入相片的画面中，最好充满画面的 2/3 以上，如图 2.10 所示，先获得目标的整体图像，再根据目标自身特点进行局部拍摄。天空、水面等区域不要占过多画面，不利于匹配。不要试图将目标铺满图像画面，如果目标局部信息在本图缺少，则可在其他图像中获得补偿。

图 2.10　目标主题画面占比恰当

照片数量也是影响三维重建质量的一个重要因素。若照片的数量太少，不足以覆盖目标，则重建结果必有漏洞或不全；照片数量越多，获得的目标信息越完整，越有利于重建，但是也会导致过长的重建时间和冗余数据的产生，反而降低了重建效率。因此,需要优化拍摄过程,力求用较少的拍摄数量获得较佳的重建效果。

2.6 定位数据获取

本节中的定位数据指图像的位置信息和控制点。图像位置信息的获取一般有两种方式:一是相机自带的定位模块,可将位置信息写入原始影像的 Exif 元数据中;二是直接使用车载、舰载、机载等定位设备提供的位置信息。位置信息的引入,可很好地提高重建精度。若要求更优的精度,或者控制和消除由于数字积累误差造成的远距离几何失真,则需要引入控制点。

控制点的引入,可对最终的三维模型在尺度、方向和绝对位置信息上进行修正,可提高重建的绝对精度,使之能够精确测量,并可作为结果验证的检验点。例如,对于航空影像,需要引入的是地面控制点(ground control point,GCP)。对于有位置信息的图像,地面控制点可将重建模型置于数字地球的精确位置上,将误差从米级提高到分米级;对于无位置信息的图像,可提高模型的相对精度。地面控制点的使用,涉及数量和分布、获取两个问题。

2.6.1 地面控制点的数量和分布

至少采集 3 个地面控制点,并且至少在 2 张(建议 3 张以上)原始影像中标出控制点的位置。一般采集 5 个地面控制点,分别标记在 5 张图像中。对于大场景的重建,5~10 个地面控制点足够,更多的地面控制点对精度的提高没有明显贡献。除非区域的地形陡峭、变化较大,需要更多的地面控制点。

在重建区域,地面控制点的分布要均匀。在区域中心位置引入一个地面控制点,如图 2.11(a)所示,可更好地提高模型的重建质量。注意不要将地面控制

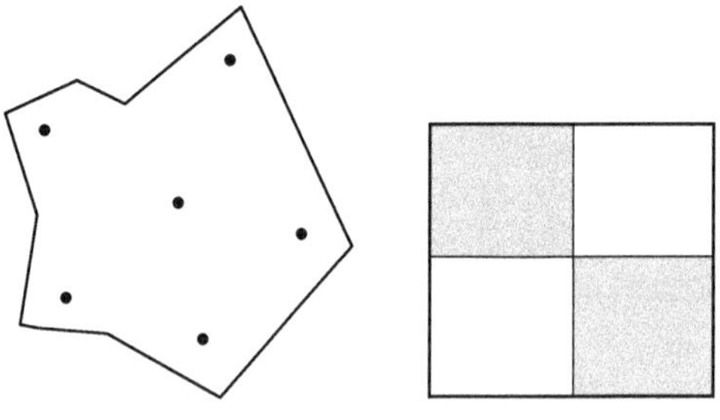

(a) (b)

图 2.11 地面控制点的分布和地面控制点摄影测量标志示例

(a)GCP 分布;(b)GCP 标志。

点放置在区域的正边缘上，如此地面控制点可能只出现在极少的几张图像中，地面控制点示例如图 2.11(b)所示。

2.6.2 地面控制点的获取

地面控制点可从地面控制点实地测量和激光探测与测量(light detection and ranging，LiDAR)、地图、网络地图服务等其他方式获取。

1. 地面控制点实地测量

这种方式要求目标地域可接触，进行实地定位测量。在实地测量前：一是要选择地面控制点坐标系统；二是要考虑地面控制点精度，原则是地面控制点的精度要优于最终结果的期望精度，地面控制点摄影测量标志，如图 2.11(b)所示，应为 GSD 尺寸的 5～10 倍；三是要考率测量设备的精度，如可达毫米级的所有测量基站的精度(取决于测量点距基站的距离)，可达分米级的 GPS 系统精度(取决于仪器质量、所处局部区域和国家)。

2. 其他方法

从其他信息源获取地面控制点的优势是可不亲临目标地域，于任意时间获取，缺点是无法控制精度，坐标系统属于地面控制点获取源的坐标。地面控制点有两个典型的源获取：一个是高精度源，如已有的地图、同一区域的激光扫描结果。坐标系统和精度取决于这些源；另一个是网络地图服务，使用标准网络地图服务(web map service，WMS)协议提供在线的定位服务。

在三维重建工具一定的前提下，目标重建的质量取决于相片的拍摄质量。因此，在实际拍摄中，应灵活地对文中的方法进行组合应用。在所有的重建中，手动连接点或地面控制点添加，会使模型的精度更高。

若要获取较纯粹、干净的目标模型，而不为背景所干扰，对于文物等较小目标则可采取在白色背景中旋转目标的方式进行采集，但是在部队侦察中，如针对舰船目标，可采取预先对图像进行分割处理的方法，滤除海空背景。

第二部分　基于运动恢复结构的三维重建理论研究

基于 SfM 的三维重建理论涉及几何学、概率论、模式识别、计算几何、矩阵分析等学科领域，需要解决的问题集中在图像处理、计算机视觉和计算机图形学三个学科中。图像处理方法用于提取和分析影像的特征，建立逐级的视觉认知过程；计算机视觉主要是用来确定从影像到空间位置的几何关系；计算机图形学则是提供精细化三维模型表达能力。它们之间互相补充，互为一体。本部分系统地总结了当前较成熟的典型多视图三维重建流程及方法[119-121]如下：

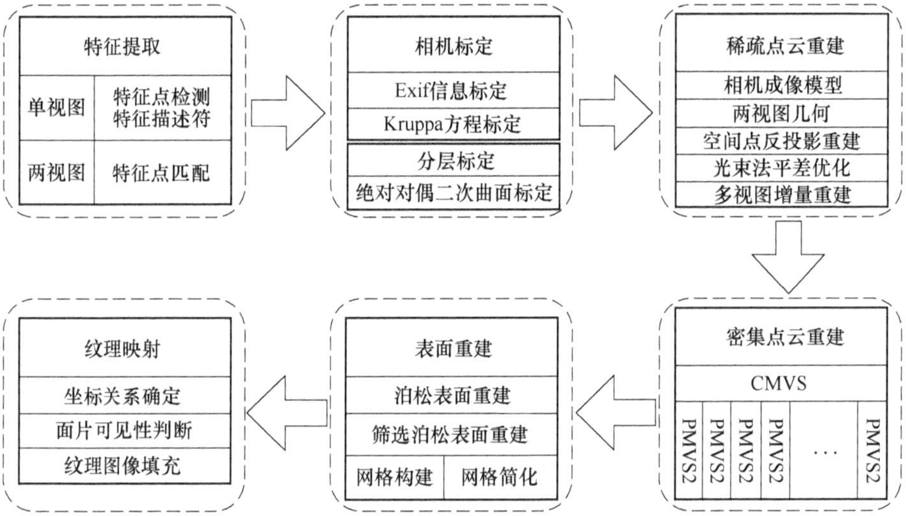

特征提取是整个重建过程的基础，是建立影像间几何连接关系以及求解相机内外参数的关键；稀疏点云重建是要精确地标定相机内部参数，并确定相机的位置和姿态，通过三角化及相关优化方法来构建目标的三维稀疏点云；密集点云重建利用相机内外参数和稀疏点云，通过聚类、分块及种子点膨胀的方法逐步计算目标的密集点云；表面重建则是由密集点云构建出三角面网格模型，以此来表达目标的表面结构；纹理映射则是由相机参数和三角面网格模型，筛选出每个三角面片的最优参考影像，然后对参考影像进行聚类、优化，生成目标的纹理图像，从而得到目标的纹理模型；对模型数据的瓦片化处理，是为在有限的硬件资源上浏览显示目标的三维模型，以实现模型的实时浏览和发布。

本部分对上述各个环节涉及的基本理论进行系统的梳理，给出一个完整的、从图像到三维纹理模型构建的典型理论框架。对于各个环节中所包含的具体方法和算法，择其精要进行汇总，存之骨干、舍弃旁枝末节，是基于 SfM 类重建理论体系的一个总结。

第3章　特征点提取与匹配理论及算法

3.1　特征点检测

3.1.1　Harris 特征点检测算法

人眼对特征点的识别通常是在一个局部的小区域或小窗口完成的，如图3.1所示[122]。如果在各个方向上移动这个特征的小窗口，窗口内区域的灰度发生了较大的变化，那么就认为在窗口内遇到了特征点，如图3.1(a)所示；如果这个特定的窗口在图像各个方向上移动时，窗口内图像的灰度没有发生变化，那么窗口内就不存在特征点，如图3.1(b)所示；如果窗口在某一个方向移动时，窗口内图像的灰度发生了较大的变化，而在另一些方向上没有发生变化，那么，窗口内的图像可能就是一条直线段，如图3.1(c)所示[123]。

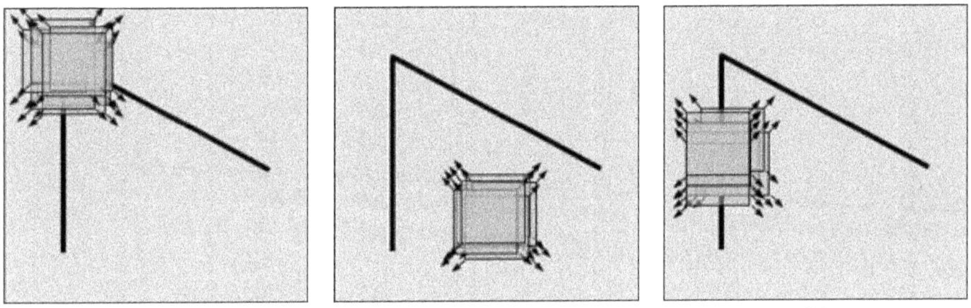

(a)　(b)　(c)

图3.1　角点基本原理图

对于图像 $\boldsymbol{I}(x,y)$ ，当在点 (x,y) 处平移 $(\Delta x,\Delta y)$ 后的自相似性，可以通过下面的自相关函数给出：

$$c(x,y;\Delta x,\Delta y)=\sum_{(u,v)\in W(x,y)} w(u,v)[\boldsymbol{I}(u,v)-\boldsymbol{I}(u+\Delta x,v+\Delta y)]^2 \tag{3.1}$$

式中：$w(x,y)$ 为图3.1中以点 (x,y) 为中心的窗口；$w(u,v)$ 为加权函数，它既可以是常数，也可以是高斯函数，如图3.2所示。

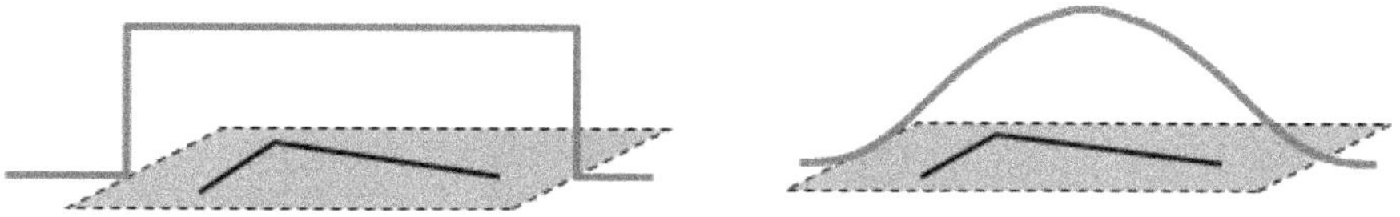

(a)　　　　　　　　　　(b)

图 3.2　角点自相关函数加权函数

(a)常数加权函数;(b)高斯加权函数。

根据泰勒展开,对图像 $\boldsymbol{I}(x,y)$ 在平移 $(\Delta x,\Delta y)$ 后进行一阶近似:

$$\begin{aligned}\boldsymbol{I}(u+\Delta x,v+\Delta y) &= \boldsymbol{I}(u,v)+\boldsymbol{I}_x(u,v)\Delta x+\boldsymbol{I}_y(u,v)\Delta y+O(\Delta x^2+y^2)\\ &\approx \boldsymbol{I}(u,v)+\boldsymbol{I}_x(u,v)\Delta x+\boldsymbol{I}_y(u,v)\Delta y\\ &= \boldsymbol{I}(u,v)+[\boldsymbol{I}_x(u,v),\boldsymbol{I}_y(u,v)]\begin{bmatrix}\Delta x\\ \Delta y\end{bmatrix}\end{aligned}$$

式中:$\boldsymbol{I}_x$, $\boldsymbol{I}_y$ 为图像的偏导数。则式(3.1)可近似为

$$c(x,y;\Delta x,\Delta y)\approx\sum_w\left([I_x(u,v),\boldsymbol{I}_y(u,v)]\begin{bmatrix}\Delta x\\ \Delta y\end{bmatrix}\right)^2=[\Delta x,\Delta y]\boldsymbol{M}(x,y)\begin{bmatrix}\Delta x\\ \Delta y\end{bmatrix}$$

其中,

$$\begin{aligned}\boldsymbol{M}(x,y) &= \sum_w\begin{bmatrix}\boldsymbol{I}_x(u,v)^2 & \boldsymbol{I}_x(u,v)\boldsymbol{I}_y(u,v)\\ \boldsymbol{I}_x(u,v)\boldsymbol{I}_y(u,v) & \boldsymbol{I}_y(u,v)^2\end{bmatrix}\\ &= \begin{bmatrix}\sum_w\boldsymbol{I}_x(u,v)^2 & \sum_w\boldsymbol{I}_x(u,v)\boldsymbol{I}_y(u,v)\\ \sum_w\boldsymbol{I}_x(u,v)I_y(u,v) & \sum_w\boldsymbol{I}_y(u,v)^2\end{bmatrix}\\ &= \begin{bmatrix}\boldsymbol{A} & \boldsymbol{C}\\ \boldsymbol{C} & \boldsymbol{B}\end{bmatrix}\end{aligned}$$

也就是说,图像 $\boldsymbol{I}(x,y)$ 在点 (x,y) 处平移 $(\Delta x,\Delta y)$ 后的自相关函数可以近似为二项函数:

$$c(x,y;\Delta x,\Delta y)\approx[\Delta x,\Delta y]\boldsymbol{M}(x,y)\begin{bmatrix}\Delta x\\ \Delta y\end{bmatrix}\tag{3.2}$$

二次项函数式(3.2)本质上就是一个椭圆函数,如图 3.3 所示。椭圆的扁率和尺寸是由 $\boldsymbol{M}(x,y)$ 特征值 λ_1、λ_2 决定的,椭圆的方向是由 $\boldsymbol{M}(x,y)$ 的特征向量决定的,椭圆方程为

$$[\Delta x,\Delta y]\boldsymbol{M}(x,y)\begin{bmatrix}\Delta x\\ \Delta y\end{bmatrix}=1$$

图 3.4 是二次项函数的特征值与图像中的角点、直线(边缘)和平面之间的

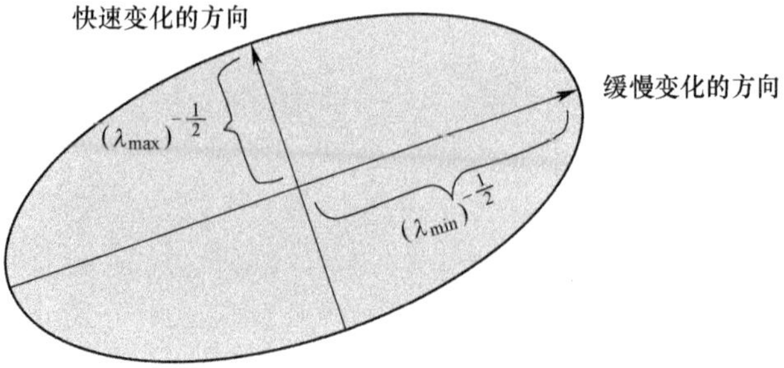

图 3.3　二次项函数特征值与椭圆变化关系

关系,可分为以下三种情况:

(1) 图像中的直线。一个特征值大,另一个特征值小,即 $\lambda_1 \gg \lambda_2$ 或 $\lambda_2 \gg \lambda_1$。自相关函数值在某一方向上大,在其他方向上小。

(2) 图像中的平面。两个特征值都小,且近似相等;自相关函数数值在各个方向上都小。

(3) 图像中的特征点。两个特征值都大,且近似相等,自相关函数在所有方向上都增大。

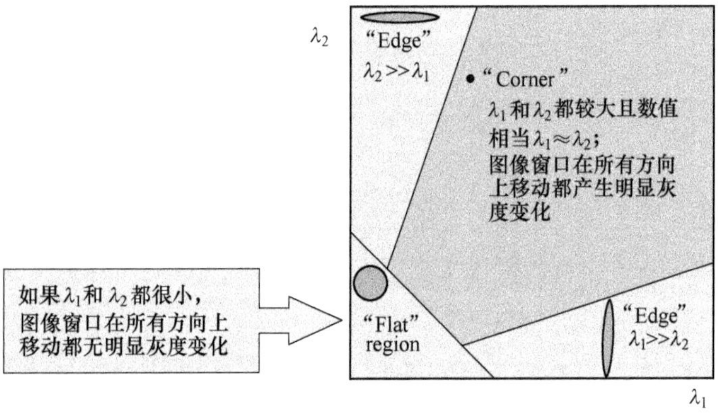

图 3.4　特征值与图像中点线面之间的关系

根据二次项函数特征值的计算公式,可以求 $\boldsymbol{M}(x,y)$ 矩阵的特征值。但是 Harris 给出的角点差别方法并不需要计算具体的特征值,而是计算一个角点响应值 R 来判断角点。R 的计算公式为

$$R = \det\boldsymbol{M} - \alpha(\mathrm{trace}\boldsymbol{M})^2$$

式中:det 为求矩阵的行列式; trace 为求矩阵的直迹; α 为常数,取值范围为 0.04~0.06。事实上,特征隐含在 det$\boldsymbol{M}$ 和 trace$\boldsymbol{M}$ 中,因为

$$\det\boldsymbol{M} = \lambda_1\lambda_2 = \boldsymbol{AC} - \boldsymbol{B}^2$$

$$\mathrm{trace}\boldsymbol{M} = \lambda_1 + \lambda_2 = \boldsymbol{A} + \boldsymbol{C}$$

3.1.2 SIFT 特征提取

SIFT 算法可以处理两幅图像之间在发生平移、旋转、尺度变化、光照变化情况下的特征提取和匹配问题,并能在一定程度上对视角变化、放射变化也具备较为稳定的特征匹配能力。SIFT 算法的特点有[124]:

(1) SIFT 特征是图像的局部特征,其噪声可保持一定程度的稳定性;

(2) 独特性好,信息量丰富,适用于在海量特征数据库中进行快速、准确地匹配;

(3) 多量性,即使少数的几个纹理丰富的物体也可以产生大量的 SIFT 特征向量;

(4) 高速性,经优化的 SIFT 匹配算法甚至可以达到实时的要求;

(5) 可扩展性,可以方便地与其他形式的特征向量进行联合。

SIFT 算法的实质是在不同的尺度空间上查找关键点,并计算出关键点的方向。SIFT 算法所查找到的关键点是一些十分突出,不会因光照、仿射变换和噪声等因素变化的点,如角点、边缘点、暗区的亮点及亮区的暗点等。Lowe 将 SIFT 算法分解为如下四步。

(1) 尺度空间极值检测:搜索所有尺度上的图像,通过高斯微分函数来识别潜在的对于尺度和旋转不变的兴趣点。

尺度空间理论是检测不变特征的基础。Witkin[125] 提出了尺度空间理论,主要讨论了一维信号平滑处理的问题。Koenderink[126] 把这种理论扩展到二维图像,并证明了高斯卷积核是实现尺度变换的唯一变换核。

尺度空间理论的基本思想:在图像信息处理模型中引入一个被视为尺度的参数,通过连续变化尺度参数获得多尺度下的尺度空间表示序列,对这些序列进行尺度空间主轮廓的提取,并以该主轮廓作为一种特征向量,实现边缘、角点检测和不同分辨率上的特征提取等。

尺度空间方法将传统的单尺度图像信息处理技术纳入尺度不断变化的动态分析框架中,更容易获取图像的本质特征。尺度空间中各尺度图像的模糊程度逐渐变大,能够模拟人在距离目标由近到远时目标在视网膜上的形成过程。

SIFT 算法是在不同的尺度空间上查找关键点,而尺度空间的获取需要使用高斯模糊来实现,本节先介绍高斯模糊方法。

高斯模糊是一种图像滤波器,它使用正态分布(高斯核函数)计算模糊模板,并使用该模板与原图像做卷积运算,达到模糊图像的目的。n 维空间正态分布方程为

$$G(r)=\frac{1}{\sqrt{2\pi\sigma^2}^{\,n}}\mathrm{e}^{-\frac{r^2}{2\sigma^2}}$$

式中：σ 为正态分布的标准差，值越大图像越模糊（平滑）；r 为模糊半径，为模板元素到模板中心的距离。如二维模板大小为 $m\times n$，则模板上的元素 (x,y) 对应的高斯核函数计算公式为

$$G(x,y,\sigma)=\frac{1}{2\pi\sigma^2}\mathrm{e}^{-\frac{(x-m/2)^2+(y-n/2)^2}{2\sigma^2}}$$

在尺度空间变换时，σ 又是尺度空间因子，值越小表示尺度越小，相应的图像被平滑的也就越少。大尺度对应于图像的概貌特征，小尺度对应于图像的细节特征。在计算高斯函数的离散近似时，在大概 3σ 距离之外的像素都可以视为不起作用，这些像素的计算也就可以忽略。通常，图像处理程序只需计算 $(6\sigma+1)^2$ 的矩阵就可以保证相关像素影响。图 3.5 是 5×5 的高斯模板卷积计算示意图。

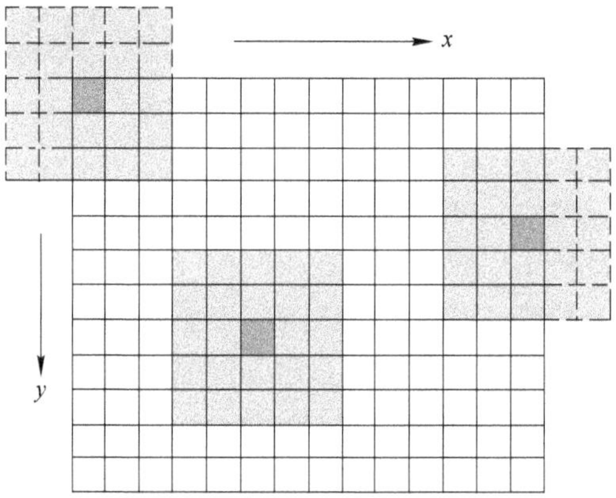

图 3.5　5×5 的高斯模板卷积计算示意图

一幅图像 $\boldsymbol{I}(x,y)$ 在不同尺度下的尺度空间表示可由图像与上述二维高斯模板卷积得到：

$$\boldsymbol{L}(x,y,\sigma)=\boldsymbol{G}(x,y,\sigma)\times\boldsymbol{I}(x,y)$$

尺度空间 $\boldsymbol{L}(x,y,\sigma)$ 在实现时用高斯金字塔表示。图像的金字塔模型构建分为两部分：一是对图像做不同尺度的高斯模糊；二是对图像做降采样（隔点采样），即将原始图像不断降阶采样，得到一系列大小不一的图像，由大到小、从下到上构成的塔状模型。原图像为金字塔的第一层，每次降采样所得到的新图像为金字塔的一层（每层一张），每个金字塔共 n 层。金字塔的层数根据图像的原始大小和所需的塔顶图像大小共同决定，其计算公式如下：

$$n = \log_2\{\min(M,N)\} - t, t \in [0, \log_2\{\min(M,N)\}]$$

式中：M、N 为原图像大小；t 为所需塔顶图像的最小维数的对数值。

为了让尺度体现其连续性，在 SIFT 算法中，高斯金字塔在简单降采样的基础上加了高斯滤波。如图 3.6 所示，将图像金字塔每层的一张图像使用不同参数做高斯模糊，使金字塔的每层含有多张高斯模糊图像，将金字塔每层多张图像合称为一组(octave)，金字塔每层只有一组图像，组数和金字塔层数相等，使用式(3.3)计算，每组含有多张(也称层 Interval)图像。由于组内的多张图像按层次叠放，因此组内的多张图像也称多层，为避免与金字塔层的概念混淆，本书以下内容中，若不特别说明是金字塔层数，层一般指组内各层图像。

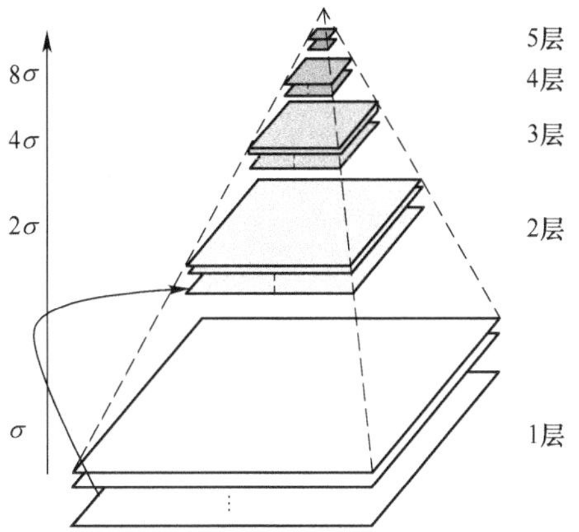

图 3.6　图像高斯金字塔模型

为高效地在尺度空间内检测出稳定的特征点，Low 使用尺度空间中的高斯差分(difference of Gaussian, DoG)算子代替高斯-拉普拉斯(Laplacian of Gaussian, LoG)算子进行极值检测。DoG 算子定义为两个不同尺度的高斯核函数的差分。设 k 为连个相邻尺度间的比例因子，则 DoG 算子定义如下：

$$\begin{aligned} \boldsymbol{D}(x,y,\sigma) &= (\boldsymbol{G}(x,y,k\sigma) - \boldsymbol{G}(x,y,\sigma)) \times \boldsymbol{I}(x,y) \\ &= \boldsymbol{L}(x,y,k\sigma) - \boldsymbol{L}(x,y,\sigma) \end{aligned} \tag{3.3}$$

在实际计算时，使用高斯金字塔每组中相邻上、下两层图像相减，得到高斯差分图像，如图 3.7 所示，然后针对差分高斯金字塔进行极值检测。

关键点是由高斯差分空间的局部极值点组成的，关键点的初步检测是通过同一组内各高斯差分相邻两层图像之间比较完成的。为了寻找高斯差分函数的极值点，每个像素点要及其所有的相邻点比较，看其是否比它的图像域和尺度域的相邻点大或者小。如图 3.8 所示，中间的检测点及其同尺度的 8 个相邻点和上下相邻尺度对应的 9×2 个点共 26 个点比较，以确保在尺度空间和二维图像空

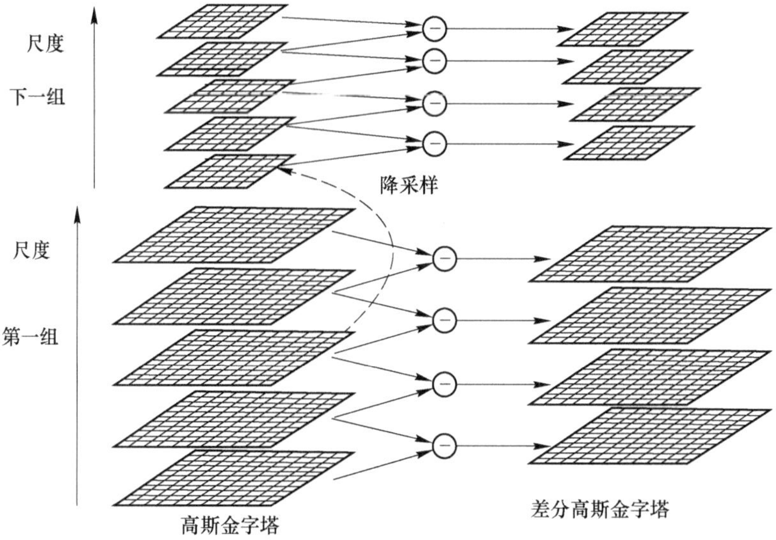

图 3.7　高斯图像金字塔($S=2$)与高斯差分金字塔

间都检测到极值点。

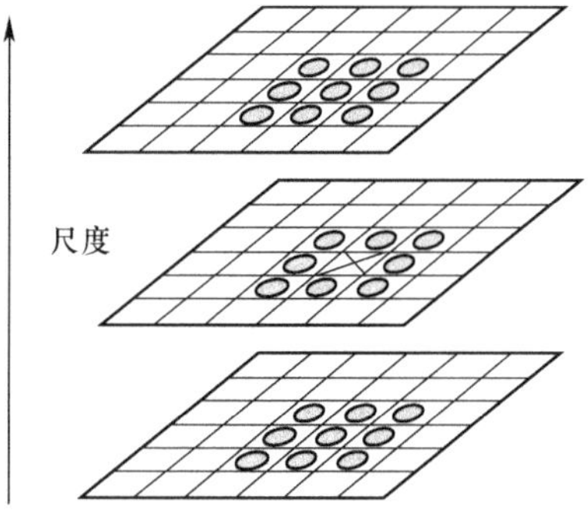

图 3.8　高斯差分空间极值检测

在极值比较的过程中,每组图像的首末两层是无法进行极值比较的,为了满足尺度变化的连续性,只能在高斯差分金字塔每组除顶层和底层外的中间 S 层中进行 S 个尺度的极值点检测。因此,高斯差分金字塔每组需 $S+2$ 层图像,而高斯金字塔则每组需 $S+3$ 层图像,实际计算时 S 的范围是 3~5。因此,若要在 S 个尺度空间上进行极值检测,则在构建高斯金字塔时,确定尺度空间的各种参数关系如下:

$$\sigma(o,s)=\sigma_0 2^{o+s\cdot k}=\sigma_0 2^{o+\frac{s}{S}},\ o\in o_{\mathrm{mim}}+[0,1,2,\cdots,O-1],$$
$$s\in[0,1,2,\cdots,S+2] \tag{3.4}$$

式中:$\sigma\in R^{+}$ 为尺度指标;O 为金字塔组数;σ_0 为基准层尺度;$o\in Z$ 为组索

引；$s \in N$ 为组内层索引；$o_{\min}$ 取 0 或-1，当设为-1 时，意味着图像在计算高斯尺度空间前先扩大一倍。每组内相邻层尺度相差一个比例因子：

$$k = 2^{\frac{1}{S}}$$

在降采样时，高斯金字塔上一组图像的初始图像（底层图像）是由前一组图像尺度为 $\sigma_0 2^{o+1}$ 的（组内倒数第三张图像）图像隔点采样得到的。

此外，位置空间坐标 $X(x,y)$ 是组坐标 o 的函数。设 X_o 为第 o 组内的空间坐标，则有

$$X = 2^o x_o \quad o \in \boldsymbol{Z} \text{ , } x_o \in [0,1,2,\cdots,N_0 - 1] \times [0,1,2,\cdots,M_o - 1]$$

设 (N_0,M_0) 为第 0 组中的图像分辨率，则其他组的分辨率为

$$N_o = \left[\frac{N_0}{2^o}\right], M_o = \left[\frac{M_0}{2^o}\right]$$

在 Low 的算法实践中，以上参数取值如下：$\sigma_0 = 1.6$，$S = 3$，$o_{\min} = -1$。同时，对不同组相同层的尺度取为相同，即在计算组内某一层图像的尺度时，将式(3.4)简化为如下公式进行计算：

$$\sigma(s) = \sigma_0 2^{o+s \cdot k} = \sigma_0 2^{\frac{s}{S}} \text{ , } s \in [0,\cdots,S + 2]$$

由上，式(3.3)可记为

$$\begin{aligned} \boldsymbol{D}(x,y,\sigma) &= (\boldsymbol{G}(x,y,\sigma(s + 1)) - \boldsymbol{G}(x,y,\sigma(s))) \cdot \boldsymbol{I}(x,y) \\ &= \boldsymbol{L}(x,y,\sigma(s + 1)) - \boldsymbol{L}(x,y,\sigma(s)) \end{aligned}$$

(2)关键点位置及尺度确定：在每个候选的位置上，通过拟合三维二次函数以确定关键点的位置和尺度，得到原图像 SIFT 候选特征点集合。

上一步的极值点搜索是在离散空间进行的，检测到的极值点集 X_0 并不是真正意义上的极值点。要从中筛选出稳定的点作为 SIFT 特征点集 X 。由于 X_0 中对比度较低的点对噪声敏感，而位于边缘上的点难以准确定位，为确保 SIFT 特征点的稳定性，必须剔除这两种点中对比度较低的点；为了提高关键点的稳定性，需要对尺度空间高斯差分函数进行曲线拟合。高斯差分函数(3.3)在尺度空间的泰勒展开式（拟合函数）为

$$D(x) = D + \frac{\partial \boldsymbol{D}^{\mathrm{T}}}{\partial x}\Delta x + \frac{1}{2}\Delta x^{\mathrm{T}} \frac{\partial^2 \boldsymbol{D}^{\mathrm{T}}}{\partial^2 x}\Delta x$$

由于 x 为高斯差分函数的极值点，求导并让方程等于零，可以得到极值点的偏移量为

$$\hat{x} = -\frac{\partial^2 D^{-1}}{\partial x^2} - \frac{\partial D(x)}{\partial x}$$

对应极值点，方程的值为

$$D(\hat{x}) = D + \frac{1}{2}\frac{\partial \boldsymbol{D}^{\mathrm{T}}}{\partial x}\hat{x}$$

当 $\hat{x}$ 在任一维度上的偏移量大于 0.5 时，意味着插值中心已经偏移到它的邻近点上，所以必须改变当前关键点的位置。同时，在新的位置上反复插值直到收敛；也有可能超出所设定的迭代次数或者超出图像边界的范围，此时这样的点应该被剔除，在 Lowe 的算法中进行了 5 次迭代。将最终候选点的精确位置及尺度 $\hat{x}$ 代入求得 $|D(\hat{x})|$。设对比度阈值为 T_c（Lowe 设其为 0.3），则低对比度点的剔除公式为

$$\begin{cases} \{x \in X \mid |D(\hat{x})| \geqslant T_c\}, x \in X_0 \\ \{x \notin X \mid |D(\hat{x})| < T_c\}, x \in X_0 \end{cases}$$

剔除边缘点：一个定义不好的高斯差分算子的极值在横跨边缘的地方有较大的主曲率，而在垂直边缘的方向有较小的主曲率。高斯差分算子会产生较强的边缘响应，需要剔除不稳定的边缘响应点。获取特征点处的 Hessian 矩阵，主曲率通过一个 2 × 2 的 Hessian 矩阵求出：

$$\boldsymbol{H} = \begin{bmatrix} D_{xx} & D_{xy} \\ D_{xy} & D_{yy} \end{bmatrix}$$

式中：D_{xx}、D_{xy}、D_{yy} 为候选点邻域对应位置的像素差分。分别令 α、β 为 $\boldsymbol{H}$ 的最大、最小特征值，令 $\gamma = \alpha/\beta$，则 $D(x)$ 的主曲率比值与 γ 成正比。由 $\boldsymbol{H}$ 的迹和行列式可得

$$\mathrm{Tr}(\boldsymbol{H}) = D_{xx} + D_{yy} = \alpha + \beta$$

$$\mathrm{Det}(\boldsymbol{H}) = D_{xx}D_{yy} - (D_{xy})^2 = \alpha\beta$$

$$\frac{\mathrm{Tr}\,(\boldsymbol{H})^2}{\mathrm{Det}(\boldsymbol{H})} = \frac{(\alpha + \beta)^2}{\alpha\beta} = \frac{(\gamma + 1)^2}{\gamma}$$

边缘点的剔除公式为

$$\begin{cases} \left\{x \in X \middle| \frac{\mathrm{Tr}\,(\boldsymbol{H})^2}{\mathrm{Det}(\boldsymbol{H})} < \frac{(\gamma + 1)^2}{\gamma}\right\}, x \in X_0 \\ \left\{x \notin X \middle| \frac{\mathrm{Tr}\,(\boldsymbol{H})^2}{\mathrm{Det}(\boldsymbol{H})} \geqslant \frac{(\gamma + 1)^2}{\gamma}\right\}, x \in X_0 \end{cases}$$

Lowe 在其论文中令 $\gamma = 10$。

(3)关键点方向确定：基于图像局部的梯度方向，分配给每个关键点位置一个或多个方向，其后所有的对图像数据的操作都相对于关键点的方向、尺度和位置进行变换，从而提供对于这些变换的不变性。

对于在高斯差分金字塔中检测出的关键点，采集其所在高斯金字塔图像 3σ 邻

域窗口内像素的梯度和方向分布特征。每个点 $L(x,y)$ 的梯度的模值和方向如下：

$$m(x,y) = \sqrt{[L(x+1,y) - L(x-1,y)^2 + [L(x,y+1) - L(x,y-1)]^2}$$

$$\theta(x,y) = \arctan \frac{L(x,y+1) - L(x,y-1)}{L(x+1,y) - L(x-1,y)}$$

式中：$L(x,y)$ 为关键点所在的尺度空间值。

对于每个关键点，在以其为中心的邻域窗口内利用直方图统计邻域像素的梯度分布，如图 3.9 所示，直方图的峰值方向代表了关键点的主方向（为简化，图中只画了 8 个方向的直方图）。在此直方图有 36 个柱（bins），每柱 10°，共 360°。每个加入直方图的邻域像素样本的权重由该像素的梯度模与高斯权重决定，此高斯窗的 σ 为关键点尺度的 1.5 倍。加入高斯窗的目的是加大离关键点近的邻域点对关键点的影响。

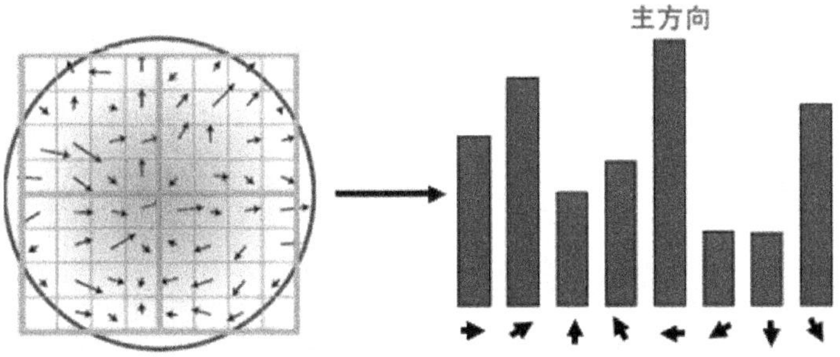

图 3.9　关键点方向直方图

方向直方图的峰值则代表了该特征点处邻域梯度的方向，以直方图中的最大值作为该关键点的主方向。关键点的方向可以由离最高峰最近的三个柱值通过抛物线插值精确得到。

在梯度方向直方图中，当存在一个大于或等于主峰值 80% 的能量峰值时，则添加一个新的关键点，此关键点的坐标、尺度与当前关键点相同，但方向由此峰值确定。因此，一个关键点可能产生多个坐标、尺度相同，但方向不同的关键点。这样做的目的是增强匹配的鲁棒性。仅有 15% 的关键点会被赋予多个方向，但可以明显地提高关键点匹配的稳定性。

至此，特征点检测完毕，特征描述前的准备工作已经完成。每个关键点含有 3 个信息：坐标、尺度和方向。

（4）关键点特征描述：在每个关键点周围的邻域内，在选定的尺度上测量图像局部的梯度，这些梯度被变换成一种表示，这种表示允许比较大的局部形状的变形和光照变化。

建立每个关键点描述符，就是用一组向量将这个关键点描述出来，使其不随各种变化而改变,比如光照变化、视角变化等。这个描述子不但包括关键点,也包含关键点周围对其有贡献的像素点,并且描述符应该有较高的独特性,以便提高特征点正确匹配的概率。

SIFT 描述子是关键点邻域高斯图像梯度统计结果的一种表示。通过对关键点周围图像区域分块,计算块内梯度直方图,生成具有独特性的向量,这个向量是该区域图像信息的一种抽象,具有唯一性。

Lowe 建议描述子使用在关键点尺度空间内 4 × 4 的窗口中计算的 8 个方向的梯度信息,共 4 × 4 × 8 = 128 个维向量表征,如图 3.10 所示。

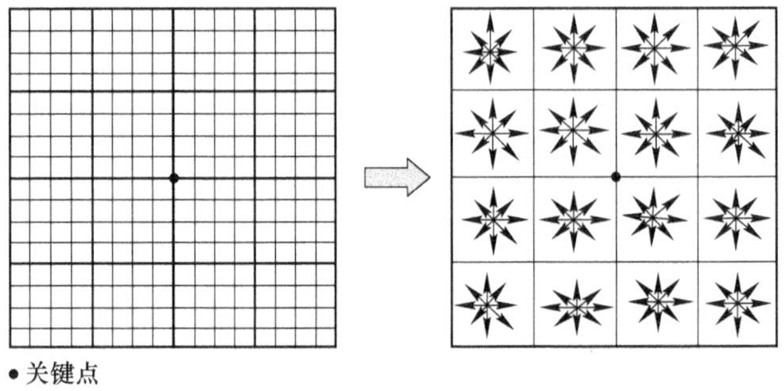

图 3.10　关键点 128 维向量表征

具体步骤如下:

① 确定计算描述子所需的图像区域。特征描述子与特征点所在的尺度有关,因此,对梯度的求取应在特征点对应的高斯图像上进行。将关键点附近的邻域划分为 $d \times d$ (Lowe 建议 $d = 4$)个子区域,每个子区域作为一个种子点,每个种子点有 8 个方向。每个子区域的大小与关键点方向分配时相同,即每个区域有 3σ 子像素,为每个子区域分配边长为 3σ 的矩形区域进行采样。考虑到实际计算,需要采用双线性插值,所需图像窗口边长为 $3\sigma \times (d+1)$ 。为方便下一步将坐标轴旋转到关键点的方向如图 3.11 所示,实际计算所需的图像区域半径为

$$r = \frac{3\sigma \times \sqrt{2} \times (d+1)}{2}$$

计算结果四舍五入取整。

② 将坐标轴旋转为关键点的方向,以确保旋转不变性,如图 3.12 所示。

旋转后邻域内采样点的新坐标为

$$\begin{bmatrix} x' \\ y' \end{bmatrix} = \begin{bmatrix} \cos\theta & -\sin\theta \\ \sin\theta & \cos\theta \end{bmatrix} \begin{bmatrix} x \\ y \end{bmatrix}, x, y \in [-r, r]$$

③ 将邻域内的采样点分配到对应的子区域内,将子区域内的梯度值分配到

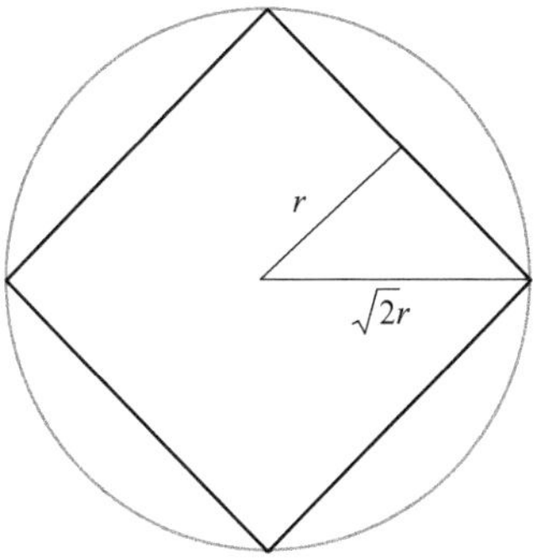

图 3.11　旋转引起的邻域半径变化

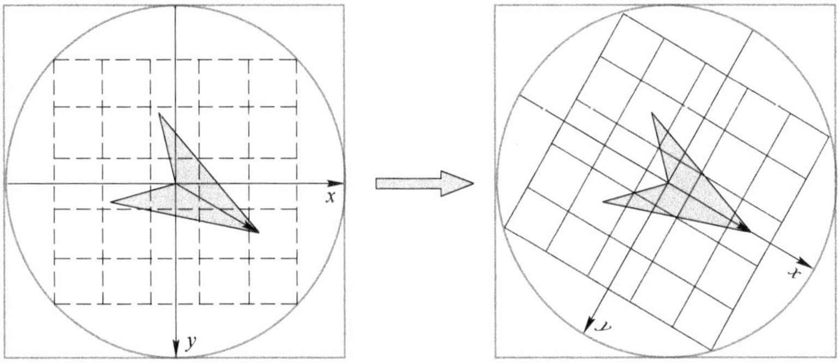

图 3.12　坐标轴旋转

8 个方向上,计算其权值。旋转后的采样点坐标在半径为 r 的圆内被分配到 $d \times d$ 的子区域,计算影响子区域的采样点的梯度和方向,并分配到 8 个方向上。旋转后的采样点 (x',y') 落在子区域的下标为

$$\begin{bmatrix} x'' \\ y'' \end{bmatrix} = \frac{1}{3\sigma}\begin{bmatrix} x' \\ y' \end{bmatrix} + \frac{d}{2} \tag{3.5}$$

Lowe 建议子区域的像素的梯度大小按 $\sigma = 0.5d$ 的高斯加权计算,即

$$w = m(a + x, b + y) \cdot \mathrm{e}^{-\frac{(x')^2+(y')^2}{2\times(0.5d)^2}}$$

式中: a 、b 为关键点在高斯金字塔图像中的位置坐标。

④ 插值计算每个种子点 8 个方向的梯度。如图 3.13 所示,将由式(3.5)所得采样点在子区域中的下标 (x'',y'') ,计算其对每个种子点的贡献。在第 0 行和第 1 行之间的点,表示对这两行都有贡献。对第 0 行第 3 列种子点的贡献因子为 $\mathrm{d}r$,对第 1 行第 3 列种子点的贡献因子为 $1 - \mathrm{d}r$,同理,对邻近两列的贡献因子为 $\mathrm{d}c$ 和 $1 - \mathrm{d}c$,对邻近两个方向的贡献因子为 $\mathrm{d}o$ 和 $1 - \mathrm{d}o$ 。则最终累加在每个方向上的梯度大小为

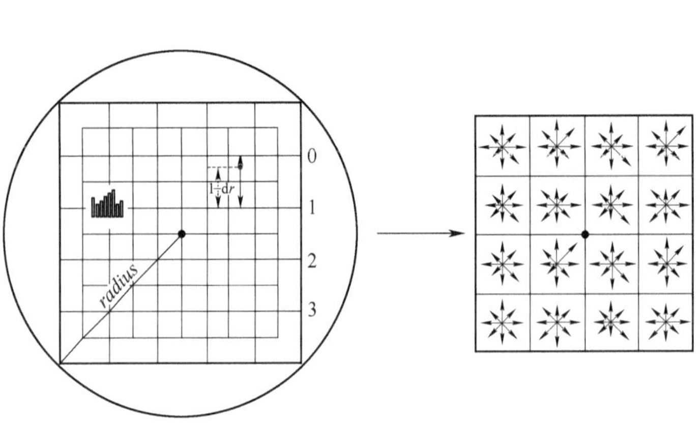

图 3.13　描述子梯度直方图

$$w_{\text{eight}} = w \times \mathrm{d}r^k \times (1 - \mathrm{d}r)^{1-k} \times \mathrm{d}c^m \times (1 - \mathrm{d}c)^{1-m} \times \mathrm{d}o^n \times (1 - \mathrm{d}o)^{1-n}$$

式中：k、m、n 为 0 或为 1。

⑤ 如上统计的 128 个梯度信息即该关键点的特征向量。特征向量形成后，为了去除光照变化的影响，需要对其进行归一化处理。对于图像灰度值整体漂移，图像各点的梯度是邻域像素相减得到，所以也能去除。得到的描述子向量为 $\boldsymbol{H} = (h_1, h_2, \cdots, h_{128})$，归一化后的特征向量为 $\boldsymbol{L} = (l_1, l_2, \cdots, l_{128})$ 则

$$l_i = h_i \Big/ \sqrt{\sum_{j=1}^{128} h_j}, j = 1,2,3,\cdots$$

⑥ 描述子向量门限。非线性光照，相机饱和度变化对造成某些方向的梯度值过大，而对方向的影响微弱。因此设置门限值(向量归一化后，一般取 0.2)截断较大的梯度值。然后，再进行一次归一化处理，提高特征的鉴别性。

⑦ 按特征点的尺度对特征描述向量进行排序。

至此，SIFT 特征描述向量生成。

3.2　两视图特征匹配

图像匹配的方法主要有基于灰度、基于特征、基于变换域 3 种。本节主要介绍常用的归一化互相关算法和 Kd-树算法。

3.2.1　归一化互相关算法

归一化互相关(normalized cross correlation，NCC)算法，是基于图像灰度信息的匹配方法。例如，Harris 角点的描述通常可由周围图像像素块的灰度值，以及用于比较的归一化互相关矩阵构成。图像的像素块由以该像素点为中心的周围

矩形部分图像构成[127]。

分别在两幅图像中,两个相同大小的像素块 $\boldsymbol{I}_1(x)$ 和 $\boldsymbol{I}_2(x)$ 的相关矩阵定义为

$$c(\boldsymbol{I}_1,\boldsymbol{I}_2)=\sum_x f(\boldsymbol{I}_1(x),\boldsymbol{I}_2(x)) \tag{3.6}$$

其中,函数 $f(\cdot)$ 随着相关方法的变化而变化。式(3.6)取像素块中所有像素位置 x 的和对于互相关矩阵,函数 $f(\boldsymbol{I}_1,\boldsymbol{I}_2)=\boldsymbol{I}_1\ \boldsymbol{I}_2$,因此, $c(\boldsymbol{I}_1,\boldsymbol{I}_2)=\boldsymbol{I}_1\ \boldsymbol{I}_2$,其值越大,像素块 $\boldsymbol{I}_1$ 和 $\boldsymbol{I}_2$ 的相似度越高。归一化的互相关矩阵是互相关矩阵的一种变形,可以定义为

$$\mathrm{NCC}(\boldsymbol{I}_1,\boldsymbol{I}_2)=\frac{1}{n-1}\sum_x \frac{\boldsymbol{I}_1(x)-\mu_1}{\sigma_1}\cdot\frac{\boldsymbol{I}_2(x)-\mu_2}{\sigma_2}$$

式中:n 为像素块中像素的数目;μ_1 和 μ_2 分别为每个像素块中的平均像素值强度;σ_1 和 σ_2 分别为每个像素块中的标准差。通过减去均值、除以标准差,该方法对图像亮度变化具有稳健性。

3.2.2 Kd-树算法

1. Kd-树构建

Kd-树(K-dimension tree),是对数据点在 k 维空间中划分的一种数据结构,主要应用于多维空间关键数据的搜索。本质上说,Kd-树就是一种平衡二叉树。构造 Kd-树相当于不断地用垂直于坐标轴的超平面将 k 维空间切分,构成一系列的 k 维超矩形区域。Kd-树的每个节点对应于一个 k 维超矩形区域。利用 Kd-树可以省去对大部分数据点的搜索,从而减少搜索的计算量。

例如,对于二维和三维空间 Kd-树的空间划分如图 3.14 所示。

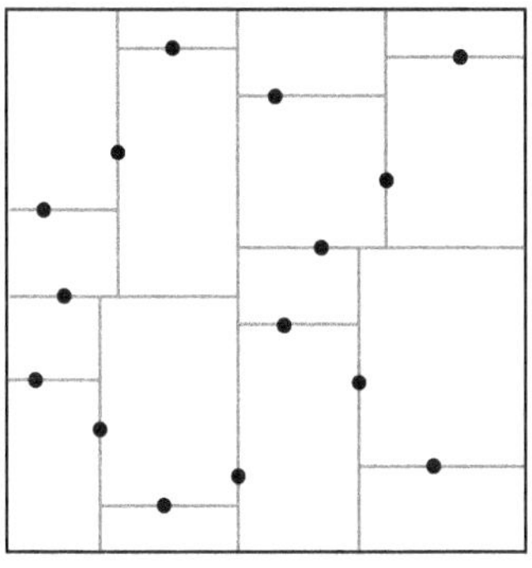

(a)

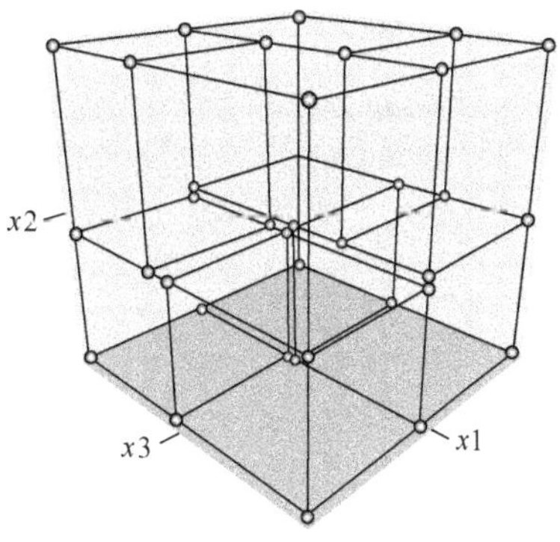

(b)

图 3.14 Kd-树空间划分

(a)二维空间;(b)三维空间。

Kd-树的每个节点表示了一个空间范围。表 3.1 给出了 Kd-树中每个节点的数据结构。

表 3.1 Kd-树中每个节点的数据类型

域名	数据类型	描　述
Node-data	数据向量	数据集中某个数据点,是 n 维向量
Range	空间向量	该节点所代表的空间范围
split	整数	垂直于分割超平面的方向轴序号
Left	Kd-树	由位于该节点分割超平面左子空间内所有数据点所构成的 Kd-树
Right	Kd-树	由位于该节点分割超平面右子空间内所有数据点所构成的 Kd-树
parent	Kd-树	父节点

Range 域表示的是节点包含的空间范围;Node-data 域就是数据集中的某一个 n 维数据点。分割超面是通过数据点 Node-Data 并垂直于轴 split 的平面,它将整个空间分割成两个子空间;令 split 域的值为 i,如果空间 Range 中某个数据点的第 i 维数据小于 Node-Data[i],它就属于该节点空间的左子空间,否则就属于右子空间;Left、Right 域分别表示由左子空间和右子空间空的数据点构成的 Kd-树;在二叉树中,一般来说每个节点既是某个节点的子节点,又是某些节点的父节点(有 1~2 个子节点),特殊节点有两类:没有子节点的叶子节点和没有父节点的根节点。

从上面对 Kd-树节点的数据类型的描述可以看出,构建 Kd-树是一个逐级展开的递归过程,构建 Kd-树流程如图 3.15 所示。

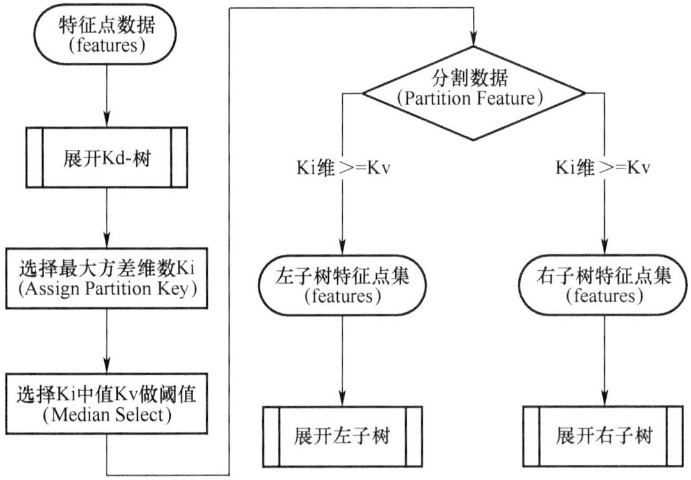

图 3.15 构建 Kd-树流程

下面给出的是构建 Kd-树的伪码。

算法:构建 Kd-树

输入:数据点集 Data-set 及其所在的空间 Range

输出:Kd,类型为 Kd- tree

1.If Data-set 为空,则返回空的 Kd- tree

2.调用节点生成程序:

(1)确定 split 域:对于所有描述子数据(特征向量),统计它们在每个维上的数据方差。以 SIFT 特征为例,描述子为 128 维,可计算 128 个方差。挑选出最大值,对应的维就是 split 域的值。数据方差大表明沿该坐标轴方向上的数据分散得比较开,在这个方向上进行数据分割有较好的分辨率。

(2)确定 Node-data 域:数据点集 Data-set 按其第 split 维的值排序。位于正中间的那个数据点被选为 Node-data。此时新的 Data-set′ = Data-set\Node-data(挖去 Node-data 这一点)。

3. dataleft = {d ∈ Data-set′&&d[:split] ≤ Node-data[:split]},

Left_Range = {Range&&dataleft},

dataright = {d ∈ Data-set′&&d[:split] >:Node-data[:split]},

Right_Range = {Range&&dataright}

4.:left = 由(dataleft,Left _ Range)建立的 Kd-tree,

设置 left 的 parent 域(父节点)为 Kd;

:right = 由(dataright,Right _ Range)建立的 Kd-tree,

设置 right 的 parent 域(父节点)为 Kd。

如上算法所述,Kd-树的构建是一个递归过程,对左子空间和右子空间内的数据重复根节点的过程就可以得到一级子节点,同时将空间和数据集进一步细分,如此往复,直到空间中只包含一个数据点。

Kd-树的优点主要体现在以下几个方面。首先,Kd-树比较容易刻画数据的聚簇性质,在建树时分割平面会随数据的统计特性移动,这样,就能比较容易区分不同簇的数据点。其次,Kd-树切分空间的局部分辨率也是调整的,由于树的深度可调,在空间大而且数据点稀疏的地方树的深度比较小,在数据点密集的空间则采用更深的树结构充分切割空间。最后,Kd-树切割面的法向也可以调整。实际上,每个树节点都包含一个分割超面方程,建树时可按照这个方程计算出数据点应该属于哪一侧,从而进一步适应数据集的统计分布特性。

2. Kd-树最近邻查询

利用 Kd-树可以省去对大部分数据点的搜索,从而减少搜索的计算量。下面以搜索最近邻点为例加以叙述:给定一个目标点,搜索其最近邻,首先找到包含目标点的叶节点;其次从该叶节点出发,依次回退到父节点;最后不断查找与目标点最近邻的节点,当确定不可能存在更近的节点时终止。这样搜索就被限制在空间的局部区域上,效率大为提高。具体步骤如下。

(1) 在 Kd-树中找出包含目标点 x 的叶节点：从根节点出发，递归的向下访问 Kd-树。若目标点当前维的坐标值小于切分点的坐标值，则移动到左子节点，否则移动到右子节点。直到子节点为叶节点为止。

(2) 以此叶节点为“当前最近点”。

(3) 递归的向上回退，在每个节点进行以下操作。

① 如果该节点保存的实例点比当前最近点距目标点更近，则以该实例点为“当前最近点”。

② 当前最近点一定存在于该节点一个子节点对应的区域。检查该子节点的父节点的另一个子节点对应的区域是否有更近的点。具体地，检查另一个子节点对应的区域是否与以目标点为球心、以目标点与“当前最近点”间的距离为半径的超球体相交。如果相交，可能在另一个子节点对应的区域内存在距离目标更近的点，移动到另一个子节点。接着，递归地进行最近邻搜索。如果不相交，向上回退。

(4) 当回退到根节点时，搜索结束。最后的“当前最近点”即 x 的最近邻点。

下面给出的是标准 Kd-树最近邻查询算法。

```
输入:Kd, /* Kd-tree 类型 */
     target, /* 查询数据点 */
输出:nearest, /* 最近邻数据点 */
     dist, /* 最近邻和查询点的距离 */
1.  If Kd 是空的,则设 dist 为无穷大并返回
2.  Kd-point=&Kd;
    nearest=Kd-point->Node-date;
    While (Kd-point 不为空)
    将 Kd-point 压入 search-path 堆栈;  /* search-path 是一个堆栈结构,存储的是搜索路径节点
    指针 */
    If Distance(nearest, target)>Distance (Kd-point->Node-data, target)
        Nearest=Kd-point->Node-data;
        Max-dist=Distance(Kd-point->Node-data, target);
        s=Kd-point->split;
    If target[s]<=Kd-point->Node-data[s]
        Kd-point=Kd-point->left;
    Else
        Kd-point=Kd-point-right;
    End while
3.  While (search-path 不为空)
        back-point=从 search-path 取出一个节点指针;
        s=back-point->split;
```

```
    If Distance( target[ s ] ,back-point->Nude-data[ s ] ) <Max-dist
        If target[ s ] < = back-point->Node-data[ s ]
            Kd-point = back-point->right;
        EIse
            Kd-point = back-paint->left;
将 Kd-point 压入,search-path 堆栈;
        If Distance( nearest,target) > Distance( Kd-point->Node-date,target)
            Nearest = Kd-point->Node-data;
                Max-dirt = Distance( Kd-pint->Node-data,target) ;
  End While
```

上述给出的是搜索查询点 1-最近邻的算法,同理,可以扩展到搜索 k -最近邻,只要将“nearest”改成“最佳 k 个近邻”即可。

对二叉树查询的研究表明 N 个节点(数据)的 K 维 Kd-树搜索过程最差为[128]

$$t_{\text{worst}} = O(K \cdot N^{1-\frac{1}{k}})$$

如果数据集是高维的,Kd-树带来的快速检索性能也会急剧下降。假设数据集的维数是 D ,一般来说只有在数据的规模 N 满足 $N \gg 2^D$ 的条件下,才能达到高效的搜索。Kd-树的方法用在高维度数据时,任何查询都可能导致大部分节点要被访问和比较,搜索效率会下降并接近穷尽搜索。一般而言,使用标准的 Kd-树时,数据集的维数不应超过 20。但是在实际的应用中,如 SIFT 特征向量 128 维,SURF 特征向量 64 维,维度都比较大,直接利用 Kd-树快速检索(维数不超过 20)的性能急剧下降,几乎接近贪婪线性扫描。所以这就引出了对 Kd-树算法的改进,如 BBF 算法,以及一系列 M 树、VP 树、MVP 树等高维空间索引树。

3. Kd-树 BBF 查询

从标准的 Kd-树查询过程可以看出其搜索过程中的“回溯”是由“查询路径”来决定的,并没有考虑查询路径上数据点本身的性质。一个简单的思路就是将“查询路径”上的节点进行排序,如按各自分割超平面(也称 bin)与查询点的距离排序。回溯检查总是从优先级最高(best bin)的树节点开始。这就是本节要讨论的 best-bin-first,(BBF)查询机制,它能确保优先检索包含最近邻点可能性较高的空间。此外 BBF 机制还设置了一个运行超时限定,当优先级队列中所有的节点都经过检查或者超出时间限制时,检索算法将返回当前找到的最好结果作为近似的最近邻。采用 BBF 查询机制,Kd-树就可以扩展到高维数据集上。但值得一提的是,BBF 为了满足检索速度的需要,以精度为代价获得快速数据查询,其找到的最近邻是近似的,并非最佳的。

BBF 的查询过程和标准 Kd-树类似,主要是加入了查找优先级的概念,基于 BBF 的 Kd-树检索流程如图 3.16 所示。

```
输入: Kd,  /* Kd-tree 类型 */
      target,  /* 查询数据点 */
输出: nearest, /* 最近邻数据点 */
      dist,  /* 最近邻和查询点的距离 */

1. If Kd 是空的,则设 dist 为无穷大并返回
2. nearest = Kd. Node-data;
   将 &Kd 压入 priority-list 优先级堆栈中;
      /* 建立优先级队列。首先压入根节点,优先级队列中记录的都是 Kd-树节点,它们都需要回
   溯的树节点。回溯这些树节点的优先级取决于它们离查询点的距离,距离越近,优先级越高 */
   While(priority-list 不为空)
   /* 优先检查这个树节点表示的空间中是否有更好的最近邻 */
   提取优先级最高的节点 top-Kd;
   Kd-point = top-Kd;
              While(Kd-point 不为空)
                s = Kd-point->Spilt;
        Iftarget[s] <= Kd-point->Node-data[s]
                    Current-data = Kd-point->Node-data;
        将 KD-point->right 按优先级插入 priority-list 中
                    Kd-point = Kd-point->left;
              Else
                    Current-data = Kd-point->Node-data;
   将 Kd-point->left 按优先级插入 priority-list 中
                    Kd-point = Kd-point->right;
   If Distance(nearest, target) >Distance (Current-data, target)
        Nearest = Current-data;
            Max-dist = Distance(Current-data, target);
          End While //Kd-point 不为空
   End While //priority-list 不为空
```

BBF 很好地控制了“最佳点”查询的进程。通过建立优先队列,可以在任何时候中断退出查询进程,并且总能得到比较好的结果,从而很好地扩展 Kd-树在高维数据查询中的应用。

此外,为解决查询最近邻中最耗时的“回溯”过程,还有 Spill-树等改进算法,具体可参见文献[23]。

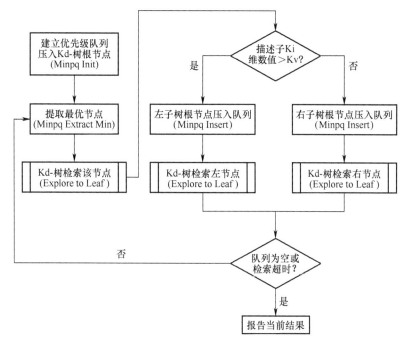

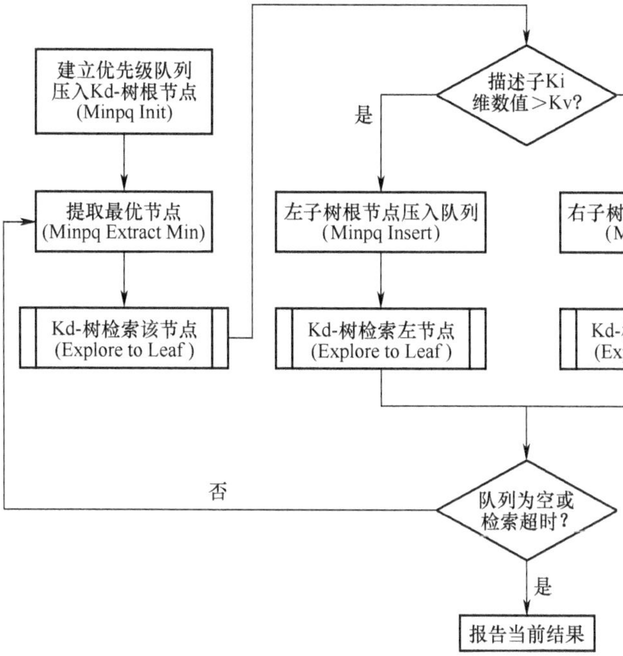

图 3.16　基于 BBF 的 Kd-树检索流程

3.3　匹配对提纯

令一幅图像中的特征点描述子集为基准集 $\{p_i\}$ ($i = 1,2,\cdots,n$)另一图像中的特征点描述子集为目标集 $\{q_j\}$ ($j = 1,2,\cdots,m$)。通过 3.2 节匹配算法,若对目标集中的 q_j 可在基准集中都能找到与其距离最近的 p_i , p_i 和 q_j 就构成一个数据匹配对 $\langle p_i,q_j\rangle$ 。虽然匹配对中的两个数据点距离最近,但这并不意味着它们对应相同的图像区域。若对应相同的图像区域,则匹配对中的两个数据之间距离会很小,理想状况为零;若基准集中无与 q_j 匹配的特征点,则距离可能会很大,或同时与基准集中若干个点有相近距离,这时 q_j 与其最近邻构成的匹配对有可能是错误的。

从上述关于匹配对的分析表明,由检索方法得到的最近邻并不能保证匹配正确,匹配的正确性还需要后续的检验过程,这就是匹配对的提纯问题。本节主要介绍 3 种常用的方法:比值提纯法、一致性提纯法和双边约束匹配法。

3.3.1　比值提纯法

对于目标集中每个特征点,在基准集中查询得到它的最近邻和次近邻,若满足：

$$\text{最近邻特征点距离} \leqslant \text{次近邻特征点距离} \times \mathrm{THR}$$

则保留该特征点与其最近邻构成的匹配，否则剔除这个匹配对。式中的最近邻特征点是指描述符与检索点描述符具有最短欧式距离的特征点，次近邻特征点是指欧式距离比最近邻距离稍长的特征点，$\mathrm{THR} \in (0,1)$ 是外点过滤的阈值，参考文献[129]一般取 THR = 0.8，此时可以保留 95%的内点、消除 90%的外点。

3.3.2 一致性提纯法

为消除错误数据（外点）对图像变换关系的影响，一致性提纯法常用的鲁棒算法有最小中值法（least median of squares，LMS）、M 估计法[130]、MLESAC 算法[131]、随机抽样一致性（random sample consensus，RANSAC）算法[132]等。由于 RANSAC 算法实现简单、性能良好，本节对其进行重点讨论。

随机抽样一致性 RANSAC 算法是一种估计数学模型参数的迭代算法，主要特点是模型参数随着迭代次数增加，其正确概率会逐步得到提高。通过采样和验证的策略，求解大部分样本都能满足的数学模型的参数。迭代时，每次从数据集中采样模型需要的最少数目样本，计算模型的参数，然后在数据集中统计符合该模型的参数的样本数目，最多样本符合的参数就被认为是最终模型的参数值。符合模型的样本点称为内点（inliers），不符合模型的样本点称为外点或者野点（outliers）。RANSAC 算法的中心思想就是将数据分为内点和外点。其中，内点是符合实际模型的点，而外点是不符合实际模型的点，除此之外的数据属于噪声。所以，只使用内点来进行模型的参数估计。这种方案能够有效剔除不准确的测量数据，得到更鲁棒的估计结果。

RANSAC 算法做了以下假设：给定一组（通常很小的）局内点，存在一个可以估计模型参数的过程；而该模型能够解释或者适用于局内点。在模型确定以及最大迭代次数允许的情况下，RANSAC 算法总是能找到最优解。

基于 RANSAC 算法进行图像误匹配滤除的具体步骤如下：

（1）建立模型，忽略成像畸变，同一个场景不同视角的图像间具有一一对应关系。在齐次坐标系下，图像 $\boldsymbol{X}[x,y,1]^{\mathrm{T}}$ 和 $\boldsymbol{X}'[x',y',1]^{\mathrm{T}}$ 之间的满足透视变换关系，模型如下：

$$s\boldsymbol{X}' = s\begin{bmatrix} x' \\ y' \\ 1 \end{bmatrix} = \begin{bmatrix} h_0 & h_1 & h_2 \\ h_3 & h_4 & h_5 \\ h_6 & h_7 & h_8 \end{bmatrix}\begin{bmatrix} x \\ y \\ 1 \end{bmatrix} = \boldsymbol{HX} \tag{3.7}$$

式中：(x,y) 为目标图像角点位置；(x',y') 为场景图像角点位置；s 为尺度参数；$\boldsymbol{H}$ 为单应矩阵。RANSAC 目的是找到最优的单应矩阵 $\boldsymbol{H}$ 使其满足该矩阵的匹配点个数最多,通常令 $h_8 = 1$ 来归一化矩阵。由于单应性矩阵有 8 个未知参数,因此至少需要 8 个线性方程求解,对应到特征点位置信息上,一组点对可以列出 2 个方程,即至少包含 4 组匹配点对。

(2) 设置内外点距离阈值 γ ,用来判定匹配点是内点或者外点。一般没有一个统一的方法来估计该阈值,只能通过实验得到 γ 。

(3) 估计总迭代次数 N 。用 w 表示每次从数据集中选取一个内点的概率,如下式所示:

$$w = \text{内点数目}/\text{匹配点数目}$$

一般,迭代开始时并不知道 w 的值,但是可以预先给出一个鲁棒值。估计模型需要选定 $t = 4$ 组匹配点, w^t 为所有 t 组匹配点均为内点的概率; $1 - w^t$ 为 t 组匹配点中至少有一组匹配点为外点的概率,这表明从所有匹配点集中估计出了一个不好的模型; $(1 - w^t)^N$ 则表示算法永远都不会选择到 t 个点均为内点的概率;如果要保证经过 N 次迭代至少有一次估计所有匹配点都是内点的概率为 p ,一般取 $p = 0.995$,那么 N 需要满足:

$$1 - p = (1 - w^n)^N \Rightarrow N = \frac{\log(1 - p)}{\log(1 - w^n)}$$

(4) 设置一致性集合大小阈值,即要统计整个数据集中符合该模型的内点数目 $\boldsymbol{I}_{\text{best}}$ 。

(5) 从匹配数据集中随机抽出 4 组不共线的匹配点,基于模型(3.7),计算出单应性矩阵 $\boldsymbol{H}_k$,记为模型 $\boldsymbol{M}_k$ ($k = 1,2,\cdots,N$,其中 N 为迭代总次数)。

(6) 利用模型 $\boldsymbol{M}_k$ 测试匹配点中除已选取的 4 组匹配点外的所有匹配点,如果某组匹配点满足模型 $\boldsymbol{M}_k$,则加入内点集合 $\boldsymbol{I}$,并且所有满足 $\boldsymbol{M}_k$ 的匹配点数的投影误差(代价函数):

$$e_{\boldsymbol{M}_k} = \sum_{i=1}^{L(I)} \left(x_i' - \frac{h_0 x_i + h_1 y_i + h_2}{h_6 x_i + h_7 y_i + h_8} \right)^2 + \left(y_i' - \frac{h_3 x_i + h_4 y_i + h_5}{h_6 x_i + h_7 y_i + h_8} \right)^2 < \gamma$$

式中: $L(\boldsymbol{I})$ 为 $\boldsymbol{I}$ 中匹配点的个数,此时数据集 $\boldsymbol{I}$ 适用于估计的模型 $\boldsymbol{M}_k$ 。

(7) 若 $\boldsymbol{I}$ 的元素个数小于最优内点集 $\boldsymbol{I}_{\text{best}}$ 的,则 $k = k + 1$,返回到第(5)步;若 $\boldsymbol{I}$ 的元素个数大于最优内点集 $\boldsymbol{I}_{\text{best}}$,则更新 $\boldsymbol{I}_{\text{best}} = \boldsymbol{I}$,并利用 $\boldsymbol{I}$ 中的所有匹配点按照式(3.6)计算新的模型 $\boldsymbol{M}_k'$,令 $\boldsymbol{M}_{k+1} = \boldsymbol{M}_k$, $k = k + 1$,返回第(5)步。

(8) 如果迭代次数大于 N ,则退出。

3.3.3 双边约束匹配法

利用局部敏感哈希(locality-sensitive HASHING,LSH)实现 SURF 特征点的双边约束匹配,设 n_i^A 为图像 $\boldsymbol{A}$ 中第 i 个特征点对应于图像 $\boldsymbol{B}$ 中点的匹配序号,

n_j^B 为图像 $\boldsymbol{B}$ 中第 j 个特征点对应于图像 $\boldsymbol{A}$ 的匹配点序号，若满足双边约束关系：

$$n_{n_i^A}^B \Leftrightarrow i$$

则视为同一对匹配点，否则舍弃。

该方法通过约束两视图 $\boldsymbol{A}$ 和 $\boldsymbol{B}$ 之间的匹配点互为匹配对，经过取交集约束，可以极大地降低外点概率。简单来讲，就是先从图 $\boldsymbol{A}$ 向图 $\boldsymbol{B}$ 匹配，再从图 $\boldsymbol{B}$ 向图 $\boldsymbol{A}$ 匹配，最后保留两种方法中一致的匹配结果。

最后，总结图像特征提取的流程如图 3.17 所示。Harris 角点检测算法与 SIFT 特征点检测匹配方法是两种基础且经典的算法，各有优劣。其中，SIFT 算法及其各种改进算法在实际三维重建系统中应用较为广泛。对于两幅图之间的特征点匹配，在实际三维重建系统中使用较多的是 Kd-树、RANSAC 以及双边约束方法，此外，基于局部敏感哈希方法[133]进行海量图像快速匹配的应用技术也正趋于成熟。

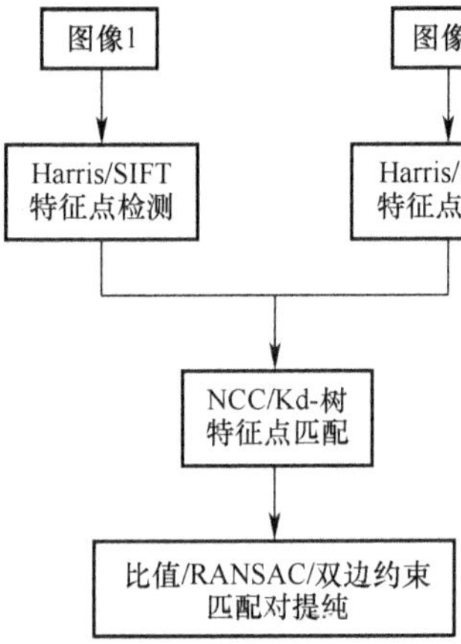

图 3.17　图像特征提取的流程

第4章　相机标定理论及方法

若图像数据中存在相机内部参数信息,如 EXIF 信息,则相机的内部参数信息可直接从中读取。但在很多情况下,比如在网络下载、胶片扫描、视频帧提取的照片中,由未知摄像机拍摄,并不知道与这些输入图像所关联的内标定参数。虽然有利用标定物进行相机内参数标定的方法,但是在只有图像数据没有摄像机的前提下,这种方法是不可用的,因此不在本书讨论范围之内。下面,本章主要从 EXIF 信息读取和相机自标定两个方面,给出相机内部参数确定的基本方法。

4.1　EXIF 信息读取法

首先,从图像的 EXIF 信息中读取焦距信息 f_{mm} 和 CCD 宽度信息 W_{mm},单位是毫米(mm),若无法读取到该信息,则可从网络搜索相应的相机型号获取。其次,需要知道图像以像素(p)为单位对应的 CCD 宽度信息 W_p,则以像素为单位的焦距 f_p 计算如下:

$$f_p = \frac{W_p \times f_m}{W_{mm}}$$

4.2　相机自标定

相机自标定方法(self-calibration)是指仅依靠同一场景两幅以上的影像同名像点之间的关系直接获得相机内部参数的过程。自标定仅需要建立影像对应点关系,无须标定物,所以标定方法灵活性强、应用范围广。

从本质上说,所有自标定方法都是利用了相机内部参数自身存在的约束,这些约束与场景和相机的运动无关,这也是自标定方法较前两种标定方法更灵活、更具有重要实用价值的原因。这种方法的根源是相机做刚体运动时绝对二次曲面在此运动下保持不变。目前,相机的自标定方法有两种,即利用绝对对偶二次曲面标定方法和基于模数约束的分步标定方法。

4.2.1 自标定问题

假设已经得到了一个射影重建 $\{P_i, X_j\}$,基于相机内参数或运动的约束,希望确定一个矫正单应矩阵 H 使 $\{P_iH, H^{-1}X_j\}$ 是一个度量重建。

从具有标定的摄像机和在欧式坐标系下表示的结构的真正度量实况开始。因此,实际有 m 个摄像机 P_i^M ,把一个 3D 点 X_M 投影到每幅图像上的点 $x_i = P_i^M X_M$,其中上下标 M 表示摄像机是标定的,并且世界坐标系是欧式的。这些摄像机矩阵可以写成 $P_i^M = K_i[R_i|t_i](i = 1,2,\cdots,m)$。

在一个射影重建中,摄像机矩阵 P_i ,与度量重建中摄像机矩阵 P_i^M 的关系为

$$P_i^M = P_iH, (i = 1,2,\cdots,m)$$

设世界坐标系与第一个相机重合,取 $P_i = I$ 和 $t_1 = 0$。而后 R_i 和 t_i 指的是第 i 个相机和第一个相机之间的欧式变换,且 $P_1^M = K_1[I|0]$ 。类似地,在该射影重建中,取第一幅视图为通常的标准相机,使 $P_1 = [I|0]$ 。令

$$H = \begin{bmatrix} A & t \\ v^T & k \end{bmatrix}$$

则推出 $A = K$ 和 $t = 0$。另外,由于 H 是非奇异的, k 必须不为零,因此可以假设 $k = 1$ (固定了重建的尺度)。从而可表示为

$$H = \begin{bmatrix} K_1 & 0 \\ v^T & 1 \end{bmatrix}$$

向量 v 和 K_1 共同确定了该射影重建的无穷远平面,因为 π_∞ 的坐标是

$$\pi_\infty = H^{-T}\begin{pmatrix} 0 \\ 0 \\ 0 \\ 1 \end{pmatrix} = \begin{bmatrix} (K_1)^{-T} & -(K_1)^{-T}v \\ 0 & 1 \end{bmatrix}\begin{pmatrix} 0 \\ 0 \\ 0 \\ 1 \end{pmatrix} = \begin{pmatrix} -(K_1)^{-T}v \\ 1 \end{pmatrix}$$

记 $\pi_\infty = (p^T, 1)^T$,其中 $p = -(K_1)^{-T}v$,可得

$$H = \begin{bmatrix} K_1 & 0 \\ -p^T K_1 & 1 \end{bmatrix} \tag{4.1}$$

从上式分析可得,如果在射影坐标系下的无穷远平面和第一个相机的标定矩阵已知,则通过 H 可以把射影重建变换到度量重建。只需指定 8 个参数: p 的 3 个元素和 K_1 的 5 个元素,即寻找度量重建等价于指定无穷远平面和绝对二次曲线。

把射影重建的相机矩阵记为 $P_i = [A_i|a_i]$,则可以表示为 $K_iR_i = (A_i - a_ip^T)K_1, i = 1,2,\cdots,m$。由此可推出, $R_i = (K_i)^{-1}(A_i - a_ip^T)K_1, i = 1,2,\cdots,$

m 。最后,可以用 $\boldsymbol{R}\boldsymbol{R}^{\mathrm{T}} = \boldsymbol{I}$,消去旋转矩阵 $\boldsymbol{R}_i$,得出: $\boldsymbol{K}_i \boldsymbol{K}_i^{\mathrm{T}} = (\boldsymbol{A}_i - \boldsymbol{a}_i \boldsymbol{p}^{\mathrm{T}}) \boldsymbol{K}_1 \boldsymbol{K}_1^{\mathrm{T}}(\boldsymbol{A}_i - \boldsymbol{a}_i \boldsymbol{p}^{\mathrm{T}})^{\mathrm{T}}$,其中, $\boldsymbol{K}_i \boldsymbol{K}_i^{\mathrm{T}} = \boldsymbol{\omega}_i^*$ 为绝对二次曲线的对偶影像,用相同的相机矩阵作个替换后给出自标定的基本方程:

$$\boldsymbol{\omega}_i^* = (\boldsymbol{A}_i - \boldsymbol{a}_i \boldsymbol{p}^{\mathrm{T}}) \omega_1^* (\boldsymbol{A}_i - \boldsymbol{a}_i \boldsymbol{p}^{\mathrm{T}})^{\mathrm{T}} \tag{4.2}$$

此方程给出了 ω^* 的未知元素以及未知参数 $\boldsymbol{p}$ 与射影相机 $\boldsymbol{A}_i$ 、$\boldsymbol{a}_i$ 的关系。每幅视图 $i = 2,3,\cdots,m$ 给出一个方程,除了第一幅视图,每幅视图给出 5 个约束,因为这个方程每边是一个 3×3 的对称矩阵(6 个独立元素),并且是齐次的。假设每幅视图给出的约束是独立的,则只要 $5(m - 1) \geqslant 8$ 便可以得到一个解。因此,只要 $m \geqslant 3$,就能得到一个解,显然,如果 $m \gg 3$,则关于未知的 $\boldsymbol{K}$ 和 $\boldsymbol{p}$ 的方程组是超定的。

自标定的艺术在于利用关于 $\boldsymbol{K}$ 的约束,从式(4.2)中产生关于 $\boldsymbol{K}$ 和 $\boldsymbol{p}$ 的 8 个参数的方程组进行计算。所有的自标定方法都是在求解这些方程上变化形式的,下面介绍 3 种主要方法。

4.2.2 Kruppa 方程自标定法

基于 Kruppa 方程的自标定方法不需要对影像序列做射影重建,而是对两幅影像之间建立方程,其描述的是二次曲线对极切线对应的代数表示,如图 4.1 所示。

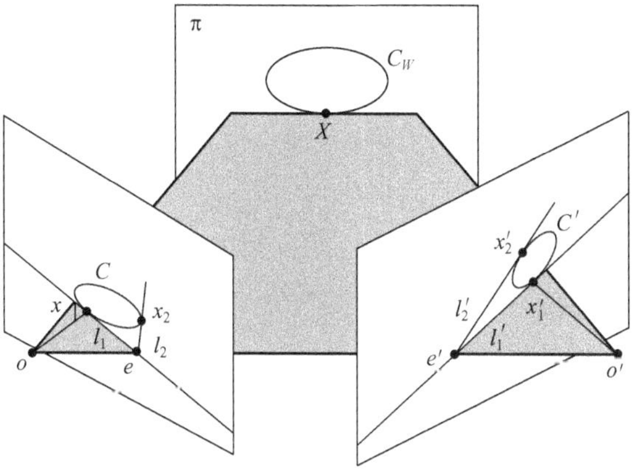

图 4.1 二次曲线的对极切线

假设世界平面 π 上一条二次曲线 C_w ,在第一和第二幅视图上的影像分别是二次曲线 C 和 C' ,而 C^* 和 $C^{*\prime}$ 是它们的对偶。在第一幅视图中,两条对极切线 l_1 和 l_2 可以组成一个退化的点二次曲线: $C_t = [\boldsymbol{e}]_\times C^* [\boldsymbol{e}]_\times$ 。类似地,在第二幅视图中对应的对极线 l_1' 和 l_2' 可以被记为 $C_t' = [\boldsymbol{e}']_\times \boldsymbol{C}^{*\prime} [\boldsymbol{e}']_\times$ 。这些对

极线在由任意世界平面诱导的单应 $\boldsymbol{H}$ 下互相对应。因为 C_t 是一个点二次曲线，可变换为 $C_t' = \boldsymbol{H}^{-\mathrm{T}} C_t \boldsymbol{H}^{-1}$，同时 $F = \boldsymbol{H}^{-\mathrm{T}}[e]_\times$，则这些直线的对应要求：

$$C_t' = [\boldsymbol{e}']_\times C^{*'} [\boldsymbol{e}']_\times = \boldsymbol{H}^{-\mathrm{T}} [\boldsymbol{e}]_\times C^* [\boldsymbol{e}]_\times \boldsymbol{H}^{-1} = \boldsymbol{F}C^*\boldsymbol{F} \tag{4.3}$$

至此，上面的推导适用于任何二次曲线，在这里感兴趣的是世界二次曲线在无穷远平面上的绝对二次曲线的情形：$C^* = \omega^*$，$C^{*'} = \omega^{*'}$，则式(4.3)可简化为

$$[\boldsymbol{e}']_\times \boldsymbol{\omega}^* [\boldsymbol{e}']_\times = \boldsymbol{F}\boldsymbol{\omega}^*\boldsymbol{F}^{\mathrm{T}} \tag{4.4}$$

这是最初的 Kruppa 方程的形式。可以很容易看出，从两幅影像总共可以得到 2 个 Kruppa 方程，在给定 3 幅影像的情形下，原则上通过联立求解可解出相机的全部 5 个内参数。

下面，给出 Kruppa 方程一种简单而易用的形式，式(4.4)等价于

$$\begin{pmatrix} \boldsymbol{u}_2^{\mathrm{T}}\boldsymbol{\omega}^{*'}\boldsymbol{u}_2 \\ -\boldsymbol{u}_1^{\mathrm{T}}\boldsymbol{\omega}^{*'}\boldsymbol{u}_2 \\ \boldsymbol{u}_1^{\mathrm{T}}\boldsymbol{\omega}^{*'}\boldsymbol{u}_1 \end{pmatrix} \times \begin{pmatrix} \sigma_1^2\boldsymbol{v}_1^{\mathrm{T}}\boldsymbol{\omega}^*\boldsymbol{v}_1 \\ \sigma_1\sigma_2\boldsymbol{v}_1^{\mathrm{T}}\boldsymbol{\omega}^*\boldsymbol{v}_2 \\ \sigma_2^2\boldsymbol{v}_2^{\mathrm{T}}\boldsymbol{\omega}^*\boldsymbol{v}_2 \end{pmatrix} = 0 \tag{4.5}$$

式中：$\boldsymbol{u}_i$，$\boldsymbol{v}_i$ 和 $\boldsymbol{\sigma}_i$ 分别为 $\boldsymbol{F}$ 的 SVD 的列向量和奇异值，即

$$\boldsymbol{F} = \boldsymbol{U}\boldsymbol{D}\boldsymbol{V}^{\mathrm{T}} = \boldsymbol{U}\begin{bmatrix} \sigma_1 & 0 & 0 \\ 0 & \sigma_2 & 0 \\ 0 & 0 & 0 \end{bmatrix}\boldsymbol{V}^{\mathrm{T}}$$

它提供了关于 ω^* 元素 ω_{ij}^* 的三个二次方程，其中两个是独立的。

假设两个摄像机是零扭曲并且主点和长宽比已知，但是焦距未知并且两个焦距不同，则式(4.5)通过适当的坐标变换可得

$$\frac{\boldsymbol{u}_2^{\mathrm{T}}\omega^{*'}\boldsymbol{u}_2}{\sigma_1^2\boldsymbol{v}_1^{\mathrm{T}}\omega^*\boldsymbol{v}_1} = -\frac{\boldsymbol{u}_1^{\mathrm{T}}\omega^{*'}\boldsymbol{u}_2}{\sigma_1\sigma_2\boldsymbol{v}_1^{\mathrm{T}}\omega^*\boldsymbol{v}_2} = \frac{\boldsymbol{u}_1^{\mathrm{T}}\omega^{*'}\boldsymbol{u}_1}{\sigma_2^2\boldsymbol{v}_2^{\mathrm{T}}\omega^*\boldsymbol{v}_2}$$

为确定矩阵 $\boldsymbol{F}$，至少需要三幅图像，即足以找到 Kruppa 方程的解，并最终确定相机的基础矩阵 $\boldsymbol{M}_i$，关系为

$$\omega^* = \boldsymbol{M}_i\boldsymbol{M}_i^{\mathrm{T}}$$

4.2.3 分层自标定

近年来，分层自标定法成为自标定研究中的热点，并在实际应用中逐渐取代了直接求解 Kruppa 方程的方法。

分层重建把三维重建的过程分成了 3 个层次：射影重建、仿射重建和度量重建。射影重建就是把重建确定到与原始景物只相差一个射影变换的程度；相应地，仿射重建则确定到只相差一个仿射变换的程度；度量重建则确定到相差一个

相似变换的程度。度量重建与原始景物只相差一个平移、旋转和缩放的变化，整体上可以反映出物体的形状，在没有其他尺度相关信息的情况下，重建已无法再进一步改善。

由 Pollefeys[42] 等提出的基于模数约束的分步标定方法将仿射标定和欧氏标定分开进行，首先由投影重建获得仿射重建以确定无穷远平面 π_∞ 的位置，其次由仿射重建进行欧氏重建，最后获得相机标定矩阵。相对第一种方法，基于模数约束的分步标定方法增加了方程次数但减少了未知数的个数。

模数约束条件是关于无穷远平面 $\boldsymbol{\pi}_\infty$ 坐标的多项式方程。点从无穷远平面 π_∞ 到其像平面的映射为 $\boldsymbol{A}-\boldsymbol{a}\boldsymbol{p}^{\mathrm{T}}$ 。若 $\boldsymbol{P}_i=[\boldsymbol{A}_i|\boldsymbol{a}_i]$ 和 $\boldsymbol{P}_j=[\boldsymbol{A}_j|\boldsymbol{a}_j]$ 分别为一个投影重建中两个不同的投影矩阵，则其相应地从无穷远平面 π_∞ 到其像平面的映射分别为 $\boldsymbol{H}_{\infty i}=\boldsymbol{A}_i-\boldsymbol{a}_i\boldsymbol{p}^{\mathrm{T}}$ 和 $\boldsymbol{H}_{\infty j}=\boldsymbol{A}_j-\boldsymbol{a}_j\boldsymbol{p}^{\mathrm{T}}$ 。从影像 i 到影像 j 的无穷远映射可写成如下形式：

$$\boldsymbol{H}_{\infty ij}=(\boldsymbol{A}_j-\boldsymbol{a}_j\boldsymbol{p}^{\mathrm{T}})(\boldsymbol{A}_i-\boldsymbol{a}_i\boldsymbol{p}^{\mathrm{T}})^{-1}$$

假定相机的参数不变，择优：

$$\boldsymbol{H}_{\infty i}=\boldsymbol{A}_i-\boldsymbol{a}_i\boldsymbol{p}^{\mathrm{T}}=\boldsymbol{K}\boldsymbol{R}^i\boldsymbol{K}^{-1} \text{ 和 } \boldsymbol{H}_{\infty j}=\boldsymbol{A}_j-\boldsymbol{a}_j\boldsymbol{p}^{\mathrm{T}}=\boldsymbol{K}\boldsymbol{R}^j\boldsymbol{K}^{-1}$$

由此可得

$$\boldsymbol{H}_{\infty ij}=\boldsymbol{K}\boldsymbol{R}^j(\boldsymbol{K}\boldsymbol{R}^i)^{-1}$$

则 $\boldsymbol{H}_{\infty ij}$ 的特征多项式为

$$\det(\boldsymbol{H}_{\infty ij}-\lambda\boldsymbol{I})=f_3\lambda^3+f_2\lambda^2+f_1\lambda+f_0=f_3(\lambda-\lambda_1)(\lambda-\lambda_2)(\lambda-\lambda_3)$$

式中：λ_i 为三个特征值；f_j 为 4 个系数。λ_i 和 f_j 之间存在如下关系：

$$\lambda_1+\lambda_2+\lambda_3=-f_2/f_3;\ \lambda_1\lambda_2+\lambda_1\lambda_3+\lambda_2\lambda_3=f_1/f_3;\ \lambda_1\lambda_2\lambda_3=-f_0/f_3$$

由上式可推得模数约束方程为

$$f_3f_1^3=f_0f_2^3$$

通过将系数 f_0、f_1 和 f_3 表示为关于三个仿射参数 p_1、p_2 和 p_3 的函数，上式就构成了一个关于 p_1、p_2 和 p_3 的约束条件。

一旦确定了无穷远平面 π_∞，就获得了相应的仿射重建，剩下的任务就是进行从仿射重建到欧氏重建的转换。无穷远映射 $\boldsymbol{H}_\infty$ 是一个平面投影变换，即两张影像通过无穷远平面 π_∞ 的映射。若已知无穷远平面 $\pi_\infty=(p^{\mathrm{T}},1)^{\mathrm{T}}$ 和投影矩阵 $\boldsymbol{P}_i=[\boldsymbol{A}_i|\boldsymbol{a}_i]$，则有 $\boldsymbol{H}_{\infty i}=\boldsymbol{A}_i-\boldsymbol{a}_i\boldsymbol{p}^{\mathrm{T}}$ 。由于绝对二次曲线在无穷远平面 $\boldsymbol{\pi}_\infty$ 上，故其影像是通过 $\boldsymbol{H}_\infty$ 在两幅影像之间进行映射的。若各幅影像的相机内部参数是不变的，则对偶影像存在如下变换关系：

$$\boldsymbol{\omega}^*=\boldsymbol{H}_{\infty i}\omega^*\boldsymbol{H}_{\infty i}^{\mathrm{T}}$$

因此，可导出 6 个关于对称矩阵 $\boldsymbol{\omega}^*$ 独立元素的方程式，写成如下线性形式：

$$Bx = 0 \tag{4.6}$$

式中：$\boldsymbol{B}$ 为一个由 $\boldsymbol{H}_{\infty i}$ 的元素组成的 6×6 矩阵；$\boldsymbol{x} = [\boldsymbol{\omega}_{11}^* \quad \boldsymbol{\omega}_{12}^* \quad \boldsymbol{\omega}_{13}^* \quad \boldsymbol{\omega}_{22}^* \quad \boldsymbol{\omega}_{23}^* \quad \boldsymbol{\omega}_{33}^*]^{\mathrm{T}}$ 为按 6 维向量形式表示的 $\boldsymbol{\omega}^*$。如果有 $m(m \geqslant 2)$ 个像对，则式(4.6)中 $\boldsymbol{B}$ 为 $6m \times 6$ 的矩阵，通过 Cholesky 分解，向量 $\boldsymbol{x}$ 就能被唯一确定，从而求得标定矩阵 $\boldsymbol{K}$。

因此，给定一个射影重建 $\{\boldsymbol{P}_i, \boldsymbol{X}_j\}$，其中 $\boldsymbol{P}_i = [\boldsymbol{A}_i | \boldsymbol{a}_i]$，通过一个中介的仿射重建确定度量重建的算法流程如下。

---

(1)仿射矫正：确定 $\boldsymbol{\pi}_{\infty}$ 的向量 $\boldsymbol{p}$，因此可得到一个仿射重建 $\{\boldsymbol{P}_j \boldsymbol{H}_p, \boldsymbol{H}^{-1}{}_p \boldsymbol{X}_j\}$，其中：

$$\boldsymbol{H}_p = \begin{bmatrix} \boldsymbol{I} & 0 \\ -\boldsymbol{p}^{\mathrm{T}} & 1 \end{bmatrix}$$

(2)无穷单应：按下式计算参考视图和其他视图之间的无穷单应

$$\boldsymbol{H}_{\infty i} = (\boldsymbol{A}_i - \boldsymbol{a}_i \boldsymbol{p}^{\mathrm{T}})$$

归一化该矩阵使 $\det \boldsymbol{H}_{\infty i} = 1$。

(3)计算 $\boldsymbol{\omega}^*$：

- 对于恒常标定的情形：把方程 $\boldsymbol{\omega}^* = \boldsymbol{H}_{\infty i} \boldsymbol{\omega}^* \boldsymbol{H}_{\infty i}^{\mathrm{T}}, i = 1,2,\cdots,m$，记为 $\boldsymbol{B}x = 0$；
- 对于有参数变量的标定：用方程 $\boldsymbol{\omega}_i^* = \boldsymbol{H}_{\infty i} \boldsymbol{\omega}^* \boldsymbol{H}_{\infty i}^{\mathrm{T}}$ 把对 $\boldsymbol{\omega}_i^*$ 的元素的线性约束表示成 $\boldsymbol{\omega}^*$ 元素的线性方程。

(4)通过 SVD 得到 $\boldsymbol{B}x = 0$ 的一个最小二乘解。

(5)度量矫正：由 Cholesky 分解 $\omega = (\boldsymbol{K} \boldsymbol{K}^{\mathrm{T}})^{-1}$ 确定摄像机矩阵 $\boldsymbol{K}$，从而得到一个度量重建：$\{\boldsymbol{P}_i \boldsymbol{H}_p \boldsymbol{H}_A, (\boldsymbol{H}_p \boldsymbol{H}_A)^{-1} \boldsymbol{X}_j\}$，其中：

$$\boldsymbol{H}_A = \begin{bmatrix} \boldsymbol{K} & 0 \\ \boldsymbol{0}^{\mathrm{T}} & 1 \end{bmatrix}$$

(6)用迭代的最小二乘最小化之类的方法来优化所求得的解。

此类方法的缺点在于[134]：①非线性优化算法的初值只能通过预估得到，不能保证收敛性；②射影重建对均是以某参考影像为基准，参考影像的选取不同，标定的结果也不同，这不满足一般情形下噪声均匀分布的假设。

4.2.4 基于绝对对偶二次曲面的自标定

基于绝对对偶二次曲面的自标定方法是由 Triggs[41] 最早引入的，该方法的基本原理就是根据相机的内部参数之间的约束关系通过投影重建 $\{\boldsymbol{P}_i, \boldsymbol{X}_j\}$ 来确定这些内部参数。利用已知的相机内部参数，可通过矩阵将一个投影重建 $\{\boldsymbol{P}_i, \boldsymbol{X}_j\}$（其中 $\boldsymbol{P}_1 = [\boldsymbol{I} | 0]$）转换为欧氏重建 $\{\boldsymbol{P}_i \boldsymbol{H}, \boldsymbol{H}^{-1} \boldsymbol{X}\}$，使矩阵 $\boldsymbol{H}$ 满足：

$$\boldsymbol{\omega}^* = \boldsymbol{P} \boldsymbol{Q}_{\infty}^* \boldsymbol{P}^{\mathrm{T}} \tag{4.7}$$

该式意味着绝对对偶二次曲面 $\boldsymbol{Q}_{\infty}^{*}$ 投影为绝对二次曲线的对偶影像 $\boldsymbol{\omega}^{*} = \boldsymbol{K}\boldsymbol{K}^{\mathrm{T}}$ 。基于 Q_{∞}^{*} 的自标定思想是利用式(4.7)通过(已知)摄像机矩阵 $\boldsymbol{P}_i$ 把 $\boldsymbol{\omega}^{*}$ 上的约束转化为 Q_{∞}^{*} 上的约束。由特定 $\boldsymbol{K}_i$ 的约束来确定 $\boldsymbol{Q}_{\infty}^{*}$,然后由 $\boldsymbol{Q}_{\infty}^{*}$ 确定 $\boldsymbol{H}$ 。

给定跨若干视图的一组匹配点和有关标定矩阵 $\boldsymbol{K}_i$ 的约束,计算点和摄像机的度量重建算法的整体流程如下。

---

(1)由一组视图计算射影重建,得出摄像机矩阵 $\boldsymbol{P}_i$ 和点 $\boldsymbol{X}_j$;

(2)用式(4.7)和由 $\boldsymbol{K}_i$ 产生的加在形式 $\boldsymbol{\omega}^{*}$ 上的约束来估计 $\boldsymbol{Q}_{\infty}^{*}$;

(3)把 $\boldsymbol{Q}_{\infty}^{*}$ 分解为 $\boldsymbol{H}\widetilde{\boldsymbol{I}}\boldsymbol{H}^{\mathrm{T}}$,其中 $\widetilde{\boldsymbol{I}}$ 是矩阵 diag(1,1,1,0) ;

(4)把 $\boldsymbol{H}^{-1}$ 作用于点并把 $\boldsymbol{H}$ 作用于摄像机以得到度量重建;

(5)用迭代最小二乘法来优化解;

或者,每一摄像机的标定矩阵可以直接计算如下:

① 用式(4.7)对所有 i 计算 $\boldsymbol{\omega}^{*}$;

② 用 Cholesky 分解由方程 $\boldsymbol{\omega}^{*} = \boldsymbol{K}\boldsymbol{K}^{\mathrm{T}}$ 计算标定矩阵 $\boldsymbol{K}_i$ 。

在射影坐标系下 $\boldsymbol{Q}_{\infty}^{*}$ 的形式是 $\boldsymbol{Q}_{\infty}^{*} = \boldsymbol{H}\widetilde{\boldsymbol{I}}\boldsymbol{H}^{\mathrm{T}}$,在欧式坐标系中 $\boldsymbol{Q}_{\infty}^{*}$ 的标准形式是

$$\widetilde{\boldsymbol{I}} = \begin{bmatrix} \boldsymbol{I}_{3\times 3} & \boldsymbol{0} \\ \boldsymbol{0}^{\mathrm{T}} & 0 \end{bmatrix} \tag{4.8}$$

因此,可知在一个任意射影坐标系下, $\boldsymbol{Q}_{\infty}^{*}$ 是一个秩为 3 的奇异矩阵,是半正定的,且 $\boldsymbol{Q}_{\infty}^{*}\boldsymbol{\pi}_{\infty} = 0$。其中, $\boldsymbol{H}^{-1}$ 是把射影坐标系变成欧式坐标系的一个 3D(点)单应。

当 $\boldsymbol{Q}_{\infty}^{*}$ 为摄像机欧式运动下的不动二次曲面时,可有

$$\boldsymbol{\omega}_i^{*} = \boldsymbol{P}_i\boldsymbol{Q}_{\infty}^{*}\boldsymbol{P}_i^{\mathrm{T}} = (\boldsymbol{A}_i - \boldsymbol{a}_i\boldsymbol{p}^{\mathrm{T}}\} \boldsymbol{\omega}_1^{*} (\boldsymbol{A}_i - \boldsymbol{a}_i\boldsymbol{p}^{\mathrm{T}})^{\mathrm{T}} \tag{4.9}$$

1. 非线性求解 $\boldsymbol{Q}_{\infty}^{*}$

已知 $\boldsymbol{\omega}_i^{*} = \boldsymbol{P}_i\boldsymbol{Q}_{\infty}^{*}\boldsymbol{P}_i^{\mathrm{T}}$ 的每个元素可以用 $\boldsymbol{Q}_{\infty}^{*}$ 的参数表示为一个线性表达式,其结果是各种 $\boldsymbol{\omega}_i^{*}$ 的元素之间的任何关系变成关于 $\boldsymbol{Q}_{\infty}^{*}$ 的元素方程。具体地说, $\boldsymbol{\omega}_i^{*}$ 元素间的线性或二次关系分别产生 $\boldsymbol{Q}_{\infty}^{*}$ 元素间的线性或二次关系。如果给定足够多的方程,则可以求解 $\boldsymbol{Q}_{\infty}^{*}$ 。

如果所有摄像机的内参数是相同的,则对于所有的 i 和 j , $\omega_i^{*} = \omega_j^{*}$,它展开为 $\boldsymbol{P}_i\boldsymbol{Q}_{\infty}^{*}\boldsymbol{P}_i^{\mathrm{T}} = \boldsymbol{P}_j\boldsymbol{Q}_{\infty}^{*}\boldsymbol{P}_j^{\mathrm{T}}$ 。然而,由于它们都是齐次量,这些等式在相差一个未知尺度下成立。它们产生 5 个方程组成的方程组:

$$\frac{\boldsymbol{\omega}_{i_{11}}^{*}}{\boldsymbol{\omega}_{j_{11}}^{*}} = \frac{\boldsymbol{\omega}_{i_{12}}^{*}}{\boldsymbol{\omega}_{j_{12}}^{*}} = \frac{\boldsymbol{\omega}_{i_{13}}^{*}}{\boldsymbol{\omega}_{j_{13}}^{*}} = \frac{\boldsymbol{\omega}_{i_{22}}^{*}}{\boldsymbol{\omega}_{j_{22}}^{*}} = \frac{\boldsymbol{\omega}_{i_{23}}^{*}}{\boldsymbol{\omega}_{j_{23}}^{*}} = \frac{\boldsymbol{\omega}_{i_{33}}^{*}}{\boldsymbol{\omega}_{j_{33}}^{*}}$$

它给出 $\boldsymbol{Q}_{\infty}^{*}$ 元素的二次方程组。给定三幅视图,总共产生可以用来求 $\boldsymbol{Q}_{\infty}^{*}$ 的 10 个方程。在每个摄像机都为零扭曲的假设下,可得到 ω^{*} 元素之间的如下约束:

$$\omega_{12}^{*}\omega_{33}^{*}=\omega_{13}^{*}\omega_{23}^{*}$$

给出了用 $\boldsymbol{Q}_{\infty}^{*}$ 元素表示的一个二次方程。从 m 幅视图中,得到 m 个二次方程,而且由绝对对偶二次曲面是退化的这一事实可推导出另一个方程 $\det\boldsymbol{Q}_{\infty}^{*}=0$。由于 $\boldsymbol{Q}_{\infty}^{*}$ 有 10 个齐次线性参数,它可以从(至少)8 幅中计算出来。

2. 迭代方法

对于式(4.2),可提供一个合适的代数误差,并利用矩阵范数消去尺度因子,可得代价函数为

$$\sum_{i}\|\boldsymbol{K}_i\boldsymbol{K}_i^{\mathrm{T}}-\boldsymbol{P}_i\boldsymbol{Q}_{\infty}^{*}\boldsymbol{P}_i^{\mathrm{T}}\|_F^2$$

式中:$\|\cdot\|_F$ 为 Frobenius 范数,且 $\boldsymbol{K}_i\boldsymbol{K}_i^{\mathrm{T}}$ 和 $\boldsymbol{P}_i\boldsymbol{Q}_{\infty}^{*}\boldsymbol{P}_i^{\mathrm{T}}$ 都被归一化使其 Frobenius 范数为 1。代价函数由 Q_{∞}^{*} 的(至多有 8 个)未知元素和所有 $\omega_i^{*}=\boldsymbol{K}_i\boldsymbol{K}_i^{\mathrm{T}}$ 的未知元素参数化。由于此代价函数没有特别的几何意义,因此建议在它之后进行一个完整的光束法平差。

最后本章方法结构总结如图 4.2 所示。

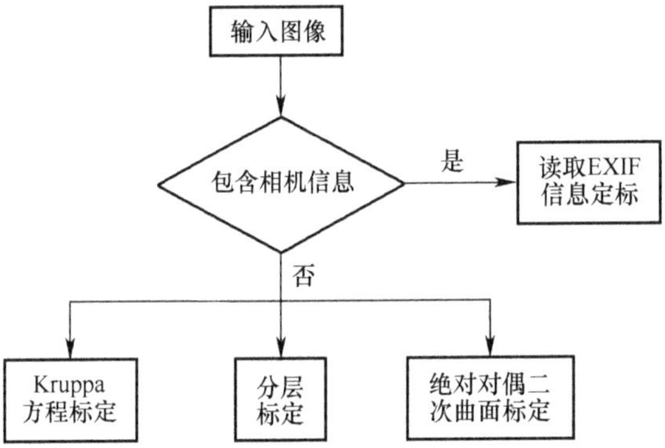

图 4.2 自标定方法选择

第 5 章　典型稀疏点云重建方法研究

本章主要介绍在输入多视图像及其匹配关系条件下，一种典型的基于 SfM 三维稀疏点云重建相关的基础理论及方法，主要包括相机成像模型、两视图几何、三视图以及多视图几何约束等。此外，还包括空中三角测量以及相机姿态解算等基础理论。

5.1　相机成像模型

5.1.1　线性相机模型

相机成像几何模型是三维世界空间点与二维图像点之间的一种映射，通过相机获取的图像计算出物体空间的位置信息，可将这种经过复杂光学系统成像的几何关系简化为针孔相机模型(pinhole camera model)。空间点、小孔以及投影到像平面上的像点三者是共线的。图 5.1 所示为线性相机模型。

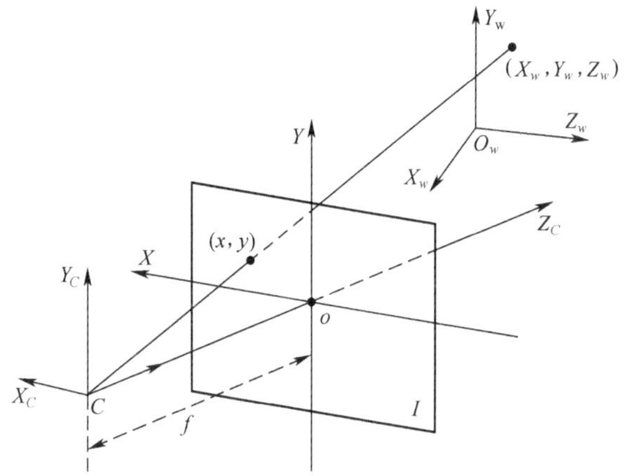

图 5.1　线性相机模型

小孔成像的几何关系可由世界坐标下的空间点 $\boldsymbol{X}=(X_w, Y_w, Z_w)^{\mathrm{T}}$ 与到像平面 $\boldsymbol{I}$ 的投影点 $\boldsymbol{x}=(x, y)$ 描述。投影中心 $\boldsymbol{C}$ 为相机的光心，光心 $\boldsymbol{C}$ 到像平面 $\boldsymbol{I}$ 的

垂线称为相机主光轴 Z_C ,主光轴与像平面 $\boldsymbol{I}$ 交点也称为像元主点 $\boldsymbol{O}$, X_C 、Y_C 分别与图像平面 $\boldsymbol{I}$ 的 X 、Y 方向平行。利用齐次坐标,可表示成像关系如下:

$$s\begin{bmatrix}x\\y\\1\end{bmatrix}=\begin{bmatrix}f_x & \alpha & u_0\\0 & f_y & v_0\\0 & 0 & 1\end{bmatrix}\begin{bmatrix}1&0&0&0\\0&1&0&0\\0&0&1&0\end{bmatrix}\begin{bmatrix}\boldsymbol{R}^{\mathrm{T}} & -\boldsymbol{R}^{\mathrm{T}}\boldsymbol{t}\\0 & 1\end{bmatrix}\begin{bmatrix}X_w\\Y_w\\Z_w\\1\end{bmatrix}=\boldsymbol{PX} \tag{5.1}$$

式中:s 为沿 Z_C 轴方向的一个比例因子;$\boldsymbol{P}$ 为投影矩阵或摄像机矩阵;矩阵

$$\boldsymbol{K}=\begin{bmatrix}f_x & \alpha & x_0\\0 & f_y & y_0\\0 & 0 & 1\end{bmatrix}=\begin{bmatrix}\dfrac{f}{p_x} & \dfrac{f\cdot\tan\theta}{p_y} & u_0\\0 & \dfrac{f}{p_y} & v_0\\0 & 0 & 1\end{bmatrix}$$

为相机的内参数矩阵;p_x 、p_y 为像素的物理尺寸(mm);θ 为坐标轴之间的不垂直误差;(x_0,y_0) 为以像素为单位的像元主点 $\boldsymbol{O}$ 在图像 $\boldsymbol{I}$ 中的坐标;f_x 、f_y 为以像素为单位的等效焦距;s 为坐标轴的非正交性。对于 CCD 图像,一般令相机焦距 $f=f_x=f_y$, $\alpha=0$,主点 (x_0,y_0) 可认为接近于图像中心,因此可得内参矩阵的一种简化形式:

$$\boldsymbol{K}=\begin{bmatrix}f & 0 & x_0\\0 & f & y_0\\0 & 0 & 1\end{bmatrix}$$

设 $\boldsymbol{R}$ 是旋转矩阵,由三个选择角决定,$\boldsymbol{t}=[t_x,t_y,t_z]^{\mathrm{T}}$ 为平移矩阵,为相机的外部参数。因此,摄像机矩阵又可简单表示为

$$\boldsymbol{P}=\boldsymbol{K}[\boldsymbol{R}\,|\,\boldsymbol{t}] \tag{5.2}$$

可见,一般 $\boldsymbol{P}$ 有 9 个自由度:3 个来自 $\boldsymbol{K}$,3 个来自 $\boldsymbol{R}$,3 个来自 $\boldsymbol{t}$ [27]。

5.1.2 非线性畸变

相机的实际成像过程并不符合上述针孔模型的世界点、图像点以及光心共线的假设,上述线性模型并没有考虑镜头存在的几何失真、畸变等情况,与真实映射关系存在一定偏差。一般而言,相机的非线性畸变主要有 3 种:径向畸变、离心畸变和薄棱镜畸变[135],描述非线性畸变,如下所示:

$$\begin{cases}x'=x+\delta_x(x,y)\\y'=y+\delta_y(x,y)\end{cases}$$

式中:(x',y') 为由线性模型计算出来的图像点坐标理想值;(x,y) 为实际的图

像点坐标；δ_x 和 δ_y 为非线性畸变函数，其与图像点在图像中的位置有关，可以用下式表示：

$$\begin{cases}\delta_x(x,y)=k_1x(x^2+y^2)+[p_1(3x^2+y^2)+2p_1xy]+s_1(x^2+y^2)\\ \delta_y(x,y)=k_2x(x^2+y^2)+[p_2(3x^2+y^2)+2p_2xy]+s_2(x^2+y^2)\end{cases}$$

式中：第一项为径向畸变；第二项为离心畸变；第三项为薄棱镜畸变；k_1，k_2 为径向畸变系数；p_1、p_2 为离心畸变参数；s_1、s_2 为薄透镜畸变系数。其中径向畸变与主点的距离有关，使构像点偏离理想的位置，根据像素的偏离方向可分为枕形畸变和桶形畸变两类，如图 5.2 所示，(a) 为无畸变情况下的理想模型；(b) 为枕形畸变模型，所有的像点相对于主点向外进行扩展；(c) 为桶形畸变模型，所有的像点相对于主点向内进行收缩。

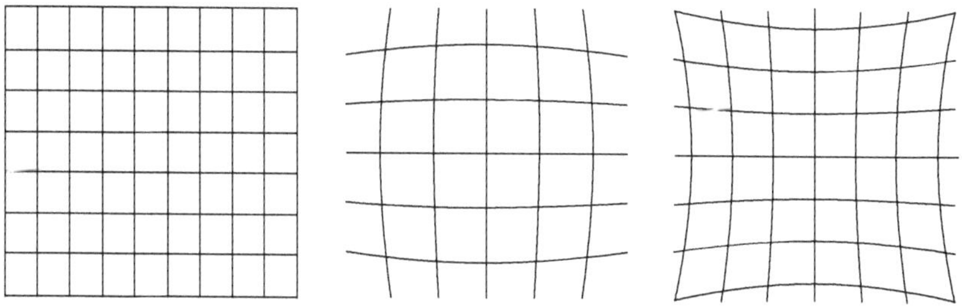

(a)　　(b)　　(c)

图 5.2　径向畸变模型

(a)理想模型；(b)枕形畸变模型；(c)桶形畸变模型。

薄透棱镜畸变主要由在镜头加工和装配时产生的误差引起，它们使图像点沿着径方向和垂直径方向相对理想位置都发生偏移，不过一般相机检校仅考虑径向畸变和切向畸变，引入过多的参数进行非线性优化容易造成检校结果不稳定。

5.2　两视图稀疏点云重建

5.2.1　对极几何

两视图几何是描述两张图像之间的内部几何关系，给定一幅图像的像点，它如何约束在另一幅图像中其对应点的位置，这种约束关系与场景结构无关，取决于相机的内参数以及两视图成像时的相对姿态，这种几何约束关系称为对极几何，由基本矩阵来表达。两视图之间的对极几何是图像平面与以基线（两个摄像机光心的连线）为轴的平面束交线构成的几何关系，对应着摄影测量中的核线。

如图 5.3 所示，假定 $\boldsymbol{X}$ 为三维空间一点，在左、右两视图 $\boldsymbol{I}_L$ 和 $\boldsymbol{I}_R$ 上的成像分别为 $\boldsymbol{x}_L$ 、$\boldsymbol{x}_R$ ，两点为对应点（匹配点），可以看出其与空间点 $\boldsymbol{X}$ 和相机中心 $\boldsymbol{C}_L$ 、$\boldsymbol{C}_R$ 共面，这个平面称为极平面 $\boldsymbol{\pi}$ ，像平面 $\boldsymbol{I}_R$ 与极平面 $\boldsymbol{\Pi}$ 的交线 l 称为极线，基线与像平面的交点 $\boldsymbol{e}_L$ 、$\boldsymbol{e}_R$ 称为极点，由两个相机中心与对应像点反投影出的两条射线必然相交于 $\boldsymbol{X}$ 。在已知两视图相对位置关系情况下，可以求解两视图的左、右极点，而极平面 $\boldsymbol{\Pi}$ 存在一个自由度，是围绕基线旋转产生的一个平面束，所有的极线都通过所在视图的极点。

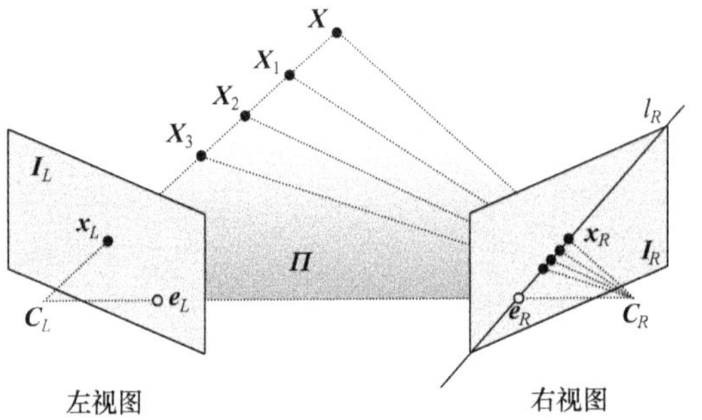

图 5.3　对极几何关系

若在已知左视图 $\boldsymbol{I}_L$ 的成像点 $\boldsymbol{x}_L$ ，在寻找右视图 $\boldsymbol{I}_R$ 的匹配 $\boldsymbol{x}_R$ 时，无须在右视图进行整图搜索，仅在极线 l_R 上搜索即可，如此可缩小了匹配点的搜索范围，在实际应用中，由于存在一定误差，匹配点的搜索往往是在极线附近区域进行的。这种寻找对应点的约束条件称为极线约束。当空间点 $\boldsymbol{X}$ 移动时，如图中的 $\boldsymbol{X}_1$，$\boldsymbol{X}_2$，$\boldsymbol{X}_3$ 产生的所有极线都经过极点。显然 $\boldsymbol{C}_L$ 、$\boldsymbol{C}_R$ 、$\boldsymbol{x}_L$ 和 $\boldsymbol{x}_R$ 四点共面，称为共面约束。

5.2.2　单应矩阵

空间平面在两个摄像机下图像点若具有一一对应关系，这个对应关系是齐次线性的，可由一个三阶矩阵即单应矩阵来描述[30]。

设 π 是不通过两摄像机任一光心的空间平面，它在两个摄像机下的图像分别记为 $\boldsymbol{I}_L$ 、$\boldsymbol{I}_R$ ，如图 5.4 所示。令 $\boldsymbol{X}$ 是平面 π 上任一点，它在两个摄像机下的像分别记为 $\boldsymbol{x}_L$ 、$\boldsymbol{x}_R$ 。平面 π 与两个图像平面之间存在两个单应矩阵 $\boldsymbol{H}_1$、$\boldsymbol{H}_2$，使

$$\boldsymbol{x}_L = \boldsymbol{H}_1\boldsymbol{X}\ ,\ \boldsymbol{x}_R = \boldsymbol{H}_2\boldsymbol{X}$$

由于平面 $\boldsymbol{\pi}$ 不通过两摄像机的任一光心，所以 $\boldsymbol{H}_1$、$\boldsymbol{H}_2$ 实现平面 π 到对应图像平面之间的二维摄影变换。因此，$\boldsymbol{x}_L$ 和 $\boldsymbol{x}_R$ 之间也存在一个二维摄影变换 $\boldsymbol{H}$ =

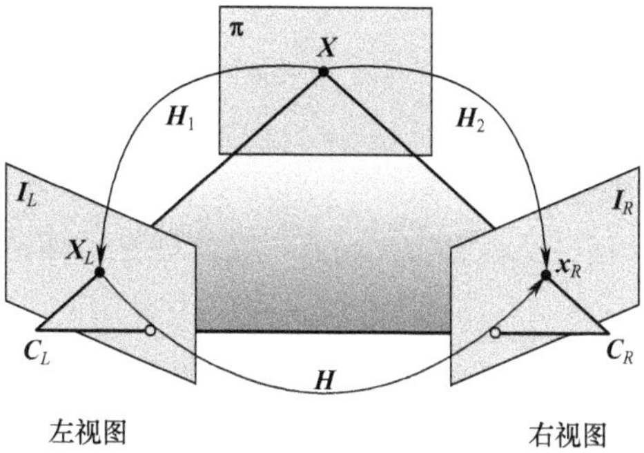

图 5.4 两幅图像的单应变换

$\boldsymbol{H}_2\boldsymbol{H}_1^{-1}$,使

$$\boldsymbol{x}_R = \boldsymbol{H}\boldsymbol{x}_L \tag{5.3}$$

即两个图像之间的关系也是二维投影变换。矩阵 $\boldsymbol{H}$ 实现从左视图到右视图的一一变换,从而其为可逆矩阵。

满足式(5.3)的矩阵称为平面 $\boldsymbol{\pi}$ 诱导的两幅图像间的单应矩阵,相应的变换称为单应。单应矩阵是一个齐次矩阵,有 8 个自由度,利用单应矩阵 $\boldsymbol{H}$,从一幅图像上的点可以得到另一幅图像上的对应点。

利用单应矩阵,可实现图像的纠正,如可将倾斜影像变换为水平影像、利用仿射变换进行图像扭曲、使用相似变换进行图像匹配,以及使用完全投影变换创建全景图像等[127]。

5.2.3 基本矩阵

基本矩阵 $\boldsymbol{F}$ (fundamental matrix)表示从点到直线的投影映射,为两视图对极几何关系的代数刻画。由图 5.3 可知,点 $\boldsymbol{x}_L$ 的匹配点 $\boldsymbol{x}_R$ 必然在极线 l_R 上,即满足下面关系:

$$l_R = \boldsymbol{F}\boldsymbol{x}_L \tag{5.4}$$

由于 $\boldsymbol{x}_R^{\mathrm{T}} l_R = 0$,对于任何一对对应(匹配)点 $\boldsymbol{x}_L$ 、$\boldsymbol{x}_R$,存在如下关系:

$$\boldsymbol{x}_L^{\mathrm{T}}\boldsymbol{F}\boldsymbol{x}_R = 0 \tag{5.5}$$

其中, $\boldsymbol{x}_L = (x, y, 1)^{\mathrm{T}}$, $\boldsymbol{x}_R = (x', y', 1)^{\mathrm{T}}$, $\boldsymbol{F} = [\boldsymbol{F}_{ij}]_{3\times3}$ 。基本矩阵 $\boldsymbol{F}$ 具有以下基本性质[136]。

(1) 当 $\boldsymbol{F}$ 满足式(5.3)时, $\mathrm{rank}(\boldsymbol{F}) = 2$;

(2) 若 $\boldsymbol{F}$ 是 $\boldsymbol{x}_L$ 到 $\boldsymbol{x}_R$ 的映射,而 $\boldsymbol{F}'$ 是 $\boldsymbol{x}_R$ 到 $\boldsymbol{x}_L$ 映射,则 $\boldsymbol{F}' = \boldsymbol{F}^{\mathrm{T}}$;

(3) 左视图极点满足 $\boldsymbol{F}\boldsymbol{e}_L = 0$,右视图极点满足 $\boldsymbol{F}^{\mathrm{T}}\boldsymbol{e}_R = 0$;

(4) 若 $l_R = \boldsymbol{F}\boldsymbol{x}_L$ 是右视图中对应于左视图点 $\boldsymbol{x}_L$ 的极线,则也存在左视图中

的极线：

$$l_L = \boldsymbol{F}^{\mathrm{T}} \boldsymbol{x}_R \tag{5.6}$$

对应于右视图中的点 $\boldsymbol{x}_R$；

(5) $\boldsymbol{F}$ 具有唯一性，它们在相差一个非零比例因子情况下相等。

定义任意向量 $\boldsymbol{u} = (u_1, u_2, u_3)^{\mathrm{T}} \in \mathbb{R}^3$ 的反对称矩阵格式如下：

$$[\boldsymbol{u}]_{\times} = \begin{bmatrix} 0 & -u_3 & u_2 \\ u_3 & 0 & -u_1 \\ -u_2 & u_1 & 0 \end{bmatrix}$$

假设左侧摄像机坐标系与世界坐标系相同，对于空间中的点 $\boldsymbol{X} = (x, y, z)^{\mathrm{T}}$，在相差一个非零常数因子的情况下，存在 $\boldsymbol{x}_L = \boldsymbol{P}_L \boldsymbol{X} = \boldsymbol{K}_L [\boldsymbol{I} | \boldsymbol{0}]$，$\boldsymbol{x}_R = \boldsymbol{P}_R \boldsymbol{X} = \boldsymbol{K}_R [\boldsymbol{R} | \boldsymbol{t}] \boldsymbol{X}$，在各种已知条件下，基本矩阵的计算公式如表 5.1 所列[27,30]。

表 5.1 基本矩阵的计算公式

已知条件	基本矩阵
左右两个摄像机矩阵 $\boldsymbol{P}_L$、$\boldsymbol{P}_R$	$\boldsymbol{F} = [\boldsymbol{e}_R]_{\times} \boldsymbol{P}_R \boldsymbol{P}_L^{+} = [\boldsymbol{P}_R \boldsymbol{C}_L]_{\times} \boldsymbol{P}_R \boldsymbol{P}_L^{+}$，其中 $\boldsymbol{P}_L^{+}$ 为 $\boldsymbol{P}_L$ 的广义逆，即 $\boldsymbol{P}_L^{+} \boldsymbol{P}_L = \boldsymbol{I}$，$\boldsymbol{P}_L \boldsymbol{C}_L = 0$
两个摄像机的内参数、外参数均已知 $\boldsymbol{P}_L = \boldsymbol{K}_L [\boldsymbol{I} \| \boldsymbol{0}]$，$\boldsymbol{P}_R = \boldsymbol{K}_R [\boldsymbol{R} \| \boldsymbol{t}]$	$\boldsymbol{F} = \boldsymbol{K}_R^{-\mathrm{T}} [\boldsymbol{t}]_{\times} \boldsymbol{R} \boldsymbol{K}_L^{-1}$ $= [\boldsymbol{K}_R \boldsymbol{t}]_{\times} \boldsymbol{K}_R \boldsymbol{R} \boldsymbol{K}_L^{-1}$ $= \boldsymbol{K}_R^{-\mathrm{T}} \boldsymbol{R} \boldsymbol{K}_L^{\mathrm{T}} [\boldsymbol{K}_L \boldsymbol{R}^{\mathrm{T}} \boldsymbol{t}]_{\times}$
单应矩阵 $\boldsymbol{H}$、极点 $\boldsymbol{e}_L$、$\boldsymbol{e}_R$，则	$\boldsymbol{F} = [\boldsymbol{e}_R]_{\times} \boldsymbol{H} = \boldsymbol{H}^{-\mathrm{T}} [\boldsymbol{e}_L]_{\times}$

5.2.4 基本矩阵的计算

基础矩阵 $\boldsymbol{F}$ 具有 7 个自由度，可以由 7 对同名点计算得到。在实际应用时，对于左右两视图，一般情况下同名点都会超过 7 对，若给定足够多的匹配点集 $\{(\boldsymbol{x}_L^i, \boldsymbol{x}_R^i) | i = 1, 2, \cdots, n\}$，其中，记 $\boldsymbol{x}_L^i = (x_i, y_i, 1)^{\mathrm{T}}$，$\boldsymbol{x}_R^i = (x_i', y_i', 1)^{\mathrm{T}}$，根据式(5.5)，可得

$$\boldsymbol{A}_n \boldsymbol{f} = \begin{bmatrix} x_1'x_1 & x_1'y_1 & x_1' & y_1'x_1 & y_1'y_1 & y_1' & x_1 & y_1 & 1 \\ x_2'x_2 & x_2'y_2 & x_2' & y_2'x_2 & y_2'y_2 & y_2' & x_2 & y_2 & 1 \\ \vdots & \vdots & \vdots & \vdots & \vdots & \vdots & \vdots & \vdots & \vdots \\ x_n'x_n & x_n'y_n & x_n' & y_n'x_n & y_n'y_n & y_n' & x_n & y_n & 1 \end{bmatrix} \begin{bmatrix} F_{11} \\ F_{12} \\ \vdots \\ F_{33} \end{bmatrix} = 0 \tag{5.7}$$

其中，向量 $\boldsymbol{f}$ 表示由基本矩阵 $\boldsymbol{F}$ 的元素按行优先顺序排列而成的，计算基本矩阵

可通过上式转换为求取向量$\boldsymbol{f}$。由于噪声和误匹配的存在,无法直接用最小二乘法求解式(5.7),因此估计基本矩阵的经典算法是8点算法,下面给出几类常用的方法。

1. 基本数值方法

8点算法:

(1) 给定$n \geqslant 8$对匹配点,构造矩阵$\boldsymbol{A}_n$;

(2) 对$\boldsymbol{A}_n$进行奇异值分解$\boldsymbol{A}_n = \boldsymbol{UDV}^{\mathrm{T}}$,$\boldsymbol{V}$的最后一个列向量对应$\boldsymbol{f}$的最小解,利用该列向量按行优先顺序构造矩阵$\overline{\boldsymbol{F}}$;

(3) 对$\overline{\boldsymbol{F}}$进行奇异值分解$\overline{\boldsymbol{F}} = \overline{\boldsymbol{U}}\mathrm{diag}(s_1, s_2, s_3)\overline{\boldsymbol{V}}^{\mathrm{T}}$,得到基本矩阵的估计$\boldsymbol{F} = \overline{\boldsymbol{U}}\mathrm{diag}(s_1, s_2, 0)\overline{\boldsymbol{V}}$。

8点算法实际上是在$\mathrm{rank}(\boldsymbol{F})=2$的情况下($s_3=0$),用$\overline{\boldsymbol{F}}$逼近$\boldsymbol{F}$,从而近似实现在$\|\boldsymbol{f}\| = 1$的约束下,对$\|\boldsymbol{A}_n\boldsymbol{f}\|$的最小化求解。

此外,类似的还有归一化8点算法、7点算法、6点算法以及5点算法等,具体可参考文献[27, 30, 136]等。

2. 迭代法

迭代法是将基本矩阵的估计问题转化为最优化问题,然后使用某种优化迭代算法求解[137]。迭代方法的思想是将某种几何距离进行最小化优化。

(1) 最小化重投影误差:

$$C = \min_{\boldsymbol{F}} \sum_i \left[\mathrm{d}(\boldsymbol{x}_R^i, \hat{\boldsymbol{x}}_R^i)^2 + \mathrm{d}(\boldsymbol{x}_L^i, \hat{\boldsymbol{x}}_L^i)^2 \right]$$

其中,$\boldsymbol{x}_L^i \leftrightarrow \boldsymbol{x}_R^i$是经特征点检测匹配后得到的点对应,$\hat{\boldsymbol{x}}_L^i$和$\hat{\boldsymbol{x}}_R^i$是待满足式(5.5)的对应点,通过不断变化的匹配点,估算$\boldsymbol{F}_n$,使其满足:

$$\hat{\boldsymbol{x}}_R^{i\mathrm{T}} \boldsymbol{F}_n \hat{\boldsymbol{x}}_L^i = 0$$

(2) 对应点到极线的距离进行最小优化。为了使两幅图像的作用相同,可以分别计算两幅图像上的点到极线的距离,相当于求解下式:

$$C = \min_{\boldsymbol{F}} \sum_i \left[\mathrm{d}(\boldsymbol{x}_R^i, \boldsymbol{F}_n \boldsymbol{x}_L^i)^2 + \mathrm{d}(\boldsymbol{x}_L^i, \boldsymbol{F}_n^{\mathrm{T}} \boldsymbol{x}_R^i)^2 \right] \quad (n \geqslant 1)$$

然后,应用8点算法等得到矩阵$\boldsymbol{F}$的初始估计,继续迭代;此外,还可构建并利用其他迭代方法估计基本矩阵。

3. 鲁棒方法

RANSAC鲁棒估计:

(1) 基于匹配点集,选取一种基本矩阵估算方法(如前所述的8点、7点等算法)和一种最小化方法(如上述最小化重投影误差和最小化对应点到极线距离方法)估计基本矩阵 $\boldsymbol{F}_n$；

(2) 确定距离阈值,分别计算所有能满足式(5.5)的最大内点数目;

(3) 计算整个匹配集合的 C 值;

(4) 重复上述步骤,最终选择最小的 C 和对应的匹配点集,从而得出相应的基本矩阵。

5.2.5 本质矩阵

对于摄像机矩阵 $\boldsymbol{P}$,考虑其归一化摄像机矩阵 $\hat{\boldsymbol{P}}=\boldsymbol{K}^{-1}\boldsymbol{P}=[\boldsymbol{R}|\boldsymbol{t}]$,对于左、右两个归一化摄像机矩阵 $\hat{\boldsymbol{P}}_L=[\boldsymbol{I}|\boldsymbol{0}]$ 和 $\hat{\boldsymbol{P}}_R=[\boldsymbol{R}|\boldsymbol{t}]$,根据表 5.1 与其对应的基本矩阵为

$$\boldsymbol{E}=[\boldsymbol{t}]_\times\boldsymbol{R}=\boldsymbol{R}[\boldsymbol{R}^{\mathrm{T}}|\boldsymbol{t}]_\times \tag{5.8}$$

若已知 $\boldsymbol{K}_L$ 和 $\boldsymbol{K}_R$,以及匹配点 $\boldsymbol{x}_L=(x,y,1)^{\mathrm{T}}$ 和 $\boldsymbol{x}_R=(x',y',1)^{\mathrm{T}}$,则归一化后的图像坐标为

$$\begin{cases}\widetilde{\boldsymbol{x}}_L=\boldsymbol{K}_L^{-1}(x,y,1)^{\mathrm{T}}\\ \widetilde{\boldsymbol{x}}_R=\boldsymbol{K}_R^{-1}(x',y',1)^{\mathrm{T}}\end{cases}$$

结合 $\boldsymbol{F}=\boldsymbol{K}_R^{-\mathrm{T}}[\boldsymbol{t}]_\times\boldsymbol{R}\boldsymbol{K}_L^{-1}$,代入式(5.5)可得

$$\widetilde{\boldsymbol{x}}_R^{\mathrm{T}}\boldsymbol{E}\widetilde{\boldsymbol{x}}_L=0 \tag{5.9}$$

进而可得本质矩阵与基本矩阵的关系为

$$\boldsymbol{E}=\boldsymbol{K}_L^{\mathrm{T}}\boldsymbol{F}\boldsymbol{K}_R \tag{5.10}$$

本质矩阵包含了已经标定好的摄像机矩阵从第一个位置到第二个位置相对运动的所有信息,并具有如下性质:

(1) $\mathrm{rank}(\boldsymbol{E})=2$;

(2) $\boldsymbol{E}^{\mathrm{T}}\boldsymbol{t}=0$;

(3) $\boldsymbol{E}\boldsymbol{E}^{\mathrm{T}}=-[\boldsymbol{t}]_\times^2$,即 $\boldsymbol{E}\boldsymbol{E}^{\mathrm{T}}$ 仅由 $\boldsymbol{t}$ 决定;

(4) 若 $\boldsymbol{E}$ 的奇异值分解为 $\boldsymbol{E}=U\mathrm{diag}(k,k,1)V^{\mathrm{T}}$, $k\in\mathbb{R}$ 。

本质矩阵常用在两视图相对定向中,在其求解过程中若采用多项式求解技术,容易引起解的多异性。关于本质矩阵的计算,一是可利用基于式(5.9)归一化图像坐标,参考基本矩阵的计算方法计算,如文献[138]提出的 5 点法便是一种有效解决两视图相对定向的高效算法,它导出了一个十三阶的多项式,使用高斯约旦法求解两视图的相机相对姿态,完成相对定向。这种方法具有更少的退化形式,对平面场景不退化,与 RANSAC 算法结合使用时,比 8 点算法更高效、需要的配置点更少。二是直接基于已有的基本矩阵,利用式(5.10)计算。

5.2.6 恢复投影矩阵

1. 从基本矩阵恢复射影矩阵

基本矩阵具有射影多义性,若已知摄像机矩阵对 $(\boldsymbol{P}_L,\boldsymbol{P}_R)$,可确定唯一的基本矩阵 $\boldsymbol{F}$,反之则不成立。因此,需要在相差一个射影变换的意义下,摄像机矩阵才可由基本矩阵确定。通常,需要对摄像机矩阵定义一种特殊的规范形式,即规定第一个矩阵的坐标系与世界左边系一致。因此,对于给定的基本矩阵 $\boldsymbol{F}$,规范形式的摄像机矩阵的一般公式为

$$\boldsymbol{P}_L=[\boldsymbol{I}\,|\,\boldsymbol{0}]\ ,\ \boldsymbol{P}_R=[[\boldsymbol{e}_R]_\times\boldsymbol{F}+\boldsymbol{e}_R\boldsymbol{v}^{\mathrm{T}}\,|\,\lambda\boldsymbol{e}_R]$$

式中: $\boldsymbol{v}$ 为任意三维向量; λ 为一个正标量。

进而,当 $\boldsymbol{v}$ 为零向量、$\lambda=1$ 时,给定基本矩阵 $\boldsymbol{F}$,由基本矩阵的性质 $\boldsymbol{F}^{\mathrm{T}}\boldsymbol{e}_R=0$,通过奇异值分解求得右极点 $\boldsymbol{e}_R$,则恢复摄像机矩阵一种常用公式为

$$\boldsymbol{P}_L=[\boldsymbol{I}\,|\,\boldsymbol{0}]\ ,\ \boldsymbol{P}_R=[[\boldsymbol{e}_R]_\times\boldsymbol{F}\,|\,\boldsymbol{e}_R] \tag{5.11}$$

式(5.11)适用于没有任何摄像机内部参数的未标定的情形,为通过射影变换的方式恢复投影矩阵的方法。

2. 从本质矩阵恢复度量矩阵

本质矩阵只有 5 个自由度,与基本矩阵的射影多义性不同,在相差一个尺度因子和一个 4 重多义性下,可以从本质矩阵恢复摄像机矩阵。

设第一个摄像机矩阵是 $\boldsymbol{P}_L=[\boldsymbol{I}\,|\,\boldsymbol{0}]$,本质矩阵 $\boldsymbol{E}=\boldsymbol{U}\mathrm{diag}(1,1,0)\boldsymbol{V}^{\mathrm{T}}$,那么第二个摄像机矩阵的运动参数可能由下列四种解[139]:

$$[\boldsymbol{R}\,|\,\boldsymbol{t}]=\begin{cases}[\boldsymbol{U}\boldsymbol{W}\boldsymbol{V}^{\mathrm{T}}\,|\,\boldsymbol{u}_3]\\ [\boldsymbol{U}\boldsymbol{W}\boldsymbol{V}^{\mathrm{T}}\,|\,-\boldsymbol{u}_3]\\ [\boldsymbol{U}\boldsymbol{W}^{\mathrm{T}}\boldsymbol{V}^{\mathrm{T}}\,|\,\boldsymbol{u}_3]\\ [\boldsymbol{U}\boldsymbol{W}^{\mathrm{T}}\boldsymbol{V}^{\mathrm{T}}\,|\,-\boldsymbol{u}_3]\end{cases} \tag{5.12}$$

其中

$$\boldsymbol{W}=\begin{bmatrix}0&-1&0\\1&0&0\\0&0&1\end{bmatrix}$$

$\boldsymbol{u}_3$ 为 $\boldsymbol{U}$ 的最后一列。

这四个可能解对应的几何意义如图 5.5 所示。

如图 5.5(a)所示,空间点位于两个摄像机的前方;图 5.5(b)空间点位于两个摄像机的后方,图 5.5(c)中空间点位于摄像机 A 的后方,而在摄像机 B 的前方;图 5.5(d)的空间点位于 B 的后方,而在 A 的前方。文献[27]指出,对实际

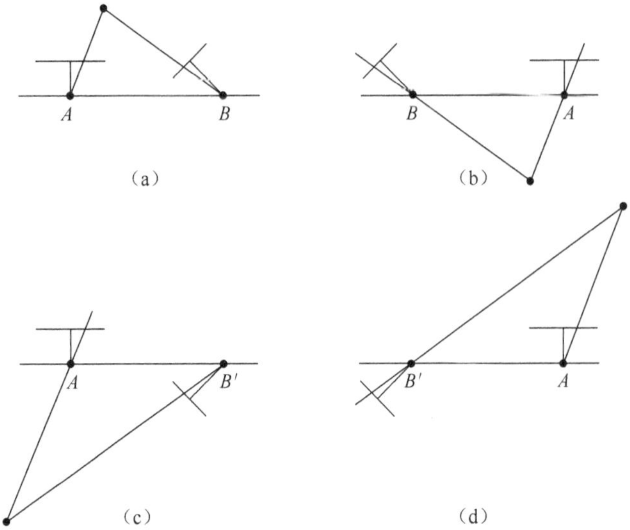

图 5.5 由本质矩阵标定重构的四个可能解

的成像几何模型而言,空间点必须同时位于两个摄像机的前方,即重建点在两个摄像机坐标系下的 Z 坐标都大于零,这才是物理可实现解,所以以上四组解中只有图 5.5(a)才是合理的。在具体执行时,可以通过选择一个空间点来完成,验证它是否在两个相机前面,以确定最终可确定运动参数 $(\boldsymbol{R},\boldsymbol{t})$,具体可参考下述两个条件。

首先,根据本质矩阵的性质,因为有 $\boldsymbol{E}^{\mathrm{T}}\boldsymbol{t}=0$,平移向量 $\boldsymbol{t}$ 为下列问题的解:

$$\min_{\boldsymbol{t}} \|\boldsymbol{E}^{\mathrm{T}}\boldsymbol{t}\|^2 \quad \text{s. t} \quad \|\boldsymbol{t}\| = 1$$

可知 $\boldsymbol{t}$ 是矩阵 $\boldsymbol{E}\boldsymbol{E}^{\mathrm{T}}$ 对应于最小特征值的单位向量。如果 $\boldsymbol{E}$ 的符号正确,则对于 $\boldsymbol{t}$ 的符号的确定,任意选取一对匹配点的归一化图像坐标为 $(\tilde{\boldsymbol{x}}_L,\tilde{\boldsymbol{x}}_R)$,如果

$$(\boldsymbol{t}\times\tilde{\boldsymbol{x}}_R)\cdot(\boldsymbol{E}\tilde{\boldsymbol{x}}_L) > 0$$

那么 $\boldsymbol{t}$ 的符号与 $\boldsymbol{E}$ 的符号一致;否则,必须将 $\boldsymbol{t}$ 的符号反过来。

其次,根据式(5.8)的 $\boldsymbol{E}=[\boldsymbol{t}]_{\times}\boldsymbol{R}$,可通过下式求解旋转矩阵 $\boldsymbol{R}$:

$$\min_{\boldsymbol{R}}\sum_{j=1}^{3}\|\boldsymbol{R}\boldsymbol{e}_j-\boldsymbol{\tau}_j\|^2 \quad \text{s. t.} \quad \boldsymbol{R}^{\mathrm{T}}\boldsymbol{R}=\boldsymbol{I}, \quad \det(\boldsymbol{R})=1$$

式中: $\boldsymbol{e}_j$ 和 $\boldsymbol{\tau}_j$ 分别为矩阵 $\boldsymbol{E}$ 和 $[\boldsymbol{t}]_{\times}$ 的第 j 行向量。同理,从可从匹配点求出对应的空间点坐标,如果重建点的 Z 坐标是负的,必须将 $\boldsymbol{E}$ 和 $\boldsymbol{t}$ 的符号反过来。

然后利用式(5.2)可得第二个摄像机的投影矩阵为[140]

$$\boldsymbol{P}_R=\boldsymbol{K}_R[\boldsymbol{R}|\boldsymbol{t}]$$

3. 非线性方法优化运动参数

由以上解析方法求出的运动参数,虽然方法简单,但结果还不精确,即使有很多的匹配点 $(\tilde{\boldsymbol{x}}_{L_i},\tilde{\boldsymbol{x}}_{R_i})$,$i=1,2,\cdots,n$,其解析解易受噪声的影响。主要是因为忽略了本质矩阵的约束条件,本质矩阵各元素之间并不相互独立,而且估计基本矩阵代价函数并不具有明显的物理意义。

因此,还可使用非线性方法来得到更好的估计。可以使用 Longuet-Higgins 准则来优化:

$$\min\sum_{i=1}^{n}[(\tilde{\boldsymbol{x}}_{R_i})^{\mathrm{T}}(\boldsymbol{t}\times\boldsymbol{R}\tilde{\boldsymbol{x}}_{L_i})]^2$$

直接估计运动参数,其初始值可利用上述解析法得到。

此外,还有鲁棒法、结构再投影等方法,具体可参见文献[140]。

5.2.7 空间点三角反投影定位

在投影矩阵得以恢复后,即可重建匹配点对应的空间点的坐标。基本方法是对匹配点进行反投影的线性三角形法,并进行最优化求解。

1. 两种线性三角形法

如前所述,给定左、右两幅图像在同一世界坐标系下的摄像机矩阵 $\boldsymbol{P}_L$ 和 $\boldsymbol{P}_R$,对应点的齐次坐标 $\boldsymbol{x}_L=(x,y,1)^{\mathrm{T}}$ 和 $\boldsymbol{x}_R=(x',y',1)^{\mathrm{T}}$,满足几何约束式(5.5),由图 5.3,可知对应点的反投影线与两个摄像机的基线构成了一个三角形,这个三角形状的顶点是两个摄像机光心和两条反投影线的交点,这个交点就是要重建的空间点 $\boldsymbol{X}=(X,Y,Z,1)$ 。

首先,依据式(5.1)可有 $s_L\boldsymbol{x}_L=\boldsymbol{P}_L\boldsymbol{X}$, $s_R\boldsymbol{x}_R=\boldsymbol{P}_R\boldsymbol{X}$,重组得

$$\begin{bmatrix}\boldsymbol{P}_L & -\boldsymbol{x}_L & 0\\ \boldsymbol{P}_R & 0 & -\boldsymbol{x}_R\end{bmatrix}\begin{bmatrix}\boldsymbol{X}\\ s_L\\ s_R\end{bmatrix}=\boldsymbol{M}_t\boldsymbol{X}_t=0 \tag{5.13}$$

式中: s_L 、s_R 分别为沿 Z_C 轴方向的深度因子。对左侧矩阵进行奇异值分解有 $\boldsymbol{M}_t=\boldsymbol{U}_t\boldsymbol{S}_t\boldsymbol{V}_t^{\mathrm{T}}$,则取 $\boldsymbol{X}_t$ 为 $\boldsymbol{V}_t$ 的最后一列,再取 $\boldsymbol{X}_t$ 的前 4 项进行齐次坐标化即可。

其次,文献[27]和文献[30]给出了不同于式(5.13)的另外一种形式:

对于 $s_L\boldsymbol{x}_L=\boldsymbol{P}_L\boldsymbol{X}$ 和 $s_R\boldsymbol{x}_R=\boldsymbol{P}_R\boldsymbol{X}$ 分别通过叉乘消去深度因子,有

$$\begin{cases}[\boldsymbol{x}_L]_\times\boldsymbol{P}_L\boldsymbol{X}=0\\ [\boldsymbol{x}_R]_\times\boldsymbol{P}_R\boldsymbol{X}=0\end{cases}$$

每个图像点可得出 3 个方程,取其中两个线性独立的,可得

$$
\boldsymbol{A}_t\boldsymbol{X} = \begin{bmatrix} x\boldsymbol{P}_L^{3\mathrm{T}} & -\boldsymbol{P}_L^{1\mathrm{T}} \\ y\boldsymbol{P}_L^{3\mathrm{T}} & -\boldsymbol{P}_L^{2\mathrm{T}} \\ x'\boldsymbol{P}_R^{3\mathrm{T}} & -\boldsymbol{P}_R^{1\mathrm{T}} \\ y'\boldsymbol{P}_R^{3\mathrm{T}} & -\boldsymbol{P}_R^{2\mathrm{T}} \end{bmatrix}\boldsymbol{X} = 0 \tag{5.14}
$$

式中：$\boldsymbol{P}^{*\mathrm{T}}$ 为矩阵 $\boldsymbol{P}$ 的行，如 $\boldsymbol{P}_L^{3\mathrm{T}}$ 为 $\boldsymbol{P}_L$ 的第三行。添加约束 $\|\boldsymbol{X}\| = 1$，空间中点的三维坐标求解问题即转化成求解 $\boldsymbol{A}_t^{\mathrm{T}}\boldsymbol{A}_t$ 最小特征值所对应的特征向量。对 A_t 进行奇异值分解 $\boldsymbol{A}_t = \boldsymbol{U}_a\boldsymbol{S}_a\boldsymbol{V}_a^{\mathrm{T}}$，$\boldsymbol{V}_a$ 的最后一列即为所求空间点的三维坐标值。

此外，还可采用其他齐次或非齐次的方法[27]估算 $\boldsymbol{X}$。

2. 最佳三角形法

如前所述，给定一组测量到的对应点 $\boldsymbol{x}_L \leftrightarrow \boldsymbol{x}_R$，理论上其应满足式(5.5)，但实际上，其正确值极可能是附近的点 $\bar{\boldsymbol{x}}_L \leftrightarrow \bar{\boldsymbol{x}}_R$，且准确满足 $\bar{\boldsymbol{x}}_R^{\mathrm{T}}F\bar{\boldsymbol{x}}_L = 0$，进而可将问题转化为寻找点 $\hat{\boldsymbol{x}}_L$ 和 $\hat{\boldsymbol{x}}_R$，以最小化几何误差代价函数：

$$
C = \mathrm{d}^2(\boldsymbol{x}_L, \hat{\boldsymbol{x}}_L) + \mathrm{d}^2(\boldsymbol{x}_R, \hat{\boldsymbol{x}}_R) \quad \text{s. t.} \quad \hat{\boldsymbol{x}}_R^{\mathrm{T}}\boldsymbol{F}\hat{\boldsymbol{x}}_L = 0
$$

进一步，可转化为寻找点与极线最小垂直距离：

$$
C = \mathrm{d}^2(\boldsymbol{x}_L, l_L) + \mathrm{d}^2(\boldsymbol{x}_R, l_R) \quad \text{s. t.} \quad \hat{\boldsymbol{x}}_R^{\mathrm{T}}\boldsymbol{F}\hat{\boldsymbol{x}}_L = 0
$$

寻找点 $\hat{\boldsymbol{x}}_L$ 和 $\hat{\boldsymbol{x}}_R$ 具体算法如下。

给出已有的对应点的齐次坐标 $\boldsymbol{x}_L = (x,y,1)^{\mathrm{T}}$ 和 $\boldsymbol{x}_R = (x',y',1)^{\mathrm{T}}$，以及基本矩阵 $\boldsymbol{F}$：

(1) 定义变换矩阵

$$
\boldsymbol{T}_L = \begin{bmatrix} 1 & 0 & -x \\ 0 & 1 & -y \\ 0 & 0 & 1 \end{bmatrix}, \boldsymbol{T}_R = \begin{bmatrix} 1 & 0 & x' \\ 0 & 1 & y' \\ 0 & 0 & 1 \end{bmatrix}
$$

它们可以将点 $\boldsymbol{x}_L = (x,y,1)^{\mathrm{T}}$ 和 $\boldsymbol{x}_R = (x',y',1)^{\mathrm{T}}$，平移到原点；

(2) 用 $\boldsymbol{T}_R^{-\mathrm{T}}\boldsymbol{F}\boldsymbol{T}^{-1}$ 代替 $\boldsymbol{F}$；

(3) 由 $\boldsymbol{e}_R^{\mathrm{T}}\boldsymbol{F} = 0$ 和 $\boldsymbol{F}\boldsymbol{e}_L = 0$ 计算左右极点 $\boldsymbol{e}_L = (e_1, e_2, e_3)^{\mathrm{T}}$ 和 $\boldsymbol{e}_R = (e_1', e_2', e_3')^{\mathrm{T}}$，乘以相应标量进行归一化处理使得 $e_1^2 + e_2^2 = 1$ 和 $e'^2_1 + e'^2_2 = 1$ 成立；

(4) 构造矩阵

$$
\boldsymbol{R}_L = \begin{bmatrix} e_1 & e_2 & 0 \\ -e_2 & e_1 & 0 \\ 0 & 0 & 1 \end{bmatrix}, \boldsymbol{R}_R = \begin{bmatrix} e_1' & e_2' & 0 \\ -e_2' & e_1' & 0 \\ 0 & 0 & 1 \end{bmatrix}
$$

使之满足 $\boldsymbol{R}_L\boldsymbol{e}_L = (1,0,e_3)^{\mathrm{T}}$ 和 $\boldsymbol{R}_R\boldsymbol{e}_R = (1,0,e_3')^{\mathrm{T}}$；

(5) 再用 $\boldsymbol{R}_R\boldsymbol{F}\boldsymbol{R}_L^{\mathrm{T}}$ 代替 $\boldsymbol{F}$；

(6) 令

$$g(t) = t((at+b)^2 + f'^2(ct+d)^2)^2 - (ad-bc)(1+f^2t^2)^2(at+b)(ct+d) = 0$$

其中$f = e_3, f' = e_3', a = F_{22}, b = F_{23}, c = F_{32}, d = F_{33}$,求得$t$的6个根;

(7) 用每个根的实部计算代价函数

$$C(t) = \frac{t^2}{1+f^2t^2} + \frac{(ct+d)^2}{(at+b)^2 + f'^2(ct+d)^2}$$

的值,同时求当$t = \infty$时,式(5.13)的渐近值,即$1/f^2 + c^2/(a^2 + f'^2c^2)$,选择使代价函数取最小值的$t_{\min}$;

(8) 在$t_{\min}$处计算两条直线$l_R = (tf, 1, -t)^{\mathrm{T}}$和$l_R = (-f'(ct+d), at+b, ct+d)^{\mathrm{T}}$,并求出在这些直线上最接近于原点的点$\hat{x}_L$和$\hat{x}_R$[对于一般的直线$(\lambda, \mu, v)^{\mathrm{T}}$],在直线上最接近原点的公式是$(-\lambda v, -\mu v, \lambda^2 + \mu^2)^{\mathrm{T}}$;

(9) 用$\boldsymbol{T}_L^{-1}\boldsymbol{R}_L^{\mathrm{T}}\hat{x}_L$替换$\hat{x}_L$,用$\boldsymbol{T}_R^{-1}\boldsymbol{R}_R^{\mathrm{T}}\hat{x}_R$替换$\hat{x}_R$,在得出点$\hat{x}_L$和$\hat{x}_R$之后,可用齐次方法获取优化后的空间点$\hat{\boldsymbol{X}}$。

5.2.8 两视图分层重建

从未标定的图像进行重建,主要采用分层重建的方法:首先从图像获取目标的射影重建,然后利用先验知识(摄像机内参数、运动参数或目标几何结构等)由射影重建获得三维物体的度量重建。

1. 射影重建

若已经获取了基本矩阵$\boldsymbol{F}$,无法获取摄像机的内参数、运动参数,此时可对目标进行射影重建。步骤如下:

(1) 设世界坐标系与第一个摄像机的坐标系重合,则可由式(5.11)获取摄像机矩阵$\boldsymbol{P}_L$和$\boldsymbol{P}_R$;

(2) 利用最佳三角形法计算射影空间中点的三维坐标$\boldsymbol{X}$。

2. 度量重建

经过射影重建后恢复得到的三维信息只是射影几何意义下的三维信息,恢复的三维坐标和真实的三维坐标之间在齐次坐标下有一个射影变换差异。如果摄像机已经得到了标定,则可以进一步得到度量空间的三维重建。

度量重建的基本步骤如下:

(1) 已知的摄像机内参数$\boldsymbol{K} = \boldsymbol{K}_L = \boldsymbol{K}_R$和基本矩阵$\boldsymbol{F}$,由式(5.10)可得本质矩阵$\boldsymbol{E}$;

(2) 由式(5.12)及相关判断可得$(\boldsymbol{R}, \boldsymbol{t})$;

(3) 假设第一个摄像机坐标系与世界坐标系一致,两个摄像机矩阵为

$$\begin{cases} \boldsymbol{P}_L = \boldsymbol{K}[\boldsymbol{I} \mid \boldsymbol{0}] \\ \boldsymbol{P}_R = \boldsymbol{K}[\boldsymbol{R} \mid t] \end{cases}$$

(4) 可得式(5.13)或式(5.14)；

(5) 使用最佳三角形法计算度量空间中点的三维坐标 $\boldsymbol{X}$ 。

5.2.9 相机位置估计

设 $\widetilde{\boldsymbol{C}}$ 表示摄像机中心在世界坐标系中的坐标，$\boldsymbol{C}$ 为其齐次坐标，满足 $\boldsymbol{PC}=0$，则摄像机矩阵(5.1)又可表示为

$$\boldsymbol{P} = \boldsymbol{K}[\boldsymbol{R} \mid \boldsymbol{t}] = \boldsymbol{KR}[\boldsymbol{I} \mid -\widetilde{\boldsymbol{C}}]$$

因此可知 $\boldsymbol{t} = -\boldsymbol{R}\widetilde{\boldsymbol{C}}$ ，即

$$\widetilde{\boldsymbol{C}} = -\boldsymbol{R}^{\mathrm{T}}\boldsymbol{t}$$

在已知摄像机矩阵 $\boldsymbol{P}$ 的情况下，可以通过求解方程 $\boldsymbol{PX}=0$ 得到摄像机中心在世界坐标系中的坐标。事实上，如果令 $\boldsymbol{P}=(\boldsymbol{H},\boldsymbol{p}_4)$ ，其中 $\boldsymbol{H}$ 为 $\boldsymbol{P}$ 的前三列所构成的 3×3 矩阵，$\boldsymbol{p}_4$ 是 $\boldsymbol{P}$ 的第四个列向量，则也从方程可得到摄像机中心在世界坐标系中的齐次坐标为

$$\boldsymbol{C} = \begin{bmatrix} -\boldsymbol{H}^{-1}\boldsymbol{p}_4 \\ 1 \end{bmatrix}$$

5.3 光束法平差

光束法平差(bundle adjustment, BA)又称捆绑调整、捆集调整，是一个以摄像机矩阵和空间点为优化变量、以最小化重投影误差为优化目标的非线性优化过程，如图5.6所示。当图像点测量噪声服从各向同性零均值的高斯分布且独立同分布时，光束法平差可得到最大似然意义下的欧几里得重构。

假设图像测量噪声满足上述高斯分布，设空间中的一组点 $\boldsymbol{X}_j(j=1,2,\cdots,m)$，一组摄像机矩阵为 $\boldsymbol{P}_i(i=1,2,\cdots,n)$，用 $\boldsymbol{x}_j^i$ 标记第 j 个空间点在第 i 个摄像机平面上的坐标。为在已知图像坐标集合 $\boldsymbol{x}_j^i$ 的基础上，求 $\boldsymbol{P}_i$ 和 $\boldsymbol{X}_j$ ，使 $\boldsymbol{x}_j^i \approx \boldsymbol{P}_i\boldsymbol{X}_j$ ；为估计投影矩阵 $\hat{\boldsymbol{P}}_i$ 和真正投影到图像点 $\hat{\boldsymbol{x}}_j^i$ 的空间点 $\hat{\boldsymbol{X}}_j$ ，即 $\hat{\boldsymbol{x}}_j^i \approx \hat{\boldsymbol{P}}_i\hat{\boldsymbol{X}}_j$ ，光束法平差即投影点和测量点之间的几何图像距离：

$$\min_{\hat{\boldsymbol{P}}_i,\hat{\boldsymbol{X}}_j}\sum_{i=1}^{n}\sum_{j=1}^{m}v_{ij}\mathrm{d}(\hat{\boldsymbol{x}}_j^i,\boldsymbol{x}_j^i)^2 \approx \min_{\hat{\boldsymbol{P}}_i,\hat{\boldsymbol{X}}_j}\sum_{i=1}^{n}\sum_{j=1}^{m}v_{ij}\mathrm{d}(\hat{\boldsymbol{P}}_i\hat{\boldsymbol{X}}_j,\boldsymbol{x}_j^i)^2 \tag{5.15}$$

其中，当第 j 个空间点在第 i 幅图像中可见时，v_{ij} 取1；否则取0。

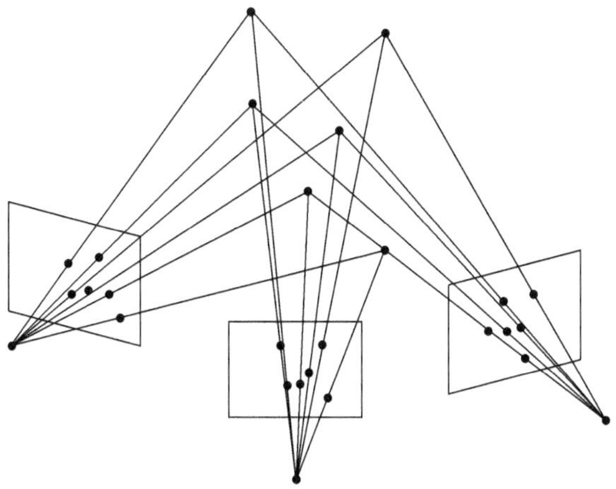

图 5.6　光束法平差优化过程

光束法平差一般应该在任何重建算法的最后一步使用，以容忍数据的丢失并提供真正的最大似然估计。但该方法需要提供一个好的初始值，而且由于涉及大量参数，可能成为一个非常大的最小化问题。

下面给出一种常用的无约束优化优化方法，Levenberg-Marquardt（L-M）方法。该方法是一阶牛顿迭代算法的改进，主要目的是为如式（5.15）的大参数化问题提供快速收敛的正则化方法。该方法可看作一阶牛顿迭代方法和最速下降法结合的产物。考虑函数关系 $\boldsymbol{x} = \boldsymbol{PX}$，其计算步骤如下。

（1）选取初始点 $\boldsymbol{X}_0$，设置迭代终止控制常数 ε，计算 $e_0 = \|\boldsymbol{x} - \boldsymbol{PX}_0\|$，令 $k = 0,\ \lambda_0 = 10^{-3}$；

（2）计算 $\boldsymbol{J}_{\boldsymbol{X}_k} = \frac{\partial \boldsymbol{x}}{\partial \boldsymbol{X}}|_{\boldsymbol{X}=\boldsymbol{X}_k}$，构造增量正规方程 $\overline{N}(\lambda_k)\Delta_k = \boldsymbol{J}_{\boldsymbol{X}_k} e_k$；

（3）通过求解增量正规方程，得到 Δ_k；

① 若 $\|\boldsymbol{x} - (\boldsymbol{PX}_k + \boldsymbol{J}_{\boldsymbol{X}_k}\Delta_k)\| < e_k$，令 $\boldsymbol{X}_{k+1} = \boldsymbol{X}_k + \Delta_k$，若 $\|\Delta_k\| < \varepsilon$，停止迭代，输入结果；否则，令 $\lambda_{k+1} = \lambda_k/10$，置 $k = k + 1$，转到第（2）步；

② 若 $\|\boldsymbol{x} - (\boldsymbol{PX}_k + \boldsymbol{J}_{\boldsymbol{X}_k}\Delta_k)\| \geqslant e_k$，则令 $\lambda_{k+1} = 10\lambda_k$，重新解正规方程得 Δ_k，返回①。

5.4　多视图稀疏点云重建

本节针对当输入序列图像数量 $N \geqslant 3$ 时，如何基于两视图稀疏点云重建方法进行多视图稀疏点云的重建。

5.4.1 多视图射影重建

本小结首先给出一种常见的对于射影相机模型的因式分解方法。

设有 m 个投影矩阵和 n 个三维空间点,每个三维空间点被投影到所有的 m 幅图像中,则有

$$s_{ij}\boldsymbol{x}_{ij}=\boldsymbol{P}_i\boldsymbol{X}_j,\quad i=1,2,\cdots,m;j=1,2,\cdots,n$$

式中:$\boldsymbol{x}_{ij}$ 为空间第 j 个三维点向第 i 个图像的投影。将所有的方程联立:

$$\boldsymbol{x}=\begin{bmatrix} s_{11}\boldsymbol{x}_{11} & s_{12}\boldsymbol{x}_{12} & \cdots & s_{1n}\boldsymbol{x}_{1n} \\ s_{21}\boldsymbol{x}_{21} & s_{22}\boldsymbol{x}_{22} & \cdots & s_{2n}\boldsymbol{x}_{2n} \\ \vdots & \vdots & & \vdots \\ s_{m1}\boldsymbol{x}_{m1} & s_{m2}\boldsymbol{x}_{m2} & \cdots & s_{mn}\boldsymbol{x}_{mn} \end{bmatrix}=\begin{bmatrix} \boldsymbol{P}_1 \\ \boldsymbol{P}_2 \\ \vdots \\ \boldsymbol{P}_m \end{bmatrix}[\boldsymbol{X}_1 \quad \boldsymbol{X}_2 \quad \cdots \quad \boldsymbol{X}_n]=\boldsymbol{PX}$$

可以看出,矩阵 $\boldsymbol{x}$ 的秩满足 $\mathrm{rank}(\boldsymbol{x})\leqslant 4$,在理想情况下,只要所有三维点不是退化形式(如所有点共面),投影矩阵 $\boldsymbol{P}$ 的秩应为 4。由于测量噪声的影响,一般情况下 $\boldsymbol{x}$ 的秩大于 4,但是可以用一个秩为 4 且与矩阵 $\boldsymbol{x}$ 最接近的矩阵来近似。

输入未标定的序列图像,具体射影重建步骤如下:

(1) 设初始深度因子 $s_{11}=1$;

(2) 通过两两图像之间的匹配点,分别计算基本矩阵,再分别计算投影矩阵,进而得出总的矩阵 $\boldsymbol{P}$;

(3) 连续不断计算重投影得出各个深度因子估计值;

(4) 进行奇异值分解 $\boldsymbol{x}=\boldsymbol{USV}^{\mathrm{T}}$;

(5) 取对角矩阵 $\boldsymbol{S}$ 中最大的四个奇异值产生一个新的对角阵 $\boldsymbol{S}'$,令 $\boldsymbol{x}'=\boldsymbol{US}'\boldsymbol{V}^{\mathrm{T}}$;

(6) 取 $\boldsymbol{P}=\boldsymbol{US}'$,$\boldsymbol{X}=\boldsymbol{V}^{\mathrm{T}}$;

(7) 把得到的 $\boldsymbol{X}$ 重投影到每幅图像中,以获取新的深度估计,返回(2),直至重投影误差满足精度停止循环。

5.4.2 多视图度量重建

本节主要对增量式的 SfM 技术进行研究。

增量式三维重建系统具有较高的稳定性,能够自动标定相机的参数,自动剔除影像集中的弱连接影像,同时能够处理海量的数据。主要思想是首先通过两帧图像进行初始重建,然后逐张添加其余影像,并更新重建点及相机参数,同时进行光束法平差,直到所有影像注册完毕为止,其间伴随着外点的剔除,最后进行一次光束法平差。

对于标定的序列图像，具体的度量重建步骤如下：

（1）读取图像 EXIF 信息获取影像的内参数初值；

（2）对所有图像进行特征检测并两两匹配；

（3）选择具有大量的匹配点的两张图像，并具有较宽的摄影基线；

（4）通过 RANSAC 算法计算单应约束之后剩余的匹配点与经过基础矩阵约束之后匹配点数的比率，在保证原始匹配点超过一定数量的前提下筛选具有最低比率的图像对，以增强初始重建的鲁棒性；

（5）计算两视图的基本矩阵 $\boldsymbol{F}$ ，由摄像机内参矩阵 $\boldsymbol{K}$ 计算两张图像的本质矩阵 $\boldsymbol{E}$ ；

（6）利用 5 点算法[138]计算两视图的相对外方位元素 $[\boldsymbol{R}|\boldsymbol{t}]$ ；

（7）使用基于 L-M 算法光束法平差优化[58]对两视图相机参数及重建顶点进行非线性优化；

（8）选取另一张具有最大重建点数（至少 20 个）的未注册影像，考虑到外点的存在，使用归一化的 Ransac+DLT 算法计算新注册影像的初始外参数；

（9）使用光束法对新增影像的内外参数及重建点集一进行优化；

（10）加入图像三，使其与图像二进行特征匹配，选择与前两幅图像有相同匹配点的点，可得这些点的空间坐标，据此求图像三的摄像机空间位置；

（11）得到相机三的投影矩阵后，对图像三和图像二之间的匹配点进行三角化，得到其空间坐标；

（12）将新得到的空间点集合二和之前的空间点集一进行配准融合，已经存在的空间点，无须再添加，只添加在图像二和图像三之间匹配，但在图像一和图像三中没有匹配的点。

（13）对新增的重建点进行外点过滤，文献[55]考虑重建点与两两可见视图光线之间的夹角，通过一个角度范围来过滤外点（低于 2 度视为外点）；

（14）考虑像素重投影误差，若重建点反投影到可见影像的像素点误差超过一定阈值，则视为外点；

（15）对所有已注册的相机参数及重建点进行全局光束法优化，以消除新增影像带来的累积误差。

以上过程是一个反复迭代的过程，一次注册一张影像，直到无可用的注册影像为止，最后进行一次全局光束法优化。序列图像增量重建基本流程如图 5.7 所示。其中，增量重建点云配准融合过程如图 5.8 所示，主要利用 PnP 相机姿态估计方法和 ICP 点云配准方法进行处理，方法细节本章不再赘述。

总之，稀疏点云的重建质量直接影响着整个纹理模型重建质量。本章研究内容涉及计算机视觉的方方面面，是基于图像三维重建方法的核心理论，图 5.9

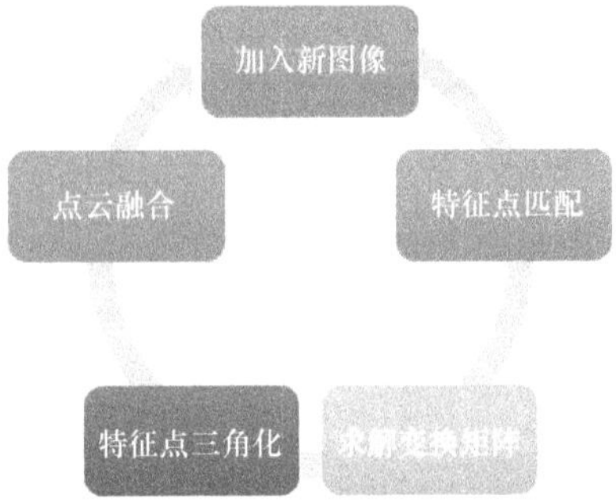

图 5.7 序列图像增量重建基本流程

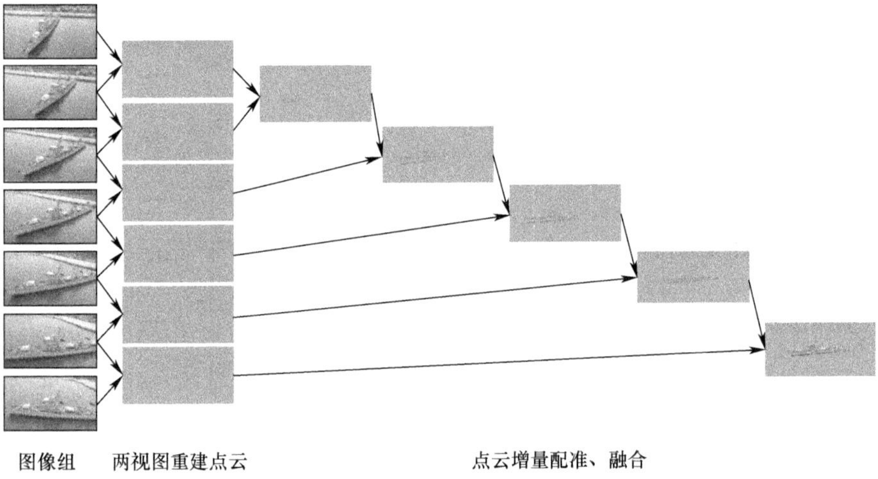

图 5.8 增量重建点云配准融合过程

为稀疏点云增量重建流程,可作为学习基于特征点对应稀疏点云三维重建理论的参考。

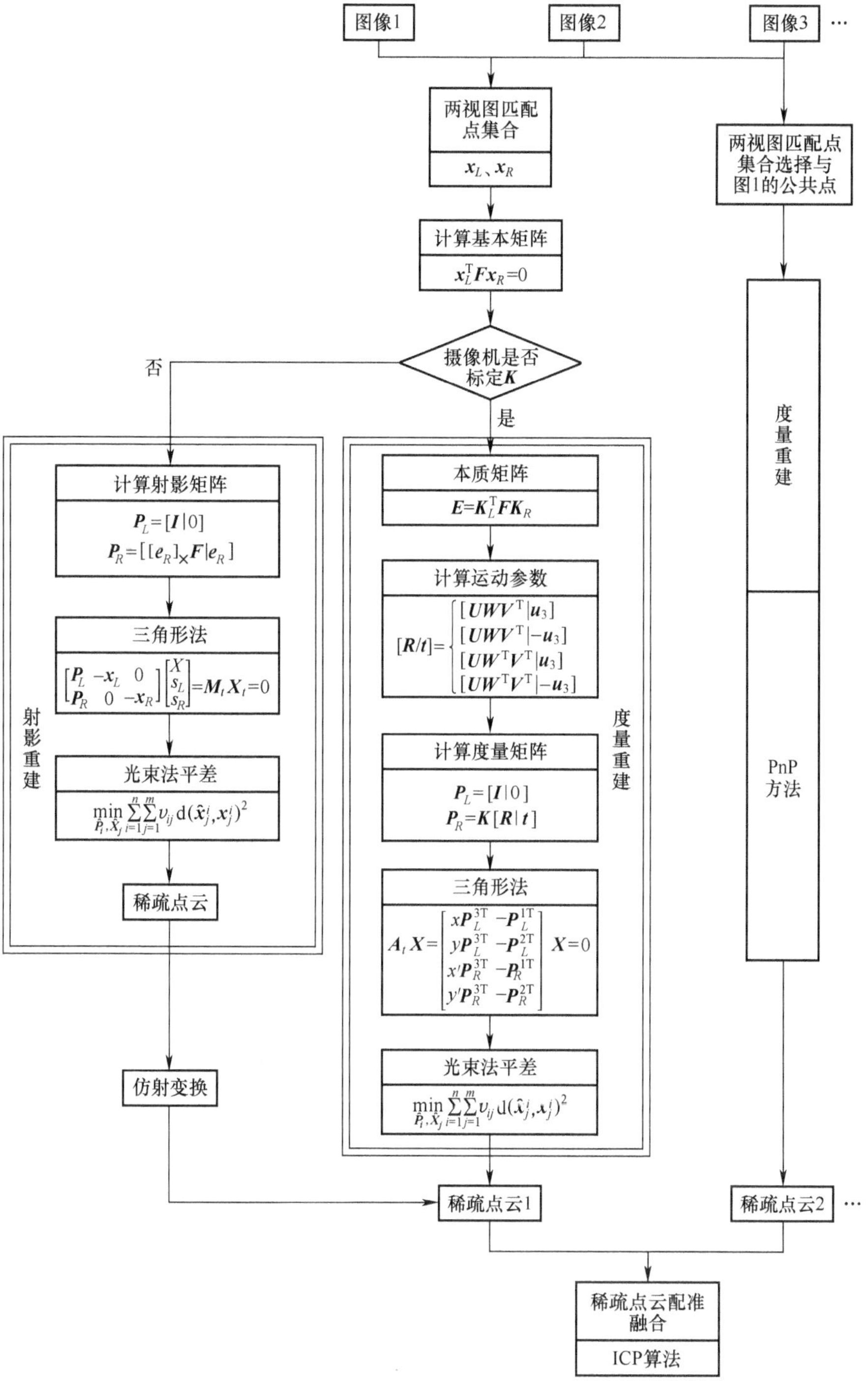

图 5.9 稀疏点云增量重建流程

第 6 章　密集点云重建方法研究

当完成了稀疏点云重建之后,若需要供人眼获取较好的视觉效果,还需要进一步利用标定的相机位姿参数和特征点面片对场景进行多视角图像立体密集重建,以生成目标或场景,密集点云的精度和完整性决定着最终三维模型的质量。

为了满足普适性的要求,本章采用了 CMVS 算法[76]与 PMVS 算法[74]相结合的基于面片的重建方法,如图 6.1 所示。CMVS 算法可根据稀疏重建结果将原始影像自动聚类,对每个类中的影像利用 PMVS 算法进行单独重建,并进一步将密集点云进行融合,可解决当图像数量较大时,PMVS 算法对内存的依赖问题。PMVS 算法不需要包围盒、深度等初始信息,只需估计点的深度,再通过局部光学连续性估计点的法向。当图片数量较少或者纹理不丰富时,这是非常必要的。该方法对纹理覆盖不足、凹陷和高曲率的区域也具有很好的处理效果。

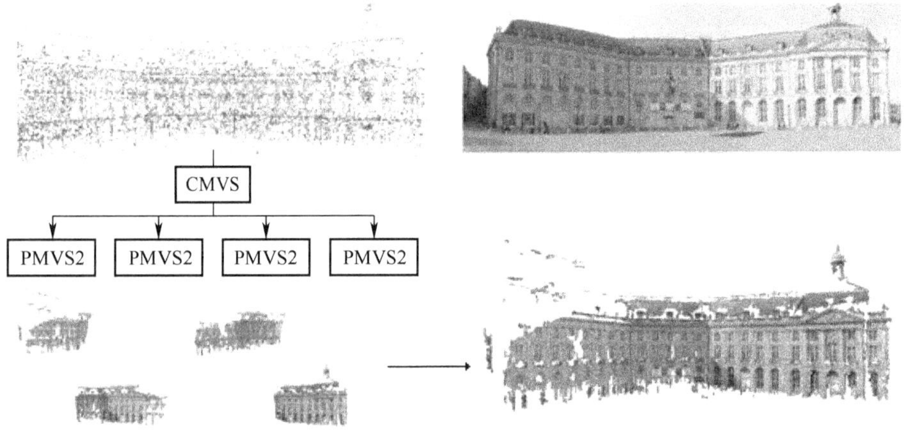

图 6.1　CMVS 算法+PMVS 算法重建示意图[141]

6.1　CMVS 分块

MVS 算法的基本理念是基于若干个图像的测量导出三维表面信息。许多 MVS 算法旨在同时使用所有可用的图像来重建全局的三维模型[142-144]。随着图像数量的增加,这种方法是不可行的。重要的是选择正确的图像子集,并将其聚类成可管理的分类,CMVS 算法提出了一种新颖的视图选择和聚类方案。可以消除低分辨率几何,在用于恢复基于点的模型作时是稳健且考究的。

6.1.1 视图聚类

假设输入的图像 $\{\boldsymbol{I}_i\}$ 已经 SfM 算法处理,生成了相机姿态和一组稀疏的三维点 $\{\boldsymbol{P}_j\}$,每个点在 V_j 所表示的一组图像中是可见的。将这些 SfM 点视为 MVS 将产生的密集重建的稀疏样本。因此,它们可以用作视图聚类的基础。更具体地说,视图聚类的目标是找出(未知数量)重叠图像簇 $\{C_k\}$,使每个簇具有可管理的大小,并且每个 SfM 点可以由至少一个簇精确地重建,如图 6.2 所示。

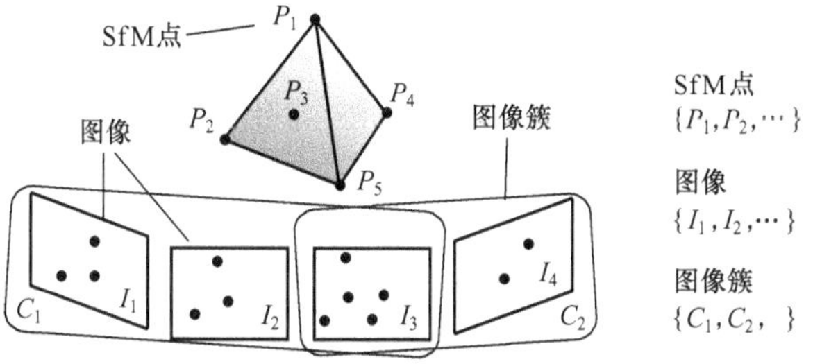

图 6.2 图像聚簇重建示意图

1. 问题公式

聚类公式被设计为满足以下三个约束条件:①从图像簇中排除冗余图像(紧凑度);②每个图像簇足够小以用于 MVS 重建(大小约束);③与通过处理所有的图像集获得的 MVS 重建相比,来自这些簇的 MVS 重建能够使内容和细节达到最小的损失。紧凑度对于计算效率而言是重要的,因为互联网照片集通常包含从几乎相同观点获得的数百张或数千张照片,这些完全由近似重复视图组成的图像簇将由于基线不足而产生嘈杂的重建,所以紧凑度可以提高其准确性。

更具体地说,目标是在输出集簇中最小化图像总数 $\sum_k |C_k|$,有以下两个约束。第一个约束是每个集簇大小的上限,因此可以为每个集簇单独地使用 MVS 算法: $\forall k$, $|C_k| \leqslant \alpha$ 。α 由计算资源决定,特别是内存的限制。第二个约束是如果 SfM 点 $\boldsymbol{P}_j$ 在至少一个集簇 C_k 中,其相机的位置被很好地重建,则 $\boldsymbol{P}_j$ 被覆盖。为了量化这个“重建”的概念,引入一个函数 $f(P,C)$,它通过一组图像 C 来测量在 3D 位置 P 实现的预期重建精度。此函数取决于摄像机基线和像素采样率。如果 $\boldsymbol{P}_j$ 的重建精度在至少一个聚类 C_k 中是 $f(P_j,V_j)$ 的 λ 倍,则称 $\boldsymbol{P}_j$ 被覆盖。在使用所有的 $\boldsymbol{P}_j$ 的可见图像 V_j 时,可获得期望的精度,即

$$\max_k f(\boldsymbol{P}_j, C_k \cap V_j) \geqslant \lambda f(\boldsymbol{P}_j, V_j)$$

其中,可取 $\lambda = 0.7$。覆盖约束是对于在一个图像中可见的每组 SfM 点,覆盖点的比率必须至少为 δ(也可设置为 0.7)。注意,此处是在每个图像上强制实施覆盖率,而不是整个重建过程,以获取良好的空间覆盖和均匀性。

总之,重叠的聚类公式定义如下:

$$\text{Min} \sum_k |C_k| \text{ s.t.} \quad \text{(紧凑度)}$$

$$\forall k \, |C_k| \leqslant \alpha \quad \text{(大小)}$$

$$\forall \frac{\{\#\text{of covered points in } \boldsymbol{I}_i\}}{\{\#\text{of points in } \boldsymbol{I}_i\}} \geqslant \delta \quad \text{(覆盖率)}$$

在公式中需要注意以下几点:①当使用较小的图像集合可以实现约束时,最小化会导致冗余图像被丢弃;②所提出的公式自动允许重叠的集群;③由于质量差的图像具有较少的运动恢复结构点,因此该公式隐含地包含图像质量因子(例如,传感器噪声、模糊、曝光不足),并且在覆盖约束下会包括更昂贵的成本。

2. 可视聚类算法

解决提出的聚类问题是有挑战性的,因为其中的约束不是通过现有方法(如 k-均值、标准化剪切[145-146]等)容易地处理的形式。在陈述算法之前,首先介绍一些关于图像间的邻域关系和运动恢复结构空间点的概念。如果存在一个运动恢复结构点在两一对图像 $\boldsymbol{I}_l$ 和 $\boldsymbol{I}_m$ 中均可见,则定义这两幅图像是相邻的。类似地,如果存在相邻的一对图像(每组一个),则一对图像集是相邻的。最后,一对运动恢复结构点 $\boldsymbol{P}_j$ 和 $\boldsymbol{P}_k$ 被定义为是相邻的:①如果它们具有相似的可视性,即,它们的可见图像集 V_j 和 V_k 根据上述定义是相邻的;②如果 $\boldsymbol{P}_j$ 和 $\boldsymbol{P}_k$ 在 $(V_j \cup V_k)$ 中的每个图像的投影定位在 τ_1 个像素内,则可取 $\tau_1 = 64$。图 6.3 给出了文中方法的概述,由四个步骤组成。前两个步骤是预处理,而后两个步骤在迭代中重复。

(1) 运动恢复结构筛选——融合运动恢复结构点:空间点可见度的准确测量是视图聚类过程成功的关键。未检测到或未匹配的图像特征会导致点的可见性估计 V_j(通常以丢失图像的形式)出现错误。通过聚合局部邻域的可见性数据,并在邻域中合并点来获得更可靠的可见度估计。合并点的位置是其邻域的平均值,而可见度成为联合体。此步骤也显著减少了运动恢复结构点的数量,并减少了剩余 3 个步骤的运行时间。具体来讲,从一组运动恢复结构点开始,随机选择一个点,将其与其邻居合并,输出合并点,并从输入集中移除点及其邻域。重复该步骤,直到输入集为空。合并点集合成为新的集合,其中一些滥用符号也被表示为 $\{\boldsymbol{P}_j\}$。有关此步骤的示例输出,如图 6.4 所示。

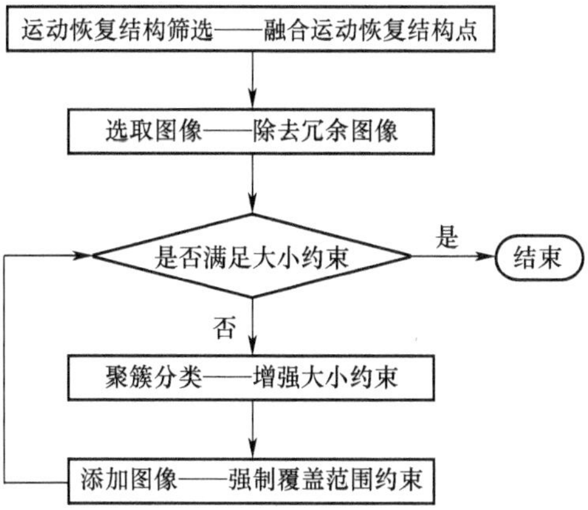

图 6.3　聚簇算法流程

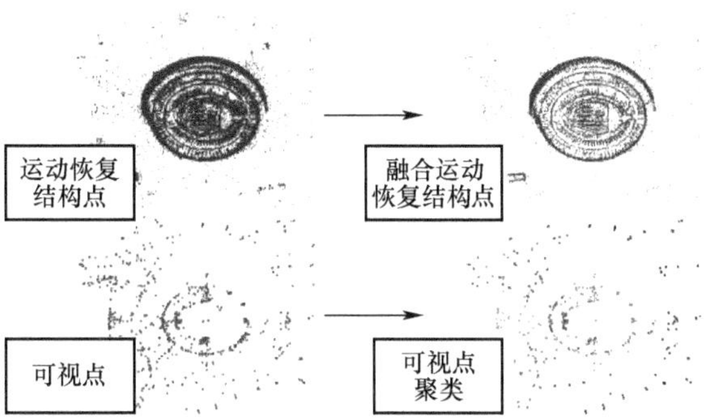

图 6.4　合并运动恢复结构点示意图

(2) 选取图像——除去冗余图像:使用完整图像集开始,测试每幅图像,如果覆盖约束在删除后仍然保持,则将其删除。对以图像分辨率(像素数)的递增顺序列举的所有图像执行删除测试,以便先去除低分辨率图像。注意,图像将在此步骤中被永久丢弃,以加快后续主要优化步骤。

(3) 聚簇分类——增强大小约束:,通过拆分聚簇强制执行大小约束,同时忽略重叠率。更具体地说,如果图像簇违反了大小限制原则,则将其分成较小的组件。通过归一化切割算法[146]在可见视图上执行聚簇的划分,其中节点是图像。图像对 $(\boldsymbol{I}_l,\boldsymbol{I}_m)$ 之间的边缘权重 e_{lm} 测量 $\boldsymbol{I}_l$ 和 $\boldsymbol{I}_m$ 如何一起有助于相关 SfM 点处的 MVS 重建:

$$e_{lm}=\sum_{\boldsymbol{P}_j\in\Theta^{lm}}\frac{f(\boldsymbol{P}_j,\{\boldsymbol{I}_l,\boldsymbol{I}_m\})}{f(\boldsymbol{P}_j,V_j)}$$

其中,Θ^{lm} 表示在 $\boldsymbol{I}_l$ 和 $\boldsymbol{I}_m$ 中可见的一组运动恢复结构点。直观地,高 MVS 贡献

的图像之间具有高边缘权重,并且不太可能被削减。对簇进行重复划分,直到满足所有簇的大小约束。

(4) 添加图像——强制覆盖范围约束:在步骤(3)中可能违反了覆盖约束,现在将图像添加到每个群集中,以覆盖更多的运动恢复结构点并重新建立覆盖。在此步骤中,首先构建可能的操作列表,其中每个操作都会衡量将图像添加到集群以提高覆盖率的有效性。更具体地,对于每个未覆盖的 SfM 点 $\boldsymbol{P}_j$,令 $C_k = \text{argmax}_{C_l} f(\boldsymbol{P}_j, C_l)$ 是具有最大重建精度的簇。然后,对于 $\boldsymbol{P}_j$,创建一个将图像 $\boldsymbol{I}(\in V_j, \notin C_k)$ 添加到 C_k 的动作 $\{(\boldsymbol{I} \rightarrow C_k), g\}$,其中 g 测量有效性并将其定义为 $f(\boldsymbol{P}_j, C_k \cup \{\boldsymbol{I}\}) - f(\boldsymbol{P}_j, C_k)$ 。请注意,这里只考虑将图像添加到 C_k 的操作,而不是可以覆盖 $\boldsymbol{P}_j$ 的每个集群的计算效率。由于从多个运动恢复结构点生成具有相同图像和聚簇的动作,因此合并这些动作,同时总结测量的有效性 g 。列表中的操作按其有效性降序排序。

在构建动作列表后,一种方法是采取最高分的动作,然后重新计算列表,这在计算上太复杂了。相反,考虑分数超过列表最高分数的 0.7 倍的行为,然后重复从列表顶部执行操作。由于一个动作可能会改变其他类似动作的有效性,所以在采取一个动作后,可从列表中删除任何一个匹配的动作,如果 $\boldsymbol{I}$ 和 $\boldsymbol{I}'$ 是相邻的,那么两个动作 $\{(\boldsymbol{I} \rightarrow C), g\}$ 、$\{(\boldsymbol{I}' - C'), g'\}$ 都会被阻塞。列表构造和图像添加动作重复,直到覆盖约束满足为止。

在图像添加后,可能违反了大小约束,后两个步骤迭代,直到两个约束满足。

注意,大小和覆盖约束不难满足;事实上,一个极端的解决方案是为每个 SfM 点创建一个小的聚簇,具有足够的基线或分辨率。在这种极端情况下,所得到的聚簇可能包含许多重复项,因此具有差的紧凑度分数。通常,通过分裂聚簇的方法,添加几个图像(通常在边界)会快速且容易地满足约束,同时实现合理(虽然不是最优)的紧凑度得分。虽然这种方法不是全局最佳的,但能否实现最佳紧凑性在实际的应用中并不重要。

6.1.2 MVS 滤波和渲染

本节提出了两个滤波器,用于合并重建点以处理重建误差和重建质量的变化,如图 6.5 所示。这里的滤波算法被设计为超核且并行运行,可有效处理大量的 MVS 点。下面,描述两种滤波算法,讨论它们的可扩展性,并解释如何渲染合并的 MVS 点。

1. 质量滤波器

相同的表面区域可以在具有不同重建质量的多个簇中重建:附近的簇产生密集的精确点,而远距离的簇产生稀疏的噪声点。目的是滤掉后者,这是通过以

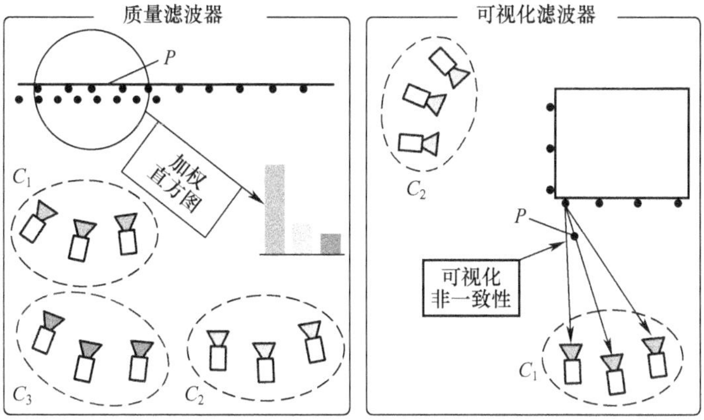

图 6.5 合并 MVS 重建中的质量和可视化滤波器

下质量过滤器实现的。令 $\boldsymbol{P}_j$ 和 V_j 分别表示由 MVS 算法估计的 MVS 点及其可见度信息。假设 $\boldsymbol{P}_j$ 已经从聚簇 C_k（参考聚簇）重建。首先从所有聚簇收集 MVS 点 $\{Q_m\}$ 及其相应的可视化信息 $\{V_m\}$：①具有与 $\boldsymbol{P}_j$ 相容的法线，即角度差小于 90°；②其投影位置在 $\boldsymbol{P}_j$ 在每个图像 V_j 中的 τ_2 个像素内（可取 $\tau_2 = 8$）。从收集的 MVS 点中，计算直方图 $\{H_l\}$，其中 H_l 是与从 C_l 重建的 MVS 点相关联的重建精度 $f(Q_m, V_m)$ 的总和。由于具有精确和密集点的聚簇应该比其他集合有更大的值，因此如果相应的直方图值 H_k 小于最大值的一半，$H_k < 1/2 \max H_l$，则 $\boldsymbol{P}_j$ 被过滤掉。重复这个过程，依次检查每个参考簇，执行并行运算。算法流程如下。

质量滤波器

For 每个节点上的任意参考聚簇 C_k

　　初始化从 C_k 重建的 MVS 点的直方图；

　　For 每个聚簇 C_l

　　　　For C_k 中的每个点 $\boldsymbol{P}$

　　计算直方图 H_l

　　利用直方图滤除 C_k 中点

---

2. 可视化滤波器

可视化滤波器在整个重建中实现与 MVS 点相关联的可见性信息的一致性。实际上，滤波器与 PMVS 中使用的滤波器非常相似[147, 142]。不同之处在于，PMVS 在每个聚簇内实施聚簇内部的一致性，而我们的过滤器通过比较集群中的 PMVS 输出来实现整个重建的聚簇间的可见性一致性。更具体地说，对于每个 MVS 点，计算与其他聚簇冲突重建的次数。如果冲突分数超过 3，那么这点就被清除了。冲突计数的计算如下。

令 Θ_k 表示从簇 C_k（参考簇）重建的一组 MVS 点。通过将 Θ_k 投影到可见图像中来构建 C_k 中图像的深度图。深度图还存储与 MVS 点相关的重建精度。将非参考聚簇中每个 MVS 点 $\boldsymbol{P}$ 的冲突计数计算为与 $\boldsymbol{P}$ 一致的深度图 C_k 的数量。如果 $\boldsymbol{P}$ 比深度图更靠近摄像机，并且重建精度小于深度图中存储的值的一半，定义其为冲突的。请注意，通过逐个更改参考聚簇重复此过程，可以再次并行运算。从该步骤的不同执行次数，计算相同 MVS 点的冲突计数，并根据阈值测试其冲突的总数。

```
可视化滤波器
For 每个节点上的任意参考聚簇 C_k
    For C_k 中的每幅图像 I
    计算 I 的深度图；
    For 剩余的每个聚簇 C_l
            For C_l 中的每个点 P
                For C_k 中的每幅图像 I
                    If P 和 I 冲突
    记录 P 的冲突次数；
    保存 C_l 的冲突次数文件；
For 每个节点上的任意参考聚簇 C_k
    读取 C_k 的冲突次数文件；
    使用冲突次数滤除 C_k 中的点；
```

3. 可扩展性

MVS 重建和过滤是在系统中计算量最大、内存密集度最高的部分。在这里，专注于内存的复杂性是可扩展性的关键因素。

MVS 重建步骤的存储消耗取决于核心 MVS 算法的选择，但是在本系统中不是问题，因为每个簇中的图像数量都是常数 α 的上限。现在讨论 MVS 滤波算法的平均状况存储器需求，因为分析最坏的情况是困难的。令 N_P、N_I 和 N_M 分别表示每个图像的平均像素数、每个簇的图像和每个簇的重构的 MVS 点。N_C 表示提取的图像簇的数量。质量和可视化滤波器所需的内存量分别为 $2N_M$ 和 $2N_M + N_P N_I$，因为最多两个聚簇的 MVS 点需要在两个滤波器中的任何时间存储，可见滤波器需要一次只存储一个聚簇的深度图。注意，两个滤波器处理的数据总量分别为 $N_M N_C$ 和 $N_M N_C + N_P N_I N_C$，这些数据不会存储在非常大的数据集中。

4. 渲染

重建了 MVS 点后，通过将可见图像中的图像投影像素颜色的平均值与每个点相关联。QSplat[148]用于通过补充材料中所述的小修改和增强来显示三维彩色点，包括 3×3 上采样的 MVS 点，以提高基于点的渲染质量。

6.2 PMVS 点云生成

PMVS 算法运行的基本思路：首先在所有图像上提取特征点，按照极线约束进行特征点匹配生成稀疏的种子点面片；其次种子点向周围扩散得到稠密的、具备法线方向的有向空间点云或面片集；最后对面片进行组合滤波，去除外点。

6.2.1 基本概念

1. 面片模型

基于面片的重建方法具有相当大的灵活性。但是，由于缺少连接信息，寻找相邻面片并进行归一化处理是困难的。PMVS 算法通过对面片在可见影像集中的投影跟踪来解决这一问题。

假设已标定的图像集合为 $\Omega = \{\boldsymbol{I}_i \mid i = 1,2,\cdots,n\}$ ，图像 $\boldsymbol{I}_i$ 所对应的相机光心为 $\boldsymbol{O}(\boldsymbol{I}_i)$ 。首先，对每幅图像进行 $\beta \times \beta$ 大小分块（如可取 $\beta = 2$），每个图像块表示为 $C_i(x,y)$ ，如图 6.6 所示。

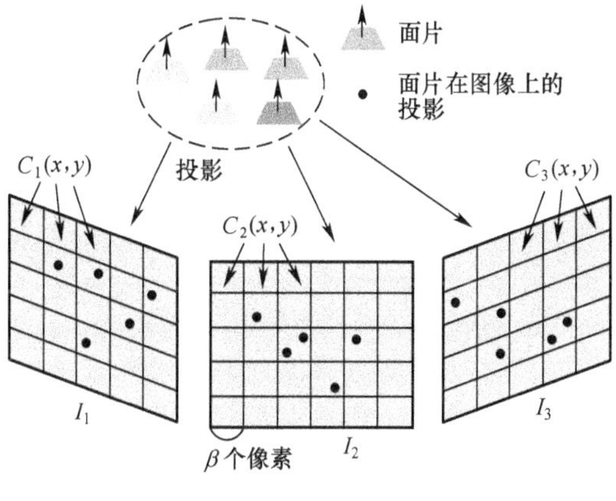

图 6.6　图像分块与面片模型的关系

尽量保证每幅图像的各个图像块内都能重建出如图 6.7 所示的空间面片（patch）。

令面片 p 是近似于物体表面的局部正切平面，其一条边与拍摄参考影像的

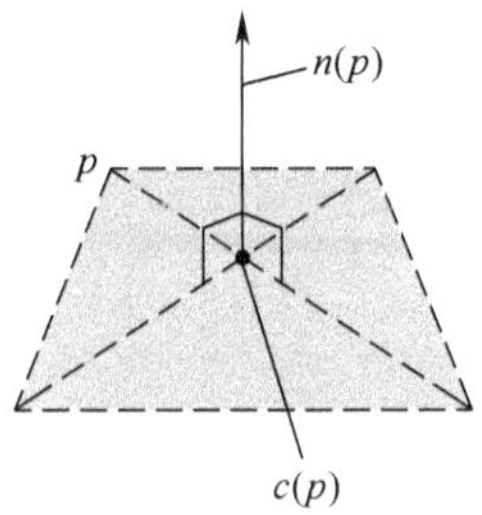

图 6.7 面片模型

摄像机的 x 轴平行。面片的中心点为 $\boldsymbol{c}(p)$ ，由面片中心指向摄像机的单位法向量为 $\boldsymbol{n}(p)$ 。面片 p 的大小为 $\mu \times \mu$ ，μ 一般取 5 像素或 7 像素。

PMVS 算法定义了面片 p 的 3 个关联图像集：$S(p)$ 、$T(p)$ 和 $R(p)$ ，如图 6.8 所示。其中，$S(p)$ 是面片的准可见图像集，即面片在 $S(p)$ 中应该可见，但可能由于光线、运动模糊或者被运动障碍物遮挡等没有被识别出来；$T(p)$ 为真实可见集，它既包含面片的投影，又包含被识别出来的图像；$R(p)$ 称为面片的参考图像集，与面片近似平行，其中 $R(p) \subseteq T(p) \subseteq S(p)$ ，如图 6.8 所示为三个图像集合之间的关系。

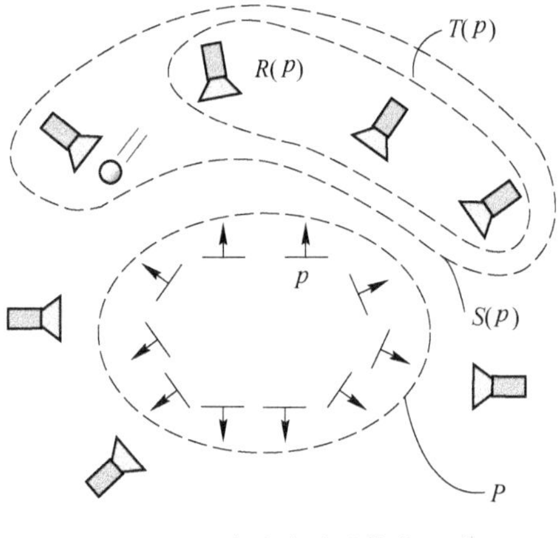

图 6.8 面片的关联图像集示意

其定义分别为

$$S(p) = \left\{ \boldsymbol{I}_i \middle| \boldsymbol{I}_i \in \boldsymbol{\Omega}, \boldsymbol{n}(p) \cdot \frac{\overrightarrow{\boldsymbol{c}(p)\boldsymbol{O}(\boldsymbol{I}_i)}}{|\boldsymbol{c}(p)\boldsymbol{O}(\boldsymbol{I}_i)|} > \cos(\pi/3) \right\}$$

$$T(p) = \{ \boldsymbol{I} | \boldsymbol{I} \in S(p), h(p, \boldsymbol{I}, R(p)) \leqslant \alpha \}$$

$$R(p) = \min_{\boldsymbol{I} \in T(p)} \sum_{\boldsymbol{J} \in T(p) \backslash \boldsymbol{I}} h(p, \boldsymbol{I}, \boldsymbol{J})$$

式中：$h(p, \boldsymbol{I}, \boldsymbol{J})$ 为面片 p 在图像 $\boldsymbol{I}$ 和图像 $\boldsymbol{J}$ 的投影灰度一致性估计，如图 6.9 所示。

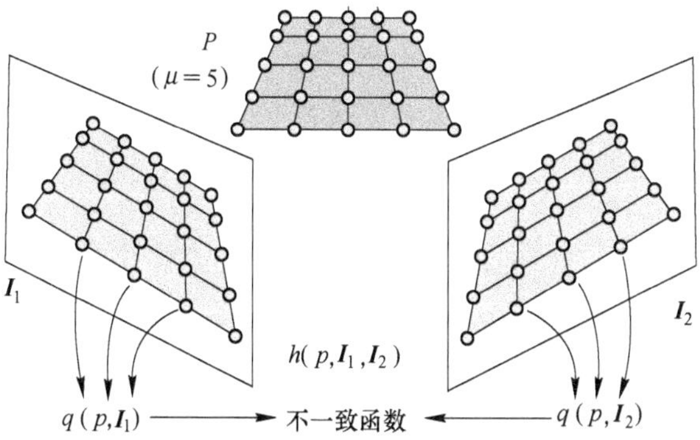

图 6.9　灰度一致性约束

2. 可见性一致性约束

$S(p)$ 和 $T(p)$ 决定面片 p 在各视图中的可见性，在重建的不同阶段采用不同的方法构造 $S(p)$ 和 $T(p)$ 。在匹配阶段，面片从稀疏的特征点匹配中构建，由灰度一致性约束得到初始估计为

$$S(p)=T(p)=\{\boldsymbol{I}\mid h(p,R(p),\boldsymbol{I})>\alpha_0\}$$

在面片扩张阶段，由膨胀重建的稠密面片将深度图与所有图像关联起来，每个面片通过对深度图像进行阈值化处理来构建准可见图像集 $S(p)$ ，即

$$S(p)=\{\boldsymbol{I}\mid d_{\boldsymbol{I}}(p)\leqslant d_{\boldsymbol{I}}(x,y)+\rho_1\}$$

式中：$d_{\boldsymbol{I}}(p)$ 为对应图像 $\boldsymbol{I}$ 时 p 中心的深度；$d_{\boldsymbol{I}}(i,j)$ 为对应图像 $\boldsymbol{I}$ 和面片所关联图像分块 $C(x,y)$ 的深度距离；ρ_1 为从面片中心点 $\boldsymbol{c}(p)$ 到其参考图像 $R(p)$ 中偏移像素之间的距离。

3. 灰度一致性函数(photometric discrepancy function)

设 $V(p)$ 为所有可见面片 p 的图像集合，显然有 $R(p)\subseteq V(p)$ ，p 的灰度一致性函数定义如下：

$$g(p)=\frac{1}{|V(p)\backslash R(p)|}\sum_{\boldsymbol{I}\in V(p)\backslash R(p)}h(p,\boldsymbol{I},R(p))$$

其中，符号“\”表示从集合中挖去；如图 6.9 所示，给定图像 $\boldsymbol{I}_1$ 和 $\boldsymbol{I}_2$，相应的 $h(p,\boldsymbol{I}_1,\boldsymbol{I}_2)$ 计算如下：

(1) 把面片 p 划分为 $\mu\times\mu$ 个小格；

(2) 采用双线性差值的方法，对图像 $\boldsymbol{I}_i$ 上的所有网格点的图像投影投影进行差值，得到像素灰度 $q(p,\boldsymbol{I}_i)$ ；

(3) 计算 1 减去 $q(p,\boldsymbol{I}_1)$ 和 $q(p,\boldsymbol{I}_2)$ 的 NCC 值。

因此在实际情况中，需要保证图像 $\boldsymbol{I}$ 和图像 $R(p)$ 的灰度一致性函数大于一定的值 α(后面将会介绍如何选择这个阈值)。因此在此过程中，假定物体表面是 Lambertian 反射面，由于 $g(p)$ 对于高光或者遮挡的情况下的效果欠佳，对于非 lambertian 反射面，需要忽略灰度一致性系数不符合要求的图像，只考虑与参考图像 $R(p)$ 的光学误差系数低于一定阈值 α 的图像，有

$$V^*(p)=\{\boldsymbol{I}|\boldsymbol{I}\in V(p),h(p,\boldsymbol{I},R(p))\leqslant\alpha\} \tag{6.1}$$

$$g^*(p)=\frac{1}{|V^*(p)\backslash R(p)|}\sum_{\boldsymbol{I}\in V^*(p)\backslash R(p)}h(p,\boldsymbol{I},R(p))$$

用 $V^*(p)$ 代替 $V(p)$ 得到新的灰度一致函数 $g^*(p)$ 。每个图像块 $C_i(x,y)$ 都有一个到自身投影的面片集合 $Q_i(x,y)$ 。类似地，对于一个 $V^*(p)$ 也可得相应的 $Q_i^*(x,y)$ 。注意 $V^*(p)$ 包含 $R(p)$ ，且若包含高亮或遮挡的图像，$g^*(p)$ 将不可用，但是面片生成算法并不会出现这种情况。

4. 面片优化

定义了灰度一致性函数 $g^*(p)$ ，目标是重建那些灰度一致性系数较小的面片，面片 p 的重建分为两步：

（1）初始化相关参数：中心点 $\boldsymbol{c}(p)$ 、范数 $\boldsymbol{n}(p)$ 、可视化图像集 $V^*(p)$ 和参考图像 $R(p)$ ；

（2）优化几何元素 $\boldsymbol{c}(p)$ 和 $\boldsymbol{n}(p)$ 。后面将有详细的优化方法，这里只关注优化过程。通过最小化灰度一致性系数 $g^*(p)$ ，对 $\boldsymbol{c}(p)$ 和 $\boldsymbol{n}(p)$ 进行优化。为了简化计算过程，约束 $\boldsymbol{c}(p)$ 始终位于其在参考图像的投影线上，此时 p 在其对应的可视化图集 $V^*(p)$ 中某个图像的位置就不会变，因此降低了 p 的自由度，且只能求出一个深度。$\boldsymbol{n}(p)$ 是由欧拉角决定的，可以用共轭梯度法求解此优化问题[149]。

6.2.2 面片重建

基于面片的 MVS 算法的目的是在每个图像块 $C_i(x,y)$ 上至少重建一个面片。PMVS 算法的执行流程如图 6.10 所示，主要分为以下 3 步：

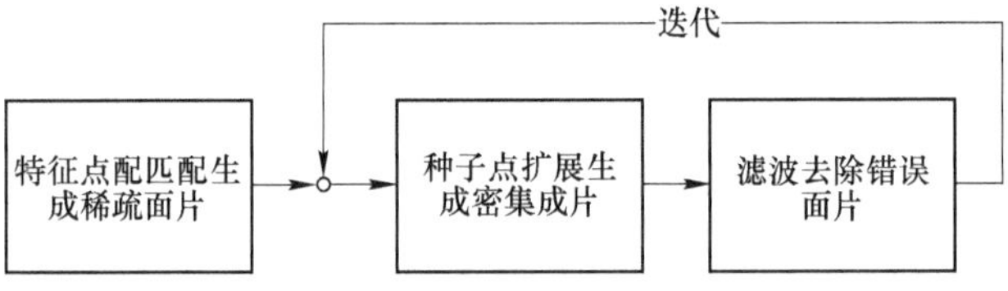

图 6.10 PMVS 算法的执行流程

（1）初始化特征匹配，生成稀疏的面片集；

（2）面片扩张，由稀疏的种子点扩张得到密集的面片；

（3）面片滤波，去除错误的面片。

其中，面片的扩张和滤波都要执行 n 次（一般取 3）使面片足够密集，同时去除错误匹配。

1. 初始化特征匹配

1）特征检测

首先用高斯差分和 Harris 来提取图像的角点特征，即每幅图像的特征点。设 G_σ 为方差是 σ 的二维高斯函数，在同一图像点相应的高斯差分滤波器定义为

$$D = |(G_{\sigma_0} - G_{\sqrt{2}\sigma_0}) * \boldsymbol{I}|$$

其中，$*$ 表示二维卷积算子。如前所述，相应的 Harris 滤波器可定义为

$$H = \det(\boldsymbol{M}) - \lambda \operatorname{trace}^2(\boldsymbol{M})$$

其中，$M = G_{\sigma_1} * (\nabla \boldsymbol{I} \nabla \boldsymbol{I}^{\mathrm{T}})$，$\nabla \boldsymbol{I} = \left[\dfrac{\partial \boldsymbol{I}}{\partial x} \ \dfrac{\partial \boldsymbol{I}}{\partial y}\right]^{\mathrm{T}}$。$\nabla \boldsymbol{I}$ 可由高斯函数 G_{σ_2} 的偏微分与图像 $\boldsymbol{I}$ 的卷积获得。由于 $(\nabla \boldsymbol{I} \nabla \boldsymbol{I}^{\mathrm{T}})$ 是一个 2×2 矩阵，并被 G_{σ_1} 卷积获得 $\boldsymbol{M}$。在实际中，可取 $\sigma_0 = \sigma_1 = \sigma_2 = 1$ 像素，$\lambda = 0.6$。为了使特征点在图像上有均匀的分布，把图像分割为 $\beta_2 \times \beta_2$ 的小块，分别对每块计算高斯差分和 Harris 角点响应值，取二者 η 邻域最大值作为特征提取结果。一般取 $\beta_2 = 32$，$\eta = 4$。

2）特征匹配

对于图像 $\boldsymbol{I}_i$ 及其对应的光心 $\boldsymbol{O}(\boldsymbol{I}_i)$，图像 $\boldsymbol{I}_i$ 中的每个特征点 $\boldsymbol{f}$，通过允许有两个像素误差的极线约束找到它在其他图像中的同种类型的特征点 $\boldsymbol{f}'$，构成匹配点对 $(\boldsymbol{f}, \boldsymbol{f}')$。用这些匹配点对使用三角化的方法生成一系列三维空间点，然后将这些点按照距离 $\boldsymbol{O}(\boldsymbol{I}_i)$ 从小到大顺序进行排列，然后依次尝试生成面片，直到成功。尝试生成面片的方法如下。首先初始化候选面片 p 的 $\boldsymbol{c}(p)$、$\boldsymbol{n}(p)$ 和 $R(p)$，如下所示：

$$\boldsymbol{c}(p) \leftarrow \{从特征点对\ (\boldsymbol{f}, \boldsymbol{f}')\ 三角化所得之点\} \tag{6.2}$$

$$\boldsymbol{n}(p) \leftarrow \frac{\overrightarrow{\boldsymbol{c}(p)\boldsymbol{O}(\boldsymbol{I}_i)}}{|\overrightarrow{\boldsymbol{c}(p)\boldsymbol{O}(\boldsymbol{I}_i)}|} \tag{6.3}$$

$$R(p) \leftarrow \boldsymbol{I}_i \tag{6.4}$$

由于生成的面片是稀疏的，且可能在特征匹配初始阶段出现很多错误，因此假设在图像 $\boldsymbol{I}_i$ 中可见的面片是面片的法向量与面片中心到相机光心 $\boldsymbol{O}(\boldsymbol{I}_i)$ 的连线夹角小于一定角度 ι 的图像（可取 $\iota = \pi/3$）：

$$V(p) = \left\{ \boldsymbol{I} \,\middle|\, n(p) \cdot \frac{\overrightarrow{\boldsymbol{c}(p)\boldsymbol{O}(\boldsymbol{I})}}{|\overrightarrow{\boldsymbol{c}(p)\boldsymbol{O}(\boldsymbol{I})}|} > \cos(\iota) \right\} \tag{6.5}$$

同理，$V^*(p)$ 可由式(6.5)的 $V(p)$ 获得。在面片 p 的所有的参数都已经被

初始化过后，据前所述面片优化方法对 $\boldsymbol{c}(p)$ 和 $\boldsymbol{n}(p)$ 进行优化，利用式(6.1)和式(6.5)更新 $V(p)$ 和 $V^*(p)$ 。在优化过程中，$\boldsymbol{c}(p)$ 的约束取决于不变的 $R(p)$ 中的图像投影。如果 $|V^*(p)| \geqslant \gamma$ ，即在低灰度一致性下，面片 p 的可视图像至少为 γ 张，即接收面片 p 重建成功，并将面片 p 存储到对应的可视图像的图像块中，更新 $Q_i(x,y)$ 和 $Q^*(x,y)$ 。注意，在优化前后使用式(6.5)计算 $V^*(p)$ ，其中的 α 分别设为 0.6 和 0.3，这是因为面片的灰度一致性稀疏可能在优化之前比较大。另外为加快计算速度，一旦一个图像分块中的面片被重建和存储，分块中的所有特征将被移除且不再使用。整个算法的描述如下：

输入：每个图像中检测的特征点；
输出：初始稀疏面片集 P 。
$P \leftarrow \phi$;
for 对每幅图像 $\boldsymbol{I}$ 及其光心 $\boldsymbol{O}(\boldsymbol{I})$
  for 对于 $\boldsymbol{I}$ 中的每个特征 $\boldsymbol{f}$
    $F \leftarrow \{$特征点满足对极约束$\}$
    以每个特征点距离 $\boldsymbol{O}(\boldsymbol{I})$ 的距离升序为依据重新排列 F ;
    for 对于每个 $\boldsymbol{f}' \in F$
      //测试一个面片 p ;
    初始化 $\boldsymbol{c}(p)$ 、$\boldsymbol{n}(p)$ 和 $R(p)$;//利用式(6.2)、式(6.3)、式(6.4)
    初始化 $V(p)$ 和 $V^*(p)$;//利用式(6.1)、式(6.5)
    优化 $\boldsymbol{c}(p)$ 和 $\boldsymbol{n}(p)$;
    更新 $V(p)$ 和 $V^*(p)$;//利用式(6.1)、式(6.5)
    If $|V^*(p) < \gamma|$
    回到最内点进行迭代；
    添加 p 至相应的 $Q_j(x,y)$ 和 $Q_j^*(x,y)$ 中；
    从存储 p 的图像块中移除特征点；
    添加 p 到 P 中；
    退出迭代

最后，说明匹配过程是如何成功处理图像中高亮因素和遮挡因素的。如果在匹配过程开始时，图像特征中包含上述因素，图像即参考图像，同时面片优化失败。但这并不能阻止从没有这些因素的图像开始匹配。

2. 面片扩张

面片扩张步骤的目的就是保证每个图像块至少对应一个面片。通过上面生成的面片，重复地生成新的面片。具体来说，就是给定一个面片 p ，首先获得一个满足一定条件的邻域图像块集合 $\boldsymbol{C}(p)$ ，然后对每个图像块进行面片扩张，具体过程如下：

1) 扩张图像块识别

给定面片 p，通过在可视化图像中收集领域图像块得到初始的 $\boldsymbol{C}(p)$：

$$\boldsymbol{C}(p) = \{C_i(x',y') \mid p \in Q_i(x,y), |x - x'| + |y - y'| = 1\}$$

首先，若面片已经在此重建，则扩张是不必要的。具体地，如果一个图像分块 $C_i(x',y') \in \boldsymbol{C}(p)$ 包含面片 p 的领域面片 p'，则 $C_i(x',y')$ 可从集合 $\boldsymbol{C}(p)$ 中移除，面片 p 和面片 p' 的相邻关系定义如下：

$$|\boldsymbol{c}(p) - \boldsymbol{c}(p') \cdot \boldsymbol{n}(p)| + |c(p) - c(p') \cdot n(p')| < 2\rho_1$$

式中：ρ_1 为参考图像 $R(p)$ 上 β_1 个深度像素的位移时 $\boldsymbol{c}(p)$ 和 $\boldsymbol{c}(p')$ 的距离。

其次，即使没有面片被重建，如果从相应相机的深度是不连续，对于图像块的扩张过程是非必要的，如图 6.11 所示。

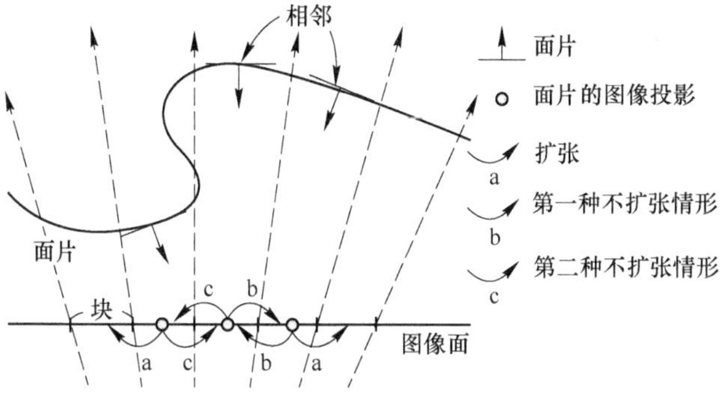

图 6.11　扩张图像块识别

由于在实际操作中，很难在精确重建表面之前判断深度的不连续性，可简单依据深度不连续性：假设 $Q_i^*(x',y')$ 是非空的，若 $C_i(x',y')$ 已经包含灰度一致性面片，即对于 $\boldsymbol{I}_i$ 来说由于式(6.1)所定义的阈值 α，则判断扩张是非必需的。

2) 扩张过程

对于 $\boldsymbol{C}(p)$ 中的图像块 $C_i(x,y)$，下面的扩张过程将生成一个新的面片 p'：首先用 p 的相应变量初始化 p' 的 $\boldsymbol{n}(p')$、$R(p')$ 和 $V(p')$，对于 $\boldsymbol{c}(p')$ 的初始值为穿过 $C_i(x,y)$ 的可视光线与面片 p 所在平面的交点。利用式(6.1)，可由 $V(p)$ 得到 $V^*(p')$，再由上面的优化方法对 $\boldsymbol{c}(p')$ 和 $\boldsymbol{n}(p')$ 进行优化。在优化的过程中，将 $\boldsymbol{c}(p')$ 约束在一条直线上，使 p' 在图像 $\boldsymbol{I}_i$ 上的位置不会改变，始终对应的是 $C_i(x,y)$。在优化完成后，给 $V(p')$ 加上一组图像，这些图像块根据深度测试判断为 p' 对其应该是可见的，并更新 $V^*(p')$。将深度图测试获得的可视图像添加到 $V(p')$ 中而不是整个集合中是非常重要的，因为一些匹配信息可能是错误的。根据这个更新准则，重建面片的可见信息在彼此之间将是不同的，这将在接下来的滤波步骤中用到，以剔除错误的面片。最终，如果 $|V^*(p')| \geq \gamma$，

则判定面片重建成功，同时对其可见图像更新 $Q_i(x,y)$ 和 $Q_i^*(x,y)$ 。注意，在初始特征匹配阶段，分别在优化的前后设置 α 为 0.6 和 0.3，但是可在每次扩张或过滤迭代之后设其为 0.2，以处理均匀或弱纹理区域带来的困难。面片生成的算法的整体流程如下：

```
输入：特征匹配阶段的面片集 P
输出：重建面片的扩张集
while P 非空
从 P 中挑选并移除一个面片 p ；
  for 对每个包含 p 的图像块 C_i(x,y) ；
      for 收集用于扩张的图像块的集合 C ；
      对于 C 中的每个图像块 C_i(x',y')
      //创建一个新的候选面片 p'
      n(p') ← n(p) , R(p') ← R(p) , V(p') ← V*(p') ;
      更新 V*(p') ;//式(6.1)
      优化 c(p') 和 n(p') ;
      添加可视图像(深度图测试)到 V(p') 中;
      更新 V*(p') ;//式(6.1)
      If |V*(p')| < γ
      重复 for 循环;
      将 p' 加入 P ;
      将 p' 加入相应的 Q_j(x,y) 和 Q_j*(x,y) 中
```

注意，当局部信息可见时，在特征匹配和扩张阶段忽略图像中背景区域的图像块，即背景部分无面片被重建。边界信息也不会在面片滤波中使用。

3.面片过滤

在面片的重建过程中，可能会生成一些误差较大的面片，因此需要过滤掉以确保面片的准确性。下面使用 3 个滤波器来移除错误的面片。第一个过滤器是通过可视一致性进行过滤，令 $U(p)$ 表示与当前可视信息不一致的面片 p' 集合，即 p 和 p' 两个面片不属于近邻关系，但是却存在于同一个分块中，而 p 是可见的，如图 6.12 所示。

对于 $U(p)$ 中的面片 p ，如果满足下列条件，则将其过滤掉：

$$|V^*(p)|(1-g^*(p)) < \sum_{p_i \in U(p)} 1-g^*(p_i)$$

直观来讲，如果 p 是一个异常值，那么 $1-g^*(p)$ 和 $V^*(p)$ 都会比较小，这样的 p 一般都会被过滤掉。第二个过滤器同样也是考虑可视一致性，不过更加严格：对于每个面片 p ，计算 $V^*(p)$ 中通过深度测试得到的可视图像的总数，如

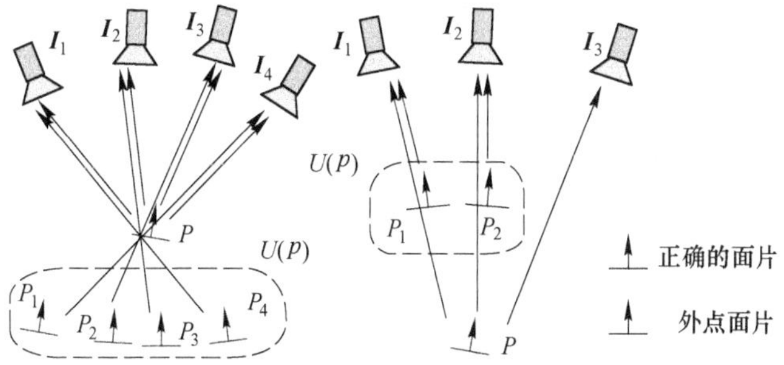

图 6.12　面片过滤示意图

果数目小于 γ，则认为 p 是异常值，从而将其过滤掉。第三个过滤器是一种弱正则化形式：对于每个面片 p，搜集 $V(p)$ 所有图像中位于 p 所在图像块以及近邻图像块中的面片，若其数量小于 8 个邻域内所有面片数量的 1/4，则将面片 p 作为异常面片剔除。

PMVS 算法最大的不足是具有较高的空间复杂度，它对计算机内存的依赖性较大，同时高度的时间复杂度也是制约其应用到大数据三维重建的关键。PMVS 算法在核心贴片重建步骤中缺乏强正则化，这有助于恢复诸如深凹处的复杂结构，但是对于弱纹理表面或稀疏的输入图像，可能导致图像信息不可靠。由于缺乏正则化，仅能在具有可靠的纹理信息的地方重建三维点，并且填充孔洞的后处理是必要的，以获得完整的网格模型。此外，PMVS 算法在窄基线情况下，在深度估计上有不确定性。而 CMVS 聚类算法，可将大场景三维重建分割成一系列重建子类，分别使用 PMVS 算法进行重建，这种分类重建的思路可在一定程度上解决大数据三维重建的内存问题。CMVS 滤波算法可处理质量变化，并在整个重建中强制执行群集间的一致性约束。

第 7 章　表面重建方法研究

表面重建是三维重建中的重要环节,一直是图形图像领域中的研究热点。基于隐函数的重建方法通过点云数据集中的采样点提供的位置信息和向量信息来构造隐式函数,随后提取隐式函数的等值面来获取相应的表面模型,包括有向距离函数[150]、径向基函数[151]、移动最小二乘[152]和指示函数[153]等。

本章选用的泊松表面重建方法无论在还原信息的精确度和完整性上较以前的方法都有很大的进步。首先,介绍了基于泊松方程的三维表面重建技术,包括对具有法向量信息的输入点云信息的预处理、对全局问题离散化、对离散化后的子数据求解、求解泊松问题后的等值面提取,以及后期优化处理等。其次,引入了点集约束和梯度的约束信息,从而将泊松问题转化成筛选泊松问题,将等值面提取的输入方程由原始的泊松方程转化为筛选泊松方程,在此基础上,为了防止筛选因子经过尺度变换造成信息错误,加入了相关条件约束,整个算法的实现与尺度变化无关。最后,介绍了网格空洞修复技术和网格简化技术。

7.1　泊松表面重建

泊松表面重建算法属于隐函数方法,该算法将有向点集的表面重建转化为一个空间泊松问题。这种基于泊松公式化表达的方法同时考虑了所有的点,而不借助启发式的空间分割或合并,于是对数据的噪声有很大的抵抗性。与径向基函数不同,该方法允许对局部基函数划分层次结构,从而使问题的解缩减为一个良态的稀疏线性系统[154]。

算法的核心思想是,在模型表面采样的有向点集和模型的指示函数之间有一个内在关系。特别地,指示函数的梯度是一个几乎在任何地方都为零的向量场(由于指示函数在几乎任何地方都是恒定不变的),除了模型表面附近的点,在这些地方指示函数的梯度等于模型表面的内法线。因此,有向点样本可视为模型的指示函数梯度的样本,如图 7.1 所示。

设输入是点云数据集为 $\boldsymbol{Q}$,$\boldsymbol{Q}$ 中的每个样本点 $\boldsymbol{q}_i$ 都有法向量信息,记为 $\bar{\boldsymbol{n}}_i$,所有样本点的法向量构成了向量场,记为 $\boldsymbol{V}$, 泊松表面重建算法的基本思想就

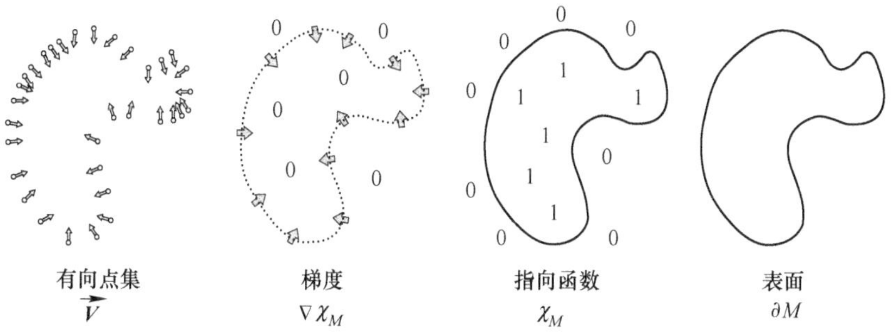

图 7.1　泊松表面重建二维示例

是求得隐式指标函数χ，使χ对应的梯度场尽可能逼近点云数据集中的样本点的法向量构建的向量场$\boldsymbol{V}$，即$\min_{\chi} \| \nabla\chi - \vec{\boldsymbol{V}} \|$，应用拉普拉斯算子则该问题等价于求解泊松方程：

$$\Delta\chi \equiv \nabla \cdot \nabla\chi = \nabla \cdot \vec{\boldsymbol{V}}$$

基于泊松方程的表面重建方法融合了全局拟合表面重建方法和局部拟合表面重建方法的优点，它并没有使用启发式的空间分割或者混合，而是全局性地一次考虑所有点集的数据，因此对数据噪点有更好的弹性处理，不同于径向基函数法，泊松方法允许的层次结构支持局部的基函数，因此这种解决方案比较支持稀疏线性系统的情况。在此基础上，描述了一种多尺度的空间自适应算法，支持自适应的离散化操作，其时间和空间复杂度同重建模型的大小成正比。

整个基于泊松方程的表面重建算法就是围绕估计模型的表面指示函数以及提取对应等值面的过程而进行的，从而将输入点集数据信息生成为一个相互之间无缝隙的三角面片组合而成的表面信息模型。

整个基于泊松方程的三维表面重建算法的流程如图 7.2 所示[155]。

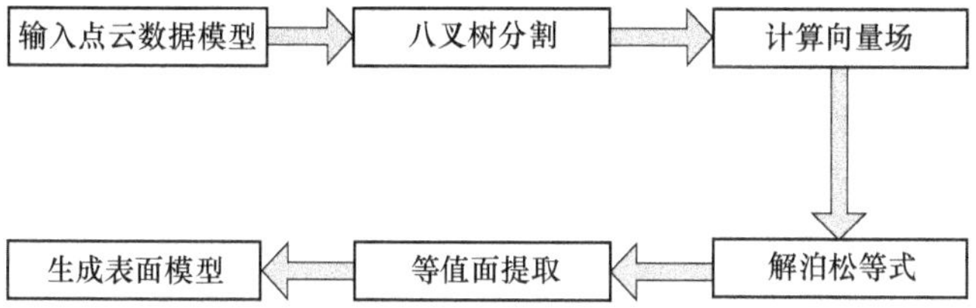

图 7.2　基于泊松方程的三维表面重建算法的流程

7.1.1　基本概念

下面介绍一些在泊松重建中用到的定义和定理。

设输入数据 S 是采样点 $s \in S$ 的集合，每个样本包含一个点 $s.p$ 和一个向内的法向量 $s.\boldsymbol{N}$，假设点集在未知模型 M 的表面 ∂M 上或其附近，通过估计模型的指示函数得到模型的近似表示，然后提取等值面，最后对表面重建一个无缝的三角逼近。问题的关键就是根据样本精确地计算出指示函数。下面，首先推导了指示函数的梯度和曲面法线场的积分之间的一个关系；其次通过对给定有向点样本求和来近似计算这个曲面积分。最后通过将这个梯度场作为一个泊松问题重建了指示函数。

定义 7.1 由于指示函数是分段常量函数，对梯度域的直接显计算会导致向量场在表面边缘的值为无穷大。为了避免这种情况，首先用平滑滤波器与指示函数卷积，然后考虑被平滑函数的梯度场。

下面的引理给出了平滑指示函数的梯度和曲面法向场之间的关系。

引理 7.1 给定一个表面估计为 ∂M 的实体 M，设 χ_M 是 M 的指示函数，$\boldsymbol{N}_{\partial M}(p)$ 是点 $p \in \partial M$ 处的内向表面法向量，$\widetilde{F}(q)$ 为平滑滤波器，$\widetilde{F}_p(q) = \widetilde{F}(q-p)$ 表示对点 p 的变换，平滑后指示函数的梯度域等于平滑后的表面法向量域：

$$\nabla(\chi_M * \widetilde{F})(q_0) = \int_{\partial M} \widetilde{F}_p(q_0) \boldsymbol{N}_{\partial M}(p) \mathrm{d}p \tag{7.1}$$

(1) 梯度域估计。如果不知道表面几何信息，就无法估计表面积分。但是输入的有向点集提供了足够多的信息来估计表面积分。特别地，用点集 S 将 ∂M 分割成独立的面片集 $\mathcal{P}_s \subset \partial M$，然后通过采样点集 $s.p$ 的位置来估算面片 $\mathcal{P}_s$ 上的积分，采样点集由 $\mathcal{P}_s$ 的区域决定，即

$$\nabla(\chi_M * \widetilde{F})(q) = \sum_{s \in S} \int_{\mathcal{P}_s} \widetilde{F}_p(q) \boldsymbol{N}_{\partial M}(p) \mathrm{d}p \approx \sum_{s \in S} |\mathcal{P}_s| \widetilde{F}_{s.p}(q) s.\boldsymbol{N} \equiv \boldsymbol{V}(q) \tag{7.2}$$

尽管式(7.1)对任何平滑滤波器 $\widetilde{F}$ 都适用，但实际上，必须谨慎选择。本书中希望滤波器能满足两个条件：一是其带宽必须足够窄，以免对数据过度平滑；二是其带宽必须足够宽，以保证采样点集的位置 $s.p$ 能够很好地估算面片 $\mathcal{P}_s$ 上的积分。为了均衡这两种要求，文中选择高斯滤波器。

(2) 泊松问题的求解。构造一个向量域 $\boldsymbol{V}$，希望求出 $\widetilde{\chi}$ 满足 $\nabla\chi = \boldsymbol{V}$。然而，一般情况下，$\boldsymbol{V}$ 是不可积分的，所以不能精确地求解。为了得到最小二乘估计，应用散度算子组成泊松方程：

$$\nabla\widetilde{\chi} = \nabla \cdot \boldsymbol{V}。$$

下一节将更详细地描述泊松表面重建算法的各个步骤的具体实现过程。

7.1.2 算法实现

首先假定泊松算法是基于点云数据在物品表面均匀分布的，选择一个函数

空间，其分辨率是变化的，在物品周围比较高，而在离物品很远的位置就比较低。向量场 V 是函数空间中的各个函数的集合，通过求解泊松方程，选择合适的等值进行等值面提取，就可以得到重建后的曲面。最后把泊松算法进行延伸，让它也能应用到不平均排布的点云数据上[49]。

1. 问题离散化

首先，需要选择一个函数空间将问题离散化，最直接的方法就是采用三维网格[156]，但是这种方法对细节重建并不适用，因为，当表面三角面片的数目呈二次增长时，空间维数将呈三次增长。

幸运的是，在重建过程中只有表面及其附近才需要用隐式函数精确表示，因此，使用自适应八叉树来表示隐式方程，进行泊松求解是可行的[157-158]。用采样点集的位置定义八叉树$\mathcal{O}$，对 $o \in \mathcal{O}$中的每个节点口关联一个函数 F_o，选择的树和函数必须满足以下条件：

（1）向量场 $\boldsymbol{V}$ 可以被精确有效地表示为对 F_o 的线性求和；

（2）按照 F_o 能够有效求解的方式表示泊松方程的矩阵；

（3）在模型表面附近精确有效地估计 F_o，并将其和作为指示函数。

（1）定义空间函数。给定一个样本点集 S 和最大树深 D，定义八叉树$\mathcal{O}$为每个样本点都落在深度为 D 的叶子节点上的最小八叉树。

接下来，定义一个函数空间为可进行距离平移和尺度缩放、单位积分的基函数 $F:\mathbb{R}^3 \to \mathbb{R}$。对每个节点 $o \in \mathcal{O}$，设 F_o 为单位积分的“节点函数”，它以节点 o 中心，以 o 的大小展开：

$$F_o(q) \equiv F\left(\frac{1 - o.c}{o.w}\right)\frac{1}{(o.w)^3}$$

式中：$o.c$ 和 $o.w$ 分别为节点 o 的中心和宽度。

这个函数空间 $\mathcal{F}_{\mathcal{O},F} = \mathrm{Span}\{F_o\}$ 有一个多尺度的结构，同传统的小波表示类似。细节点与高频函数相关，并且越接近模型表面，函数表示就越精确。

（2）基函数的选择。在选择基函数 F 时，目标是选择一个函数使定义在式(7.2)中的向量场 $\boldsymbol{V}$ 可以精确有效地表示为节点函数 $\{F_o\}$ 的线性求和。

如果用包含样本点的叶子节点的中心来代替样本点的位置，那么向量场 $\boldsymbol{V}$ 能够有效地表示为 $\{F_o\}$ 的线性求和，通过设定：

$$F(q) = \widetilde{F}\left(\frac{q}{2^D}\right)$$

每个样本点都会定义一项（法线向量）保存与其叶子节点函数相对应的系数。由于采样间隔是 2^{-D}，并且所有的样本点都落在深度为 D 的叶子节点上，所以产生的误差不会太大（最多相当于采样宽度的一半）。在下一节，通过三次线性插值法进一步减小误差，以获得子节点的精度。

最后，由于最大树深 D 与采样宽度 2^{-D} 相关，平滑滤波器应该近似于高斯滤波器，方差应该近似于 2^{-D}。因此，F 应该近似为一个单位方差的高斯滤波器。

为了提高算法效率，用一个简化的函数来近似单位方差滤波器，这样通过式(7.1)计算的散度和拉普拉斯算子都是稀疏的，以及式(7.2)评价函数表达为 F_o 在某些点 q 处的线性和(只需对接近 q 的节点求和)。因此，设 F 为箱式滤波器的 n 阶卷积，而其结果在基函数 F 中：

$$F(x,y,z)=(B(x)B(y)B(z))^{*n},B(t)=\begin{cases}1, & |t|<0.5\\0, & \text{其他}\end{cases}$$

由上式可知，随着 n 的增大，F 更加逼近高斯滤波器，而且其支持范围变得更大；在实现过程中，采用 $n=3$ 的分段二次逼近。因此，函数 F 的作用域为 $[-1.5,1.5]^3$，并且对于八叉树的任意节点的基函数，在相同深度上最多有 $5^3-1=124$ 个其他节点的函数与之重叠。

2. 向量域定义

为了提高精度，应尽量避免把采样点的位置替换为它所对应的节点的中心，而用三线性插值对八个最邻近节点上的采样点进行分类。则指示函数梯度域的估计定义为：

$$\boldsymbol{V}(q)=\sum_{s\in S}\sum_{o\in \mathrm{Ngbr}_D(s)}\alpha_{o,s}F_o(q)s.\boldsymbol{N} \tag{7.3}$$

式中：$\mathrm{Ngbr}_D(s)$ 是 8 个距离 $s.p$ 最近的深度为 D 的节点；$\alpha_{o,s}$ 为三线性插值的权值。因为采样点是均匀的，所以可以认为面片 $\mathcal{P}_s$ 的大小是个常量，$\boldsymbol{V}$ 是对平滑后的指示函数梯度很好的估计。

3. 求解泊松问题

定义了向量场 $\vec{\boldsymbol{V}}$ 之后，希望求解函数 $\widetilde{\chi}\in\mathcal{F}_{\mathcal{O},F}$ 使 $\widetilde{\chi}$ 的梯度最接近 $\boldsymbol{V}$，即泊松方程 $\nabla\chi=\nabla\cdot\boldsymbol{V}$ 的一个解。

求解 $\widetilde{\chi}$ 的一个问题是，虽然 $\widetilde{\chi}$ 和 $\boldsymbol{V}$ 的坐标函数都在空间 $\mathcal{F}_{\mathcal{O},F}$ 中，但是函数 $\Delta\widetilde{\chi}$ 和 $\nabla\cdot\boldsymbol{V}$ 却不一定在该空间中。

为了处理这个问题，需要求解函数 $\widetilde{\chi}$，使 $\Delta\widetilde{\chi}$ 在空间 $\mathcal{F}_{\mathcal{O},F}$ 上的投影最接近于 $\nabla\cdot\boldsymbol{V}$ 的投影。通常，函数 F_o 不能形成正交基，直接解决这个问题代价较大。然而，可以通过求解函数 $\widetilde{\chi}$ 的最小化来简化问题：

$$\sum_{o\in\mathcal{O}}\|\langle\Delta\widetilde{\chi}-\nabla\cdot\boldsymbol{V},F_o\rangle\|^2=\sum_{o\in\mathcal{O}}\|\langle\Delta\widetilde{\chi},F_o\rangle-\langle\nabla\cdot\boldsymbol{V},F_o\rangle\|^2$$

这样，当给定 $|\mathcal{O}|$ 维向量 $\boldsymbol{v}$，它的第 o 个坐标为 $v_o=\langle\nabla\cdot\boldsymbol{V},F_o\rangle$，目标是求解 $\widetilde{\chi}$ 使 $\widetilde{\chi}$ 的拉普拉斯算子投影到每个 F_o 得到的向量尽可能接近 $\boldsymbol{v}$。

为了在矩阵形式中表达上述关系，令$\widetilde{\mathcal{X}} = \sum_{o} x_o F_o$，以便求解向量$\boldsymbol{x} \in \mathbb{R}^{|\mathcal{O}|}$。然后，定义$|\mathcal{O}| \times |\mathcal{O}|$的矩阵$\boldsymbol{L}$使得$\boldsymbol{L}_x$返回每个$F_o$和拉普拉斯算子的数量积。具体地说，对所有的$o, o' \in \mathcal{O}$，$\boldsymbol{L}$在$(o, o')$处的元素设为

$$\boldsymbol{L}_{o,o'} \equiv \left\langle \frac{\partial^2 F_o}{\partial x^2}, F_{o'} \right\rangle + \left\langle \frac{\partial^2 F_o}{\partial y^2}, F_{o'} \right\rangle + \left\langle \frac{\partial^2 F_o}{\partial z^2}, F_{o'} \right\rangle$$

因此求解$\widetilde{\mathcal{X}}$等价于求解

$$\min_{x \in \mathbb{F}} \| \boldsymbol{L}_x - \boldsymbol{v} \|^2$$

注意，矩阵$\boldsymbol{L}$是稀疏且对称的。稀疏是因为F_o经过简化，对称是因为$\int f''g = -\int f'g'$。此外，在空间$\mathcal{F}_{\mathcal{O},F}$上有一个固有的多尺度结构，所以使用一种类似多网格的方法，算出$\boldsymbol{L}$对深度为d的函数相应的空间约束$\boldsymbol{L}_d$(使用共扼梯度算子)，并且把固定深度的解投影到$\mathcal{F}_{\mathcal{O},F}$，以便更新剩余的解。

解决内存问题。实际上，随着深度的增加，矩阵$\boldsymbol{L}_d$变大，把它存储在内存中可能不现实。虽然$\boldsymbol{L}_d$每列的元素个数限定为常数，但是常数值也可能很大。例如，即使使用分段二次基函数F，最终每列也有125个非零项，这将会需要125倍的八叉树的内存空间。

为了解决这个问题，使用分块Gauss-Seidel算子。也就是说，把第d层的三维空间分解为重叠的区域，然后在不同的区域中解$\boldsymbol{L}_d$约束，把局部解投影回d维空间并更新剩余解。将选择区域的个数作为深度为d的函数，确保算子矩阵大小不会超过设定的内存阈值。

4. 等值面提取

为获得重建表面$\partial\widetilde{M}$，首先需要选择一个等值，然后通过计算指示函数提取对应的等值面。

选择等值使提取的等值面近似逼近输入的样本点的位置。方案是首先通过在样本点的位置估计$\widetilde{\mathcal{X}}$，然后使用平均值来提取等值面：

$$\partial\widetilde{M} \equiv \{ q \in \mathbb{R}^3 \mid \widetilde{\mathcal{X}}(q) = \gamma \}, \gamma = \frac{1}{|S|} \sum_{s \in S} \widetilde{\mathcal{X}}(\mathrm{s.p})$$

被选择的等值应具有$\widetilde{\mathcal{X}}$尺度不变等值面的属性。这样，已知相差一个尺度的向量场$\boldsymbol{V}$，可提供重建模型表面所需的所有信息。

为了从指示函数中提取等值面，采用自适应Marching Cubes算法[159]来表示八叉树[160-162]。然而，由于本章得到的八叉树不够理想，因此对重建方法进行了一定的修改：根据与边邻近的最优层的节点计算的零交叉值，来定义边的零交叉点的位置。当叶子节点的一个边有多个零交叉与之相连时，对该节点进行

再分。当粗节点和精节点共面时,通过将精节点所在平面的等值线段投影到粗节点所在平面来避免产生裂缝。

5. 非均匀样本

接下来,将上述方法扩展到样本点非均匀分布的情况。如文献[163]所述,上述方法是通过估计局部采样密度,来衡量每个点相应的贡献率。但不是简单地调整与每个点对应的固定宽度的内核的权重,而是同时也改变了内核的宽度。这使重建时在密集采样区保持了清晰的特征,而在稀疏采样区提供了平滑的拟合。

(1) 估计局部采样密度。参照文献[163],本章采用内核密度估计量(kernel density estimator)实现对密度的计算[164]。该方法首先将样本分散到三维网格中,再把分散函数与平滑滤波器卷积,最后对每个样本点处的卷积估计进行评价得到样本的相邻的点数。

采用与式(7.3)类似的方式实现分散函数与平滑滤波器的卷积。给定一个深度 $\hat{D} \leqslant D$,设密度估计量为深度为 D 处的节点函数的和:

$$W_{\hat{D}}(q) \equiv \sum_{s \in S} \sum_{o \in \mathrm{Ngbr}_{\hat{D}}(s)} \alpha_{o,s} F_o(q)$$

由于八叉树在越低分辨率处的节点与越宽的近似高斯函数相对应,参数 $\hat{D}$ 附加地指定了密度估计的位置,$\hat{D}$ 的值越小则可以估计出越大区域的采样密度。

(2) 计算向量场。用密度估计量,修改式(7.3)中的求和方式,使每个样本的贡献率正比于其在表面上对应的面积。因为面积与采样密度成反比,所以

$$\boldsymbol{V}(q) \equiv \sum_{s \in S} \frac{1}{W_{\hat{D}}(\mathrm{s.p})} \sum_{o \in \mathrm{Ngbr}_D(s)} \alpha_{o,s} F_o(q)$$

然而,仅仅调整样本贡献的权重使稀疏采样区的噪声滤波效果较差。需要调整平滑滤波器 $\tilde{F}$ 的宽度以适应局部采样密度。调整滤波器宽度不但可以保留密集采样区域的细节,而且可以平滑稀疏采样区的噪声。

因为深度越小的节点函数与越宽的平滑滤波器相对应,因此:

$$\boldsymbol{V}(q) \equiv \sum_{s \in S} \frac{1}{W_{\hat{D}}(\mathrm{s.p})} \sum_{o \in \mathrm{Ngbr}_{\mathrm{Depth(s.p)}}(s)} \alpha_{o,s} F_o(q)$$

其中,Depth(s. p)表示采样点 $s \in S$ 的深度。它通过计算所有样本的平均采样密度 W 来计算:

$$\mathrm{Depth}(\mathrm{s.p}) \equiv \min[D, D + \log_4(W_{\hat{D}}(\mathrm{s.p})/W]$$

所以平滑滤波器的宽度和 s 对 $\boldsymbol{V}$ 的贡献率正比于与其相关的面片 $\mathcal{P}_s$ 的半径。

(3) 选择等值。最后,通过选择等值,即 $\tilde{\chi}$ 在样本位置的值的加权平均,修改表面提取步骤:

$$\partial\widetilde{M} \equiv \{q \in \mathbb{R}^3 \mid \widetilde{\mathcal{X}}(q) = \gamma\}, \gamma = \frac{\sum \frac{1}{W_{\hat{D}}(\mathrm{s.p})}\widetilde{\mathcal{X}}(\mathrm{s.p})}{\sum \frac{1}{W_{\hat{D}}(\mathrm{s.p})}}$$

7.2 筛选泊松表面重建

受到 Calakli 和 Taubin 近期重建技术的启发[165],Kazhdan 和 Hoppe[88]改进了泊松重构算法以纳入位置约束,使用数据精确度来“筛选”相关的泊松方程。这个筛选项对应于一个软约束,鼓励通过输入点重建的等值面。该方法在不同域类定义了位置和梯度约束,在整个三维空间上限制了梯度,位置约束仅在靠近二维的输入点上引入。并且修改了八叉树结构和多网格实现,以减少在输入点数量上将泊松系统从对数线性到线性求解的时间复杂度。此外,利用显示分层点聚类使筛选泊松重建能够达到相同的线性复杂度。

基于泊松方程的表面重建算法根据一系列输入点的序列集可以生成一个水密的表面,但该算法矫正指示函数时使用的是全局性偏移,即输入采样点的集合可能会有噪声干扰,会包含一些完全不属于模型表面结构的远离点,且离散化求解的方法只是一种近似解,采样点的密度来源于八叉树的构成。因此,算法无法找到一个合适的全局偏移量,使其函数值在所有点的平均值为 0,因此本节需要寻找一种显性的插值方法对点集进行插值运算。

7.2.1 约束点限制

泊松表面重构算法使用单个全局偏移调整隐含函数,使其在所有点处的平均值为 0。然而,错误的存在可能导致隐式函数漂移,因此没有全局偏移是令人满意的。

给定带权重 $w:\mathcal{P}\rightarrow\mathbb{R}\geqslant 0$ 的输入点集$\mathcal{P}$,可有:

$$E(\mathcal{X}) = \int \| V(p) - \nabla\mathcal{X}(p) \|^2 \mathrm{d}p + \frac{\alpha \cdot \mathrm{Area}(\mathcal{P})}{\sum_{p\in\mathcal{P}} w(p)} \sum_{p\in\mathcal{P}} w(p)\mathcal{X}^2(p) \quad (7.4)$$

式中:α 为用来权衡所拟合梯度和拟合值的重要与否的一个权值;$\mathrm{Area}(\mathcal{P})$ 为所重建表面的区域,这个区域是根据局部采样密度的计算来估计得到的,在具体实现时,将每个采样点的权重设为 $w(p)=1$,当然,如果存在可用的有效值,也可采用其可信的有效值。

式(7.4)可以被简化为

$$E(\mathcal{X}) = \langle \boldsymbol{V} - \nabla\mathcal{X}, \boldsymbol{V} - \nabla\mathcal{X} \rangle_{[0,1]^3} + \alpha \langle \mathcal{X}, \mathcal{X} \rangle_{(w,\mathcal{P})} \tag{7.5}$$

式中：$\langle \cdot, \cdot \rangle_{(w,\mathcal{P})}$ 为在单位立方体体素中的函数空间上的形式，具备双线性、对称性、非负以及半定性特性，是根据函数值的加权和而得到的：

$$\langle F, G \rangle_{(w,P)} = \frac{\text{Area}(\mathcal{P})}{\sum_{p \in \mathcal{P}} w(p)} \sum_{p \in \mathcal{P}} w(p) \cdot F(p) \cdot G(p)$$

1. 筛选泊松方程概念

在式(7.5)中的能量将在空间域上积分的梯度约束与在离散点处求和的值约束相结合。最小化问题可以解释为具有适当定义的运算符 $\widetilde{I}$ 的筛选泊松方程 $(\Delta - \alpha \widetilde{I})\mathcal{X} = \nabla \cdot \boldsymbol{V}$。

2. 离散化

同泊松表面重建一样，本节需要对整个全局性的问题进行离散化处理，指示函数 $\mathcal{X}$ 的系数，可以看作一组基 $\{B_1, B_2, \cdots, B_N\}$，这组基可以通过求解线性系统方程 $\boldsymbol{A}x = b$ 的方式得到，b 是不变的，这是因为这些采样点的约束值为 0。矩阵 $\boldsymbol{A}$ 包括点约束的形式为

$$\boldsymbol{A}_{ij} = \langle \nabla B_i, \nabla B_j \rangle_{[0,1]^3} + \alpha \langle B_i, B_j \rangle_{(w,\mathcal{P})} \tag{7.6}$$

需要注意的是，点约束的插值并不影响稀疏矩阵 $\boldsymbol{A}$，这是因为 $B_i(p) \cdot B_j(p)$ 只有在两个方程重复时才会有非零值，而这种情况泊松方程已经在矩阵中引入了非零项。

本节依旧引入多重网格的方法，根据八叉树的深度从粗糙节点向精细的节点进行迭代处理，一点一点地调整约束变量，并且求解整个系统。类似地，对于求解深度 d' 而约束在 d 层的矩阵如下所示：

$$\boldsymbol{A}_{ij}^{dd'} = \langle \nabla B_i^d, \nabla B_j^{d'} \rangle_{[0,1]^3} + \alpha \langle B_i^d, B_j^{d'} \rangle_{(w,\mathcal{P})}$$

该运算符不仅通过去除在较粗分辨率下满足的泊松约束，而且通过在较粗的解决方案不评估为 0 的点处修改约束值来调整约束条件 b^d。

3. 尺度无关的屏蔽

为了平衡式(7.4)的两个能级项，可以采取的方法是修正屏蔽参数 α，首先这是因为重建表面的形状不会因为在算式空间域的输入点的尺度变化而发生改变，其次是因为在粗糙层级深度的算式的演化是一种精确的估计，而这种算式的估计建立在多重网格方法中较精细的层级深度上，本节通过调整位置的相关权重和跨越不同八叉树深度层级的梯度约束来达到这个目的，需要注意的是，梯度约束的尺度与分辨率是无关的，本文为每个深度的插值约束的权重求得其双倍值：

$$\boldsymbol{A}_{ij}^{dd'} = \langle \nabla B_i^d, \nabla B_j^{d'} \rangle_{[0,1]^3} + 2^d \langle B_i^d, B_j^{d'} \rangle_{(w,\mathcal{P})}$$

自适应权重 2^d 是为了保证拉普拉斯算子和在表面的筛选约束之间的平衡,假设输入点集在局部上是平坦光滑的,考虑到这个系统矩阵的列相当于八叉树节点所重叠的点,整个系统的列中的那些系数是拉普拉斯算子和筛选条件的求和,如果对应八叉树的子节点的列同表面进行重叠,本书将拉普拉斯算子的尺度变换为原始值乘以因子的 1/2,同时将筛选条件的尺度变换为原始值乘以因子的 1/4。这样,对于每个分辨率下的屏蔽权重通过使用两个因子来保持两种条件之间的平衡。

未屏蔽的泊松解算器提供了指标函数的良好近似值,表面内部(或外部)的值约为 1/2(或-1/2)。然而,将相同的求解器应用于筛选的泊松方程提供了一个解决方案,只有与尺度无关的筛选,才能获得对筛选的泊松方程的高质量解。

尺度独立性。使用这种分辨率自适应的权重,求解深度层级 D 重建问题就等同于将深度层级的点集尺度变换为之前的 1/2 的求解结果。

这里本节使用 $E_{\boldsymbol{V}}(\mathcal{X})$ 代表添加了衡量同所描述的向量域相匹配的分辨率的梯度信息的值,使用 $E_{(w,\mathcal{P})}(\mathcal{X})$ 代表加入了屏蔽约束信息的值,如下所示:

$$E_{\boldsymbol{V}}(\mathcal{X}) = \int \| \boldsymbol{V}(p) - \nabla\mathcal{X}(p) \|^2 \mathrm{d}p$$

$$E_{(w,\mathcal{P})}(\mathcal{X}) = \frac{\alpha \cdot \mathrm{Area}(\mathcal{P})}{\sum_{p \in \mathcal{P}} w(p)} \sum_{p \in \mathcal{P}} w(p)\mathcal{X}^2(p)$$

尺度变换为之前的 1/2,得到位置信息变为之前 1/2 的新的点集 $(\widetilde{w},\widetilde{\mathcal{P}})$,不变的权重 $\widetilde{w}(p) = 2(2p)$,以及尺度变换后的区域 $\mathrm{Area}(\widetilde{\mathcal{P}}) = \mathrm{Area}(\mathcal{P})/4$;还有新的尺度函数域 $\widetilde{\mathcal{X}}(p) = \mathcal{X}(2p)$;新的向量域 $\widetilde{\boldsymbol{V}} = 2\boldsymbol{V}(2p)$,因此计算可得

$$E_{\widetilde{\boldsymbol{V}}}(\widetilde{\mathcal{X}}) = \frac{1}{2}E_{\boldsymbol{V}}(\mathcal{X}), E_{(\widetilde{w},\widetilde{\mathcal{P}})}(\widetilde{\mathcal{X}}) = \frac{1}{4}E_{(w,\mathcal{P})}(\mathcal{X})$$

这样通过采用两种尺度变换因子,保证对屏蔽权重的尺度变换不会影响到最终的结果。

基于筛选泊松方程的三维表面重建算法流程如图 7.3 所示。

4. 边界条件

为定义线性系统,有必要定义沿着积分域的边界的函数空间的行为。在原始泊松重建中,强调了 Dirichlet 边界条件,迫使隐式函数沿着边界具有 1/2 的值。在本工作中,我们将实施范围扩大到支持 Neumann 边界条件,迫使正态分布沿边界为 0。

原则上,这两个边界条件对于水密表面是等效的,因为指标函数在模型外具有恒定的负值。然而,在存在缺失数据的情况下,发现 Neumann 约束的限制较少,因为它们只需隐式函数在整合域的边界上具有零导数,这是与引导向量场 $\boldsymbol{V}$

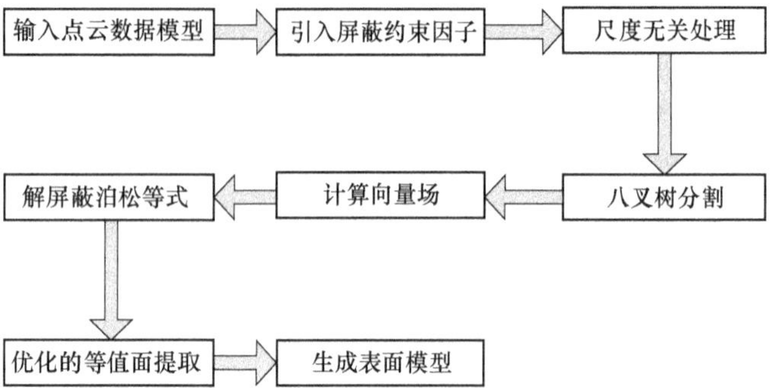

图 7.3 基于筛选泊松方程的三维表面重建算法流程

从样品设置为零。注意,当表面确实穿过域的边界时,Neumann 边界约束产生了正交横穿域边界的偏倚。

7.2.2 算法复杂性改进

在本节中,将讨论重建算法的有效性。首先分析上述算法的复杂性。然后,给出两个算法的改进;第一种描述了如何使用层次聚类来减少较粗分辨率下的筛选开销;第二种适用于未筛选和筛选的求解器实现。结果表明,在两种情况下,渐近时间复杂度可以减少为输入点数量的线性。

1. 基本求解器的效率

首先分析未筛选和筛选的求解器的计算复杂度。假设点集$\mathcal{P}$在表面上均匀分布,使自适应八叉树的深度为 $D = O(\log|\mathcal{P}|)$,深度为 d 的八叉树节点数为 $O(4^d)$ 。

还注意到,矩阵 $\boldsymbol{A}^{dd'}$ 中的非零项的数量是 $O(4^d)$,因为矩阵具有 $O(4^d)$ 行,并且每行最多有 5^3 个非零项(由于使用二阶 B 样条,其单环邻域支持基函数,只有当一个在另一个的双环邻域中时,两个函数的支持才会重叠)。

对于未筛选求解器,由于每项可连续算出, $\boldsymbol{A}^{dd'}$ 的计算复杂度是 $O(4^d)$ 。因此计算的总时间复杂度保持在 $O(|\mathcal{P}|\cdot\log|\mathcal{P}|)$ 。

对于筛选求解器,因为定义系数需要从每个点积累筛选贡献,并且每个点有助于恒定的行数, $\boldsymbol{A}^{dd'}$ 的计算复杂度为 $O(|\mathcal{P}|)$ 。 因此,总体时间复杂度主要是由 $\boldsymbol{A}^{dd'}$ 的系数进行评估,即

$$\sum_{d=0}^{D}\sum_{d'=0}^{d-1} O(|\mathcal{P}|) = O(|\mathcal{P}|\cdot D^2) = O(|\mathcal{P}|\cdot \log^2|\mathcal{P}|)$$

2. 点约束的层次聚类

第一个修改是基于如下：由于较粗分辨率的基函数是平滑的，所以不必在精确的样本位置约束它们。相反，对加权点进行分类，如文献[148]。特别地，对于每个深度 d，定义 $(w^d, \mathcal{P}^d)$，其中 $p_i \in \mathcal{P}^d$ 是在深度 d 处落入八叉节点 i 的点的加权平均位置，并且 $w^d(p_i)$ 是相关权重的和。如果所有输入点的权重 $w(p) = 1$，则 $w^d(p_i)$ 只是落入节点 i 的点数。

从而改变了系统矩阵系数的计算：

$$\boldsymbol{A}_{ij}^{dd'} = \langle \nabla B_j^d, \nabla B_j^{d'} \rangle_{[0,1]^3} + 2^d \alpha \langle B_i^d, B_j^{d'} \rangle_{(w^d, \mathcal{P}^d)}$$

注意，由于 $d > d'$，$\langle B_i^d, B_j^{d'} \rangle_{(w^d, \mathcal{P}^d)}$ 的值是通过对所有精细分辨率的点求和得到的。

特殊地，筛选求解器 $\boldsymbol{A}^{dd'}$ 的计算复杂度变为 $O(|\mathcal{P}^d|) = O(4^d)$，与未筛选求解器的相同，总体运行的时间复杂度为 $O(|\mathcal{P}| \cdot \log|\mathcal{P}|)$。

在典型的例子中，分层聚类将执行时间减少了近两倍，而且重建的表面在视觉上是无法区分的。

3. 八叉树确定

为了考虑八叉树的自适应性，泊松表面重建在给定深度放松之前减去在所有较粗分辨率下遇到的约束，导致具有对数线性时间复杂度的算法。通过强制八叉树来实现线性复杂度的实现。具体来说，如果相关 B 样条的支持重叠，定义两个八叉树细胞是相互可见的，要求如果深度为 d 的单元格在八叉树中，那么深度为 $d-1$ 的所有可见单元也必须在树中。使树符合要求需要在较粗深度添加新节点，但这仍然导致深度为 d 的 $O(4^d)$ 节点。

虽然确定八叉树不满足较粗的解可以拓展到一个简单的条件，但它具有在深度$\{0,1,\cdots,d-1\}$获得的解的性质；对于深度为 d 的可见节点，可以完全以深度 $d-1$ 的系数表示。使用累积向量来存储解的可见部分，得到线性时间算法。

这里，P_{d-1}^d 是 B 样条延长算子，以深度 d 的系数表示深度 $d-1$ 的解。P_{d-1}^d 中的非零项数为 $O(4^d)$，因为每列最多有 4^3 个非零项，所以此时算法具有的复杂度为 $O(4^d)$。因此，未筛选和筛选求解器的整体复杂度变为 $O(|\mathcal{P}|)$。

4. 实现细节

使用 OpenMP 可进行多线程并行化。利用共轭梯度求解器在每个多网格层面松弛系统。除了八叉树结构外，涉及泊松重建的大多数操作都可以归类为“累积”或“分发”信息的操作[166]。前者不引入 write-on-write，后者仅涉及线性运算，并且使用标准的 map-reduce 方法进行并行化：在映射阶段，为每个线程创建一个数据的副本，以将值分配到还原阶段，并且合并副本的和。

7.3 网格优化

本节主要对网格孔洞修复技术和网格简化技术进行介绍，以对经泊松表面重建后的网格模型进行进一步优化[79]。

7.3.1 网格孔洞修复技术

受光照、物体表面材料低反射率、遮挡以及局部噪声等因素的影响，图像中出现的弱纹理区域由于特征点提取和匹配的不足，可能会在表面重建后在模型的相应位置产生孔洞。这些孔洞不仅会影响模型正常的视觉效果，也会对模型的后续处理造成障碍。当对实物进行有限元分析时，孔洞的出现会导致分析不准确。因此有必要在应用前，对带有孔洞的三角网格进行数据的修复处理，以确保数据模型的完整性。

一般可将孔洞的类型分为封闭孔洞和非封闭孔洞。封闭孔洞可能出现在模型的任何位置；而非封闭孔洞主要出现在非封闭结构的三角网格模型边界附近。对于封闭结构的三角网格模型，如果一条边只属于一个三角片，则称其为边界边。如果封闭网格模型中没有孔洞，则该模型中的任意一条边都属于且仅属于两个三角面片。如果模型中出现边界边，则说明模型中可能存在孔洞。通过对边界边类型的判定，可识别出孔洞的类型。

对型孔洞的修复通常可以分为两个思路来进行：一是对网格模型进行修补得到完成的网格模型；二是在重建网格之前，针对散乱点云模型直接进行孔洞修复。本节主要介绍针对第一种修复方式。

孔洞的类型虽让有所差别，但基本的修复过程是类似的。首选针对多类型孔洞给出一个总体的修复算法，然后针对不同孔洞的细节给出具体的修复方案，多类型孔洞修复思路是：

(1) 孔洞检测，检测出三角网格模型上的孔洞多边形边界；

(2) 建立孔洞部位的局部曲面，采集约束点，利用插值函数建立孔洞部位的局部光滑曲面；

(3) 局部曲面采样，参照邻域顶点的拓扑结构对孔洞的局部曲面进行采样，并与边界顶点建立三角剖分；

(4) 孔洞区域的三角剖分及法向调整，检查新生成的三角片的形状、密度及与孔洞周围区域的三角片的一致性，并对其进行优化调整；

(5) 孔洞区域的特征增强，突出孔洞中的细节特征，实现孔洞修复。

特别地，对于非封闭孔洞，修复思路是：连接非封闭孔洞的断裂边界，将其转化为封闭孔洞进行修复。

7.3.2 网格简化技术

为达到视觉上的逼真效果，往往需要数以万计的三角片来描述三维几何模型的细节，但是复杂的模型对计算机的存储容量、处理速度、绘制速度、传输效率等都提出了很高的要求。然而在很多情况下，高分辨率的模型并非总是必要的，模型的准确度与其处理的时间也需要一个折中，因此必须用一个相对简单的模型代替原始模型，即对模型进行简化。网格模型简化是指在保持原模型几何形状不变的前提下，采用适当的算法减少该模型的面片数、边数和顶点数，这对几何模型的存储、传输、处理，特别是对实时绘制有着重要的意义。

可以将简化问题形式化表示为以下两种方式：

(1) 顶点最少原则：给定的原始网格模型包含 n 个顶点，简化生成只有 m 个顶点的尽可能近似表示原始模型的三维网格模型($m<n$)；

(2) 误差最小原则：给定的原始网格模型包含 n 个顶点，简化生成与原始模型误差小于 ε 且包含的顶点数目最少的三维网格模型。

在实际简化过程中，当要求生成的模型包含的顶点数给定时，采用方式(1)进行描述；当生成的模型与原始模型的误差给定时，采用方式(2)进行描述。网格模型简化的目的是通过简化算法生成尽可能地保持原始模型特征的近似简化模型，以满足普通情况下计算机处理速度和网络传输等需求。但在三维网格模型简化过程中，生成的简化模型与原始模型之间不可避免地存在误差，而对于误差的测度，一般采用视觉相似性测度和几何相似性测度。此外，还有点到平均平面的距离测度、尖特征度测度、曲率度量、二次误差测度等。

根据不同的简化策略或简化对象，三维网格模型简化算法有多种不同的分类[167]，这些分类难以囊括现有的简化算法，并且很多简化算法之间相互交叉。目前，网格简化的方法主要有以下几种：

(1) 顶点聚类方法：将网格分割成小块，每个小块的顶点聚合为一个新顶点。该方法简单高效，易于实现，但简化质量通常较差[168]。

(2) 区域合并方法：先将网格表面分成若干区域，然后将区域的边界简化成多边形，最后对多边形进行三角剖分，得到简化网格。该方法简化质量较高，但实现比较复杂[169]。

(3) 小波分解方法：利用小波分解理论将表面模型分解成一个基本形状加一系列顺序的表面细节。该方法得到的逼近模型质量较差，且无法完全重建[170]。

(4) 顶点抽取方法：利用迭代简化算法，每次删除一组顶点后，将留下的孔洞进行三角剖分。该方法易于实现，简化模型的质量也比较高，是目前常用的方法之一[171]。

(5) 迭代收缩方法：目前最为常用的一种方法，每次迭代将网格中的一对顶点合并成一个新的顶点。该方法易于实现，简化模型的质量很高，但有可能改变模型的拓扑结构[172]。

上述几种算法在一般数据量的三维模型上能够取得较好的简化效果，尤其是顶点聚类方法、顶点抽取方法和迭代收缩方法，应用十分广泛。

表面重建可表示为一个泊松问题，通过对指示函数的查找，使其成为一个有噪声的、非均匀观测的最佳近似点集，并且论证了这种方法能够稳健地将有噪声和孔洞的点云数据生成三角网格模型，对细节性有很好的处理效果。通过引入点和梯度的约束，来重建基于泊松方程的表面重建转化成基于屏蔽泊松方程的表面，在已有的基础上加入尺度独立的屏蔽操作，引入两种尺度变换因子保证对屏蔽的权重的尺度变换不会影响到整个系统的最终结果。最后，通过网格孔洞修复和网格简化实现对模型的优化。表面重建基本流程如图 7.4 所示。

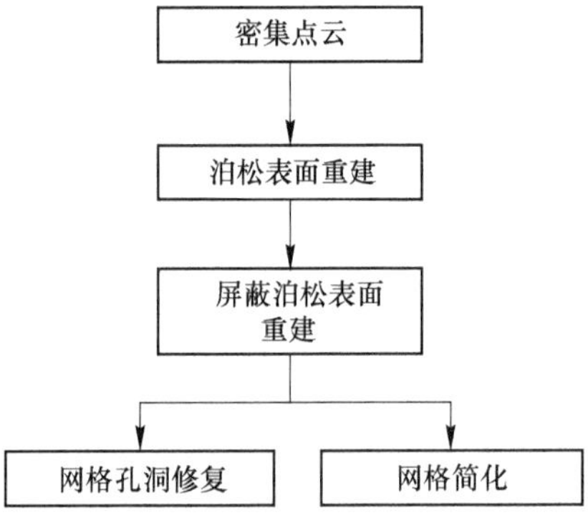

图 7.4　表面重建基本流程

第 8 章　纹理映射方法研究

纹理是物体表面的细小结构，通常有连续法和离散法两种定义方法。连续法把纹理定义为一个二元函数，函数的定义域就是纹理空间；离散法把纹理定义在一个二维数组中，代表纹理空间中行间隔、列间隔固定的一组网格点上的纹理值，这些网格点之间的其他纹理值可以通过网格点上的值插值求得[173]。通常可将纹理分为颜色纹理、几何纹理和过程纹理，定义如下。

(1) 颜色纹理[174-175]：最简单和最基本的应用是将一幅花纹图案映射到物体表面，采用与表面上点的位置有关的值（如参数曲面上一点的参数值）来确定纹理坐标并采样包含图案的纹理，采样值用定义该点的颜色。通过此类方法在图案和表面点之间建立的固定联系，不会因视线的改变而改变。在花纹或图案绘上后，表面仍光滑如故，这种纹理称为颜色纹理，形如在物体表面绘制了一些花纹图案。

(2) 几何纹理[176]：根据粗糙表面的光反射原理，通过一个扰动函数扰动物体表面法向量，使光滑表面得到调制，并在光线下呈现出凸凹不平的形状，这种纹理又称粗糙纹理（凸凹纹理）。几何纹理值不是表示颜色的 R、G、B 值，而是用于表示凸起的程度值。

(3) 过程纹理[177]：过程纹理属于三维纹理，就是将三维的纹理函数映射到三维物体上。也就是说，在物体的内部也会受到纹理的影响。用过程纹理模拟物体表面细节，能够在非常复杂的曲面上表现连续的纹理，且纹理效果不受物体表面形状的影响，可以很大程度地解决纹理走样问题。

纹理一般定义在单位正方形区域（$0 \leqslant u \leqslant 1, 0 \leqslant v \leqslant 1$）上，称为纹理空间。理论上，定义在此空间上的任何函数可以作为纹理函数，而实际上，往往采用一些特殊的函数，模拟中常见的纹理。对于纹理空间的定义方法有许多，下面是常用的几种[178]：

(1) 用参数曲面的参数域作为纹理空间（二维）；

(2) 用辅助平面、圆柱、球定义纹理空间（二维）；

(3) 用三维直角坐标作为纹理空间（三维）。

纹理映射就是将在纹理空间中 uv 平面上预先定义的二维纹理（图像、图形、函数等)、映射到景物空间的三维物体表面,再进一步映射到图像空间的二维图像平面上,一般将两个映射合并为一个映射。因此纹理映射本质上是从一个坐标系到另一个坐标系的变换。

8.1 纹理映射基本原理

8.1.1 三维纹理映射

为了把二维纹理图案映射到三维物体表面,必须建立物体空间坐标(x,y,z)与纹理空间坐标(u,v)之间的对应关系,再经过从景物空间到屏幕空间的变换,即可得到覆盖有纹理图案的计算机图形。

在建模时为每个顶点都定义纹理坐标,即每个像素的纹理坐标就是简单的(u,v)坐标,u和v的取值都在0和1之间。它指定了像素正要被映射到的纹理单元。对应纹理图像,左下角为(0,0),右上角为(1,1);可以设定顶点在图像空间上的纹理坐标(t_x,t_y),该像素就对应该(u,v)坐标的RGB颜色;一般一个四边形的纹理坐标为(0,0)(0,1)(1,0)(1,1)[179]。

根据纹理空间和屏幕空间之间的映射方式[180],纹理映射分为正向映射和反向映射。

(1) 正向映射是从纹理空间到屏幕空间方向的映射,即将在纹理空间中预先定义的二维纹理映射到屏幕的像素上。正向纹理映射也称纹理扫描方法,实际上是将纹理空间中定义的二维纹理函数,经映射函数映射到物体空间中的三维物体表面,再经投影变换,投影到图像空间。

(2) 反向映射也称屏幕顺序算法,指的是从屏幕空间到纹理空间的映射,即顺序地访问屏幕空间的每个像素,求出相应的坐标,并把求出的颜色结果赋值给像素。

8.1.2 坐标转换

由于实体模型是定义在模型空间坐标系,而三维模型最终要投影到影像坐标系,所以模型实体要经历一系列的坐标变换[181]。

为了精确地建立模型与纹理的对应关系,需要根据摄像机成像原理确定模型与纹理的关系。在二维纹理图像中,图像中每点的亮度反映了三维物体表面某点反射光的强度,而该点在图像上的位置则是由三维物体表面相应点的几何位置决定,相机对三维物体拍摄成像的过程也就是将空间中的三维物体投影到二维平面的过程。

转换过程如下：

（1）模型坐标系中的点可以通过一个旋转矩阵 $\boldsymbol{R}$ 和一个平移向量 $\boldsymbol{t}$ 转换到物方坐标系，其间需要利用相机的外部参数；

（2）根据共线方程，将物方坐标转换到影像坐标；

（3）利用相机的内部参数，设影像坐标系的原点在屏幕坐标系中的坐标为 (u_0, v_0)，每个像素在 x 轴与 y 轴方向上的物理尺寸(mm)为 d_x 和 d_y，则可通过以下公式将影像坐标系转换到屏幕坐标系。

$$\begin{bmatrix} u \\ v \\ l \end{bmatrix} = \begin{bmatrix} \frac{1}{d_x} & 0 & u_0 \\ 0 & \frac{1}{d_y} & v_0 \\ 0 & 0 & 1 \end{bmatrix} - \begin{bmatrix} x \\ y \\ 1 \end{bmatrix}$$

8.1.3 纹理映射的实现方法

本章的纹理映射以多幅图像为基础，需要解决的问题是如何将存在于不同图像中的纹理信息组织起来[182]。本节将图像中的有用信息提取出来，用一张纹理图像表示[183]。这部分工作通常包含两个步骤：第一步是建立几何模型与纹理图像间的对应关系；第二步是根据对应关系合成纹理图像。

在对三角网格进行网格平滑、孔洞修复、网格简化等模型优化后，首选需要求三维模型和二维纹理间的对应关系，即三维空间坐标和二维纹理坐标间的对应关系。

1. 模型参数化

三维模型的参数化可以归结为这样一个问题：给定一个由空间点 $V_i \in R^3$ 组成的三维模型 $M = \{T_j\}$ 和一个由点 $V_i^* \in R^2$ 组成的二维参数域 Ω_v，寻找一个从点 $V_i^* \in \Omega_v$ 到点 $V_i \in M$ 的一一映射 φ，使参数域上的网格和模型上的网格拓扑同构，在保证投影到参数域上网格不重叠的同时，使其变形最小。从数学角度来看，满足拓扑同构条件的函数很多。问题在于如何在这么多的映射中找到能够很好地满足网格不重叠且变形最小的映射。

目前，主要有以下几种参数化映射标准：

（1）保长的。对于网格模型表面的任意三条边，它的两个端点在参数域中的距离和在模型中的距离相等，也就是说，两点映射之后距离保持不变。

（2）保角的。模型表面的任意两个邻边都有一个夹角，在参数域中，这两个边的夹角与在模型中的夹角相等，也就是说，两条边映射之后夹角保持不变。

（3）保面积的。对于模型表面的任意一个多边形（通常是三角形），在参数域中的面积与在模型中的面积相等。

对于保长、保角或保面积这些要求，实际应用中很难完全做到，所以，实际的参数化过程只能尽量地，或者说最优地保持某种性质。常用的参数化方法有平面参数化、柱面参数化、球面参数化、分割一逐片参数化等。

2. 纹理合成

当仅用一幅图像对模型进行纹理映射时，必然存在一部分点遮挡另一部分点的问题。因此，要利用面片可见性判定算法对实际上并不存在的对应关系进行剔除。面片在图像中的可见性通过模型面片法向量与图像光轴方向间的夹角进行判断。之后，多数模型点可能对应多幅彩色图像，因此可用加权平均法进行纹理图像的填充。

对不足以完全填充整幅纹理图像，可通过面片内插值[25]的方式来填充纹理图像中缺失的像素信息。模型的三角面片在纹理图像中映射为三角形，该三角形中的像素数目在指定大小的纹理图像中是一定的，可以遍历该三角形中的像素，再反投影到三维模型上，求出相应的三维坐标信息，再通过纹理信息获取方式提取纹理信息来填充相应像素。

8.2 一种大规模纹理映射方法

针对大量图像数据的重建，如果以低分辨率渲染，则难以区分输入图像。在现有重建技术中，颜色信息仍然被编码为每顶点颜色耦合到网格分辨率。其实，纹理重建对于创建逼真的模型而言并不重要，并不会增加其几何复杂性。即使对于大规模的现实世界数据集，也应该是完全自动的。本节给出了一个统一的纹理方法，可处理从具有运动结构和多视角图像重建的海量数据集，能够在短时间内完全自动地解决数百个输入图像和数千万个三角形的纹理映射操作。

8.2.1 算法基础

本节给出的方法应能够处理任何良好(但不是完美的)三角形网格模型，但仍存在三维重建中运动结构相机参数可能不完全准确，重建的几何可能无法完美体现底层场景、图像存在强烈的照明，曝光和尺度差异等问题。

Lempitsky 和 Ivanov [15]提出的第一步是确定输入图像中目标的可见性，然后计算一个标签 l，其使用成对的马尔可夫随机场能量公式，为每个网格面 F_i 分配用作纹理的视图 l_i：

$$E(l) = \sum_{F_i \in \text{Faces}} E_{\text{data}}(F_i, l_i) + \sum_{(F_i, F_j) \in \text{Edges}} E_{\text{smooth}}(F_i, F_j, l_i, l_j) \tag{8.1}$$

式中：E_{data}为倾向于"良好"的视图，用于进行纹理映射；E_{smooth}为最小化缝隙的可视性；$E(l)$为最小化图形切割和α扩张。

在从式(8.1)最小化得到标签之后，补丁颜色的调整如下：首先，必须确保每个网格顶点仅属于一个纹理补丁。因此，接缝上的每个顶点都被复制到两个顶点中：v_{left}属于接缝左侧的补丁，v_{right}属于接缝右侧的面片。现在每个顶点v在调整之前具有唯一的颜色fv。然后，通过最小化以下表达式，为每个顶点计算加法校正g_v（为了清楚起见，使用更简单的符号）：

$$\arg\min_{g}\sum_{v}\left[\left(f_{v_{\mathrm{left}}}+g_{v_{\mathrm{left}}}\right)-\left(f_{v_{\mathrm{right}}}+g_{v_{\mathrm{right}}}\right)\right]^2+\frac{1}{\lambda}\sum_{v_i,v_j}\left(g_{v_i}-g_{v_j}\right)^2 \quad (8.2)$$

第一项确保接缝左侧$(f_{v_{\mathrm{left}}}+g_{v_{\mathrm{left}}})$和右侧$(f_{v_{\mathrm{right}}}+g_{v_{\mathrm{right}}})$的调整颜色尽可能相似。第二项最小化相同纹理贴片内、相邻顶点之间的调整差异。这有利于纹理面片内尽可能地渐进调整。在找到所有顶点的最佳g_v后，使用重心坐标从其周围顶点的g_v插值每个纹素的校正。最后，添加校正到输入图像中，纹理贴图被打包到纹理图谱中，并且纹理坐标附加到顶点。

8.2.2 大规模纹理映射方法

依据8.2.1节，下面重点介绍的关键是本节给出的大规模纹理映射方法的创新性。

1. 预处理

在实际检查遮挡之前，首先要确定所有视图和表面组合的可见性。可使用标准库[185]计算输入模型和从相机中心到三角形的观察光线之间的交点。这比使用渲染的方法更准确[186]。然后，对于所有剩余的表面视图组合，预先计算式(8.1)的数据项，因为在优化期间被多次使用，保持不变并适合内存[该表具有$\mathcal{O}$(#faces #views)项，并且非常稀疏]。

2. 视图选择

视图选择遵循基本算法的结构，即通过利用图形切割和α扩展优化式(8.1)来获得的标签[184]。然而，替换基本算法的数据和平滑度术语，并用照片一致性检查增加数据项。

1）数据项

令数据项$E_{\mathrm{data}}=-\int_{\phi}\|\nabla(\boldsymbol{I}_{l_i}(p))\|_2\mathrm{d}p$。使用Sobel算子计算面片$F_i$投射到的图像的梯度值$\|\nabla(\boldsymbol{I}_{l_i})\|_2$，并且计算$F_i$投影$\phi(F_i,l_i)$内的梯度幅度图像的所有像素。如果投影包含少于一个像素，则在投影的质心处对梯度大小进行采样，并将其与投影区域相乘。

数据项对大梯度幅度的偏好是一个重要的问题,Gal 等没有解释,因为其不会在受控的数据集中出现:如果一个视图包含遮挡,可以不被可见性检查检测到,那么这个视图不应被选择用于纹理映射。不幸的是,由于各种遮挡通常具有比其图像背景更大的梯度,所以梯度大小项频繁发生。因此,还需引入了一个步骤来确保纹理的照片一致性。

2) 照片一致性检查

假设对于特定的面片,大多数视图对应正确的颜色。少数可能会对应错误的颜色(遮挡),而这些颜色的关联性要小得多。基于这一假设,Sinha 等[187]和 Grammatikopoulos 等[188]使用平均值或中间颜色拒绝不一致的视图。改进的平均移位算法,包括以下步骤:

(1) 对于面片可见的每个视图 i,计算面片投影的平均颜色 c_i;

(2) 将所有看到面片的视图设为可用;

(3) 计算所有可用的视图的平均色彩 c_i 的平均和协方差矩阵 $\boldsymbol{\Sigma}$;

(4) 为面片可见的每个视图评估多变量高斯函数:

$$\exp\left[-\frac{1}{2}(c_i-\boldsymbol{\mu})^{\mathrm{T}}\boldsymbol{\Sigma}^{-1}(c_i-\boldsymbol{\mu})\right]$$

(5) 清除可用列表并插入函数值高于阈值(6×10^{-3})的所有视图;

(6) 迭代步骤(3)~(5)10 次,或者直到所有输入下降到 10^{-5}以下、矩阵 $\boldsymbol{\Sigma}$ 的转置变得不稳定,或者可用数下降到 4 以下。

获得每张面片的照片一致视图的列表,并对所有其他视图的数据项进行惩罚,以防其被选择。

注意,使用中值而不是平均值不适用于非常小的查询集,因为对于三维向量,边际中的值通常不是查询集的成员,因此清除了太多视图。不变的平均值在实践中不起作用,因为初始平均值通常与内在平均值相差很远。Sinha 等[187]因此另允许用户交互地标记不应用于纹理化的区域,这是本节方法明确希望避免的步骤。

3) 平滑项

如上所述,Lempitsky 和 Ivanov 的平滑项是一个主要的性能瓶颈,并且抵消了本章的数据项对特别视图的偏好。本书提出基于 Potts 模型的平滑项:$E_{\text{smooth}}=[l_i\neq l_j]$([·]表示转置)。这也更倾向于紧凑的面片,而非远距离的视图,并且计算速度非常快。

3. 颜色调整

从视图选择阶段获得的模型在面片之间包含许多颜色的不连续性。这些需要进行调整,以尽量减少缝隙的可见度。本章使用基础方法中的全局调整的改进版本,然后使用泊松编辑进行本地调整[189]。

1) 全局调整

Lempitsky 和 Ivanov 的颜色调整的一个严重问题是,在式(8.2)中的 $f_{v_{\text{left}}}$ 和 $f_{v_{\text{right}}}$ 仅在单个位置进行评估:顶点 v 投影到与接缝相邻的两个图像中。如果有小的注册错误(总是存在),则两个投影都不对应于真实对象上完全相同的点;如果两个图像具有不同的比例,则查找的像素在三维空间中跨越不同的占位面积。这可能与受控实验室数据集无关,但在实际的多视点立体数据集中,来自有效不同点或足迹的查找会误导全局调整并产生伪像。

2) 颜色查找支持区域

本章通过在顶点投影处查找顶点的颜色值,并且沿着所有相邻的边缘来解决此问题,如图 8.1 所示,顶点 v_1 位于红色和蓝色贴片之间的接缝上,通过从红色图像沿着两个边缘 $\overline{v_0v_1}$ 和 $\overline{v_1v_2}$ 平均颜色样本来评估红色斑块 $f_{v_{1,\text{red}}}$ 中的颜色。在每个边缘,绘制两倍于像素边缘长度的样本。当样本平均时,我们可根据图 8.1(右)对其进行加权:样本权重在 v_1 上为 1,并且样本距离为 v_1 时线性减小,获得边缘 $\overline{v_0v_1}$ 和 $\overline{v_1v_2}$ 的平均颜色值,平均加权边缘长度获得 $f_{v_{1,\text{red}}}$。类似地,我们获得 $f_{v_{1,\text{blue}}}$ 并将其插入式(8.2)中。

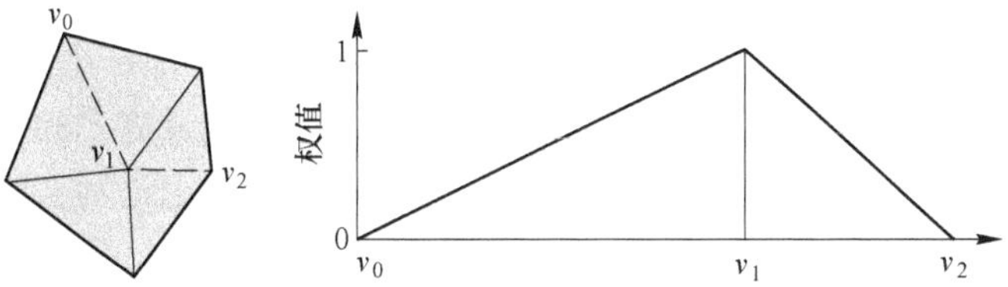

图 8.1 网格和采样权值

为了优化,式(8.2)现在可以矩阵形式写成:

$$\|\boldsymbol{Ag}-\boldsymbol{f}\|_2^2+\|\boldsymbol{\Gamma g}\|_2^2=\boldsymbol{g}^{\mathrm{T}}(\boldsymbol{A}^{\mathrm{T}}\boldsymbol{A}+\boldsymbol{\Gamma}^{\mathrm{T}}\boldsymbol{\Gamma})\boldsymbol{g}-2\boldsymbol{f}^{\mathrm{T}}\boldsymbol{Ag}+\boldsymbol{f}^{\mathrm{T}}\boldsymbol{f} \qquad (8.3)$$

式中:$\boldsymbol{f}$ 为从式(8.2)中堆叠 $f_{v_{\text{left}}}-f_{v_{\text{right}}}$ 的向量。$\boldsymbol{A}$ 和 $\boldsymbol{\Gamma}$ 是包含±1 个条目的稀疏矩阵,从 $\boldsymbol{g}$ 中选择正确的 $g_{v_{\text{left}}}$、$g_{v_{\text{right}}}$、g_{v_i} 和 g_{v_j}。式(8.3)是 $\boldsymbol{g}$ 中的二次形式,$\boldsymbol{A}^{\mathrm{T}}\boldsymbol{A}+\boldsymbol{\Gamma}^{\mathrm{T}}\boldsymbol{\Gamma}$ 是非常稀疏的、对称的和正半定的(因为 $\forall\, \boldsymbol{z}: \boldsymbol{z}^{\mathrm{T}}(\boldsymbol{A}^{\mathrm{T}}\boldsymbol{A}+\boldsymbol{\Gamma}^{\mathrm{T}}\boldsymbol{\Gamma})\boldsymbol{z}=\|\boldsymbol{Az}\|_2^2+\|\boldsymbol{\Gamma z}\|_2^2\geqslant 0$)。本书用 Eigen[189] 共轭梯度(CG)实现,并且当 $\|\boldsymbol{r}\|_2/\|\boldsymbol{A}^{\mathrm{T}}\boldsymbol{f}\|_2<10^{-5}$($\boldsymbol{r}$ 是残差)时停止 CG,即使对于大型数据集也通常需要小于 200 次迭代。由于自动白平衡,图像间存在不同的相机响应曲线和不同的光色,仅仅优化亮度通道是不够的,因此需要并行优化三个通道。

泊松编辑即使上述支持区域的 Lempitsky 和 Ivanov 的全局调整,也不能消除所有可见的缝隙。因此,在全球调整之后,还需进行局部泊松图像编辑[189]。Gal 等[96]做到了这点,但计算耗时,这是因为其泊松编辑了完整的纹理补丁,导致产生了巨大的线性系统。

因此,将一个补丁的泊松编辑限制为 20 像素宽的边框(在图 8.2 中以浅蓝色显示)。使用该条的外缘和内缘作为泊松方程边界条件:将每个外缘像素的值固定为分配给图像像素颜色的平均值补丁和相邻补丁的图像。每个内缘像素的值固定为其当前颜色。如果补丁太小,则省略了内圈。泊松方程的指导域是带状拉普拉斯算子。

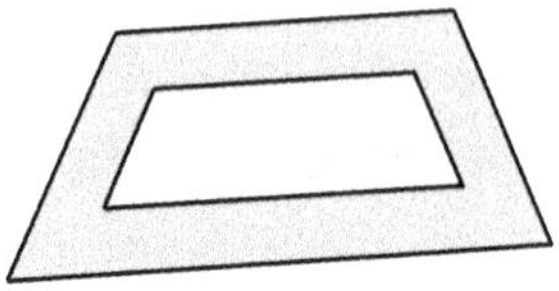

图 8.2　具有外部和内缘边框的纹理贴片

对于所有补丁,用 Eigen[189] 的 SparseLU 因式分解方法求解所得到的线性系统。对于每个补丁,只计算一次因式分解,因为系统的矩阵保持不变,可将其用于所有颜色通道。仅调整条带比调整整个补丁会节省更多时间、提高记忆效率。注意,由于补丁颜色已被预先全局调整,因此这种局部调整是一种弱化形式。另外本书不会混合两个图像的拉普拉斯算子,但实际上仍然难以避免混合。

运用纹理映射技术模拟物体表面的纹理细节,可以使计算机绘制出的物体表面更加接近实际物体的表面。目前,这些真实感图形技术有了很大的发展,各种新的算法不断涌现,但主要目的都是进一步提高图形的真实感效果以及加快真实感图形的生成速度。

本章在给出纹理和纹理映射定义的基础上,对纹理映射的基本原理和方法进行了介绍,并给出了一个大规模图像纹理映射的理论框架。大规模图像的几何重建可以通过高质量的纹理来丰富,这将显著增加重建模型的真实性。在这些数据集中,会频繁出现不准确的相机参数和几何、照明和曝光变化,图像尺度变化,失焦模糊和遮挡等,这些问题可被自动并有效地处理。

第三部分　典型重建环节优化算法研究

在图像预处理环节，针对海杂波影响下对海拍摄舰船图像，在三维重建过程中会存在大量的冗余外点，而且由于非合作舰船目标是非刚体的运动目标，因此需要进行显著区域提取的研究，为更准确地将背景信息滤除，更精细地将显著区域边界贴近舰船边缘，需要一种新的对海舰船目标图像优化处理方法。

在特征提取环节，由于海面舰船目标图像受海空背景影响，容易在检测过程中出现外点和误检的问题，因此需要对评测现有常用的各类 Harris 特征点检测改进方法，并结合极差方法，构建一种协同多角度最优改进策略的特征点检测稳健算法，并且提高 Harris 特征点检测方法对噪声的鲁棒性。

在稀疏点重建环节，基础矩阵估计问题本质上是参数估计问题，由于存在大量病态性(ill-posed)因素，因此也是反问题(inverse problem)。由于侦察图像数据不可避免地受噪声和外点(outlier)的干扰，该问题往往呈现非线性，并可能存在多个局部最优解。为获取理想的参数估计，需要建立相关目标函数来衡量参数估计的优劣。

在光束法平差环节，针对 Levenberg-Marquardt 算法，迭代步长无法自适应变化，导致算法的收敛性比较差，优化算法不仅具有良好的收敛性，并且其解是全局最优的。最重要的是，该类算法自适应步长，通过设置合适的步长格式，能够快速准确地收敛。

本部分重点上述几个重建环节中存在的典型问题进行算法优化研究，分别给出了变尺度显著区域检测算法、目标尺度特征点检测算法、基于 MSSFP 的基础矩阵估计方法以及基于自适应 CQ 算法的光束法平差优化方法。

第9章　基于多尺度自适应显著区域检测的舰船三维重建外点消除

为实现对舰船目标的全方位地精确识别和打击，需要基于对海拍摄的舰船图像进行三维重建。受舰船在海面的倒影、鱼鳞波、海浪等因素的影响[190]，三维重建过程中不可避免地会出现错误匹配或冗余匹配，使舰船的密集点云存在大量的外点，从而影响后续的构网和表面重建环节。对这些外点的处理，目前多放在三维重建各环节内部的滤波、匹配等环节中[191-192]，容易产生滤波过度损失细节信息、匹配过度出现冗余信息等问题。

目前，人们已不满足利用基于固定标准差的高斯加权函数处理图像。因为当高斯加权函数的标准差取定值时，目标模板大小固定，极易导致过度平滑或冗余检测等现象。基于图像形态学结构，文献[193]提出了目标尺度的概念，基于邻域半径搜索和邻域相似度的计算，利用满足条件的邻域半径表征像素点的局部特征，给出了图像的平滑算法，相关研究也可见文献[194]。文献[195]和文献[196]将目标尺度的方法分别应用到了高斯滤波器和双边滤波器中，对图像去噪实现了两种滤波器的自适应滤波。

对于显著区域的检测，结合频域分析最常用的方法就是SR模型[197]和相位谱重构[198-200]，文献[201]和文献[202]基于高斯金字塔在多尺度变换的基础上进行了显著性检测。文献[203]将显著区域检测方法与特征点的检测方法相结合，在滤除图像背景的基础上，提高了检测和匹配效率。文献[204]采样大津法检测光斑，文献[205]利用高斯混合模型对烟雾进行了分割。然而这些方法在完成频域的处理并转换到时域时，均采用固定标准差的高斯滤波器。文献[201]和文献[202]中的实验表明，高斯滤波其方差的不同取值，对显著图的生成影响巨大，因此灵活应用变标准差的高斯滤波器，会有更好的检测结果。

本章针对海拍摄舰船图像的三维重建，给出了一种多尺度变换下自适应显著区域检测的方法，消除了重建过程中产生的外点。根据对海拍摄舰船图像特点，先对舰船图像进行预处理，利用大尺度因子高斯滤波器定位显著轮廓区域，基于HSV模型亮度分量显著图开方值，确定舰船在海面的倒影；再使用基于目标尺度的自适应高斯滤波器，对轮廓区域进行更精细的近船体显著区域检测，达到滤除海面信息、提取舰船本体的目的，进而有效消除海面冗余匹配点对三维重建的影响，提高重建的效率。

9.1 基于目标尺度的自适应高斯滤波

9.1.1 目标尺度的数学抽象

本节依据文献[193-194]在图像空间对目标尺度的描述，在数学上给出目标尺度的更加严谨、广义的定义及计算方法[193]。

设 R 为实空间，对于非空集合 $C \in R$ ，存在 $\forall p \in C$ 。令 $K[C]$ 表示集合 C 的势或基数，则有 $i \in [1,K[C]]$ 。因此，p_i 表示集合 C 中第 i 个点。在集合 C 中，点 p_i 的邻域可定义为

$$N_{p_i}(r) = \{p_j \| i - j | \leqslant r, j \in [1,K[C]]\}$$

其中，$r \geqslant 0; r \in Z; Z \subset R$，为整数集合。易知，$N_{p_i}(0) = p_i$。

进而，点 p_i 邻域 $N_{p_i}(r)$ 的边界可定义为

$$B_{p_i}(r) = \{p_j | p_j \in N_{p_i}(r) - N_{p_i}(r - 1)\}$$

因此，可在边界 $B_{p_j}(r)$ 中计算点 p_i 的相似度：

$$U_{p_i}(r) = \frac{\sum\limits_{p_j \in B_{p_i}(r)} e^{-\frac{(p_i - p_j)^2}{2\sigma_u^2}}}{K[B_{p_i}(r)]} \tag{9.1}$$

其中，σ_u 的计算方法如下：

设集合 $G = \{g | g = |\nabla p_i|\}$，则

$$Q = \{q | q_n = G\backslash\max(G), n \in [1, s * K[G]] \subset Z, s \in (0,1)\}$$

为去除集合 Q 中 $s * K[G]$ 个最大值后的集合，\表示挖去。此时，Q 的均值可表示为 $\mu_d = E(Q)$ ，标准差可表示为 $\sigma_d = D(Q)$ 。若 Q 服从高斯分布，根据正态分布“68-95-99.7 法则”，可取

$$\sigma_d = \mu_d + t\sigma_d, t \in [2,3]$$

否则，可取

$$\sigma_d = \mu_d + t\sigma_d, t \in [0,3]$$

因此，基于式(9.1)寻找一个局部尺度可转化为寻找点 p_i 最大邻域的半径的问题。也就是说，对于点 p_i ，其最优目标尺度是

$$R_{p_i} = \underset{r \in Z, r > 1}{\arg\max}\{U_{p_i}(r) \geqslant T_s\}$$

由于在一个像素的 3×3 领域内，允许 8 个领域像素中的 1 个为噪声，则有 $T_s = 7/8$,

且取值在[0.8,0.9]区间时结果并无变化,因此 T_s 一般取 0.85。在噪声较大的情况下,为平滑噪声、增大目标尺度,可适当取 0.75,以增加迭代次数。

9.1.2 自适应高斯滤波函数

由 9.1 节可知,目标尺度表征目标结构形态学意义上的大小[196]对于图像中 (x,y) 点的目标尺度 R_{xy},可表示为 (x,y) 点邻域平滑区域的大小,也可以看作高斯核函数的半峰全宽,因此根据文献[195],可令

$$\sigma_{xy} = R_{xy}$$

则对于点 (x,y),可由下式确定自适应高斯核加权矩阵:

$$\boldsymbol{w}_G(i,j) = \frac{1}{2\pi\sigma_{xy}^2}\mathrm{e}^{-\frac{(i-k-1)^2+(j-k-1)^2}{2\sigma_{xy}^2}} \tag{9.2}$$

其中,$1 \leqslant i \leqslant m, 1 \leqslant j \leqslant n, m = n = 2k+1$ 为动态模板大小,$k = R_{xy}$。

9.2 基于自适应高斯滤波的多尺度变换显著区域检测方法

本节结合上述自适应高斯滤波函数,利用高斯多尺度变换方法[201],给出一种自适应的显著区域检测方法,较以往的图像显著区域检测方法,本章赋予检测方法严谨的数学定义,描述如下。

设 $\mathbb{R}$ 为实空间,令 $m_1, n_1, \sigma_1, z, x, y, m_2, n_2, \sigma_2, t, r, R, M, N, u, v \in \mathbb{R}$ 为检测方法中用到的标量,对于输入为 $M \times N$ 大小的 RGB 图像 $I(x,y) \in \mathbb{R}^2$,先利用式(9.3)定位出显著区域的粗糙轮廓,即

$$\begin{cases} G(m_1,n_1,\sigma_1) = \dfrac{1}{2\pi\sigma_1^2}\mathrm{e}^{-\frac{m_1^2+n_1^2}{2\sigma_1^2}} \\ \boldsymbol{H}(x,y) = \mathrm{Tran2}\left(\displaystyle\sum_{z=1}^{3}\boldsymbol{I}(x,y,z)/3\right) \\ S_g(x,y) = G(m_1,n_1,\sigma_1) * \left|\mathrm{Tran2}^{-1}\mathrm{e}^{i\cdot P(\boldsymbol{H}(x,y))}\right|^2 \\ T_1 = E(S_g(x,y)) + c\cdot V(S_g(x,y)) \\ O_g(x,y) = 1, \text{if } S_g(x,y) > T_1 \\ O_g(x,y) = 0, \text{if } S_g(x,y) \leqslant T_1 \end{cases} \tag{9.3}$$

式中:$1 \leqslant x \leqslant M, 1 \leqslant y \leqslant N$ 分别为标量;z 为 RGB 图像三个分量标量;$G(m_1, n_1, \sigma_1)$ 为方差较大的高斯核函数。算子 Tran2 为离散傅里叶或离散余弦等变换;$\boldsymbol{H}(x,y)$ 为 $\boldsymbol{I}(x,y)$ 灰度图像的频域函数。算子 $\mathrm{Tran2}^{-1}$ 为离散反傅里叶变换或离散反余弦等变换;算子 P 为求相位谱;$*$ 为卷积;$S_g(x,y)$ 为预检测显著

区域的显著图。算子 E 为求均值;算子 V 为求标准差; c 为经验参数;调整可确定分割阈值 T_1。$O_g(x,y)$ 为预检测显著区域目标图。

下面,在预检测区域内利用式(9.4)进一步检测:

$$\begin{cases} G(m_2,n_2,\sigma_2)=\dfrac{1}{2\pi\sigma_2^2}\mathrm{e}^{-\frac{m_2^2+n_2^2}{2\sigma_2^2}} \\ \boldsymbol{I}_{\mathrm{HSV}}(x,y,t)=\mathrm{HSV}(\boldsymbol{I}(x,y,t)) \\ f_r(x,y,t)=G(m_2,n_2,\sigma_2)*\boldsymbol{I}_{\mathrm{HSV}}(x^{1/r},y^{1/r},t) \\ F_r(x,y,t)=\mathrm{Tran2}(f_r(x,y,t)) \\ S_r(x,y,t)=w_G(2\sigma_{xy}+1,2\sigma_{xy}+1,\sigma_{xy})* \\ \qquad |\mathrm{Tran2}^{-1}[\mathrm{e}^{\log(|F_r(x,y,t)|)-E(\log(|F_r(x,y,t)|))+i\cdot P(|F_r(x,y,t)|)}]|^2 \\ S_r(x,y,t)=\mathrm{Lin}(S_r(x,y,t)) \\ S(x,y,t)=\sum\limits_{r=1}^{R}S_r(x,y,t)^2 \\ S(x,y)=\sum\limits_{t=1}^{3}\tau_t\cdot S(x,y,t)/\max(S(x,y,t)) \end{cases} \tag{9.4}$$

式中:$r=1,2,4,8,\cdots,R$ 表示不同的尺度; $1\leqslant x\leqslant M/r,1\leqslant y\leqslant N/r$ 分别为每个尺度下的标量; $t=1,2,3$ 为 HSV 模型的色调、饱和度及亮度三个分量标量; $G(m_2,n_2,\sigma_2)$ 为方差较小的高斯核函数。HSV 算子将输入的 RGB 图像 $\boldsymbol{I}(x,y)$ 转换为 HSV 图像,利用高斯核函数 $G(m_2,n_2,\sigma_2)$ 建立高斯金字塔 $f_r(x,y,t)$,每组金字塔图像数为 1 层;分别在每个尺度 r 内,利用算子 Tran2 得到 HSV 模型三个分量的频域函数 $F_r(x,y,t)$;w_G 为基于 9.1 节目标尺度求出的自适应高斯滤波器,利用 SR 模型,可得每个尺度下的显著图 $S_r(x,y,t)$;通过线性插值算子 Lin 变换成相同尺度的显著图,然后对每个分量 t 进行点对点显著平方值合并,得到每个 HSV 图像每个分量的显著图 $S(x,y,t)$;经归一化合并后得到显著图 $S(x,y)$。

下面提取图像中阴影区域的目标图:

$$\begin{cases} S_v(x,y,3)=\sum\limits_{r=1}^{R}\sqrt{S_r(x,y,3)} \\ T_2=\mathrm{Otsu}(S_v(x,y,3)) \\ O_v(x,y)=1,\mathrm{if}\ S(x,y,3)>T_2 \\ O_v(x,y)=0,\mathrm{if}\ S(x,y,3)\leqslant T_2 \end{cases} \tag{9.5}$$

式中：$1 \leqslant x \leqslant M, 1 \leqslant y \leqslant N$ 分别为标量；$S_v(x,y,3)$ 为 HSV 图像亮度分量各尺度点对点显著开方值合并。算子 Ostu 为用大津法确定分割阈值 T_2，可得图像阴影区域的目标图 $O_v(x,y)$。

最后，对上述结果进行整合：

$$\begin{cases} S'(x,y) = S(x,y) \odot O_g(x,y) \odot O_v(x,y) \\ T_3 = \mathrm{Otsu}(S'(x,y)) \\ O(x,y) = 1, \text{若 } S(x,y) > T_3 \\ O(x,y) = 0, \text{若 } S(x,y) \leqslant T_3 \\ Z(x,y) = ((O(x,y) \oplus b(u,v)) \Theta b(u,v) \Theta b'(u,v)) \oplus b'(u,v) \end{cases} \tag{9.6}$$

式中：$1 \leqslant x \leqslant M, 1 \leqslant y \leqslant N$ 分别为标量；$\odot$ 表示依次对显著图 $S(x,y)$ 点乘预检测显著区域目标图 $O_g(x,y)$ 和阴影目标图 $O_v(x,y)$。仍用大津法确定分割阈值 T_3；$O(x,y)$ 为分割后的目标图。$b(u,v)$ 和 $b'(u,v)$ 为结构元，形态学闭运算[198]填充轮廓内孔洞，消除毛刺，再采用开运算平滑边缘，得到最终目标图 $Z(x,y)$。

9.3 试验分析

为验证基于自适应高斯滤波的多尺度变换显著区域检测方法在海面舰船三维重建中的有效性，本节采用一组实际海面航拍的某型舰船图像进行测试，图像大小为 700×394。

在海面舰船倒影、鱼鳞波影响下，使用 SIFT 算法对舰船图像进行检测，任取两组典型的匹配结果如图 9.1 所示。由图可以看出，在舰船的倒影存在冗余的匹配。

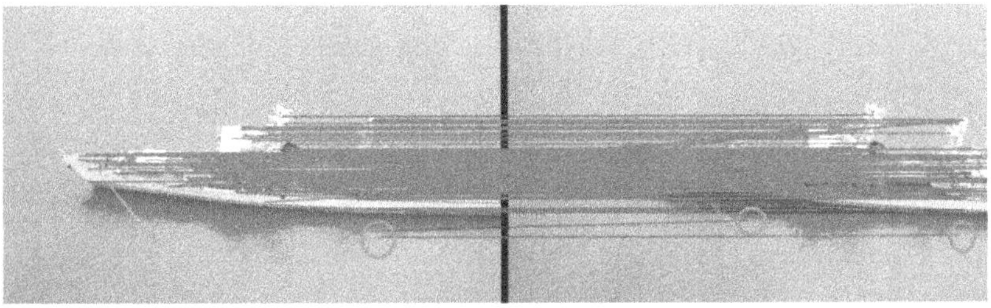

图 9.1 基于 SIFT 算法的舰船图像匹配结果

由于源图像有几百张，难免存在大量类似的冗余匹配，密集匹配后的密集点云如图 9.2 所示。由图可以看出，在舰船的点云模型的外围存在大量的外点。

在式(9.3)中，若按照文献[197]和文献[201]的显著区域检测方法，对高斯

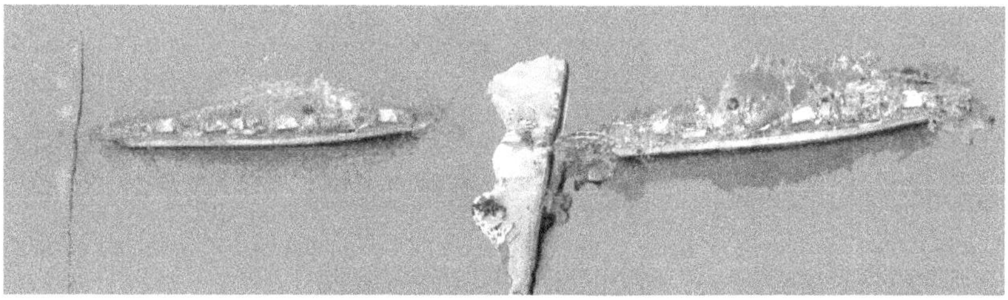

图 9.2 带外点的舰船密集点云模型及其纹理模型

滤波器 w_G 方差取固定值，针对随机选取的不同方差，会有如图 9.3 检测出的显著图，可见试凑的方差和滤波模板大小很容易带来显著区域大小的不确定和不连续性，从图中可以看出，随着方差 σ 的减小，显著区域逐渐贴近船体轮廓，但过小则会滤除船体细微特征，而且仍存在部分海面反光高亮区域碎片，给匹配带来干扰；随着方差 σ 的增大，显著区域逐渐远离船体轮廓，但过大则会引入过多的海面信息。

（a）　（b）　（c）　（d）

图 9.3 不同方差大小下的检测结果

(a)$\sigma=5$；(b)$\sigma=15$；(c)$\sigma=25$；(d)$\sigma=50$

利用第 3 节给出的方法，首先利用式(9.3)进行粗糙显著区域检测。令滤波标准差取 $\sigma_1=50, m_1=n_1=2\sigma_1$，取 Tran2 为离散傅里叶变换，$c=0$，先定位出显著区域粗糙轮廓的目标图，如图 9.4 所示。

其次，利用式(9.4)进行舰船轮廓的精细检测。令滤波标准差取 $\sigma_2=0.5$，$m=n=6\sigma_1, R=3$，得出 HSV 图像的高斯金字塔，取 Tran2 为离散傅里叶变换，利用式(9.2)自适应高斯滤波，进一步得出舰船较精细的显著区域，如图 9.5 所示。可见，船体周围高亮的水域也被检测出来了，若不处理则最终出现大量如图 9.3(a)的水域碎片冗余效果。

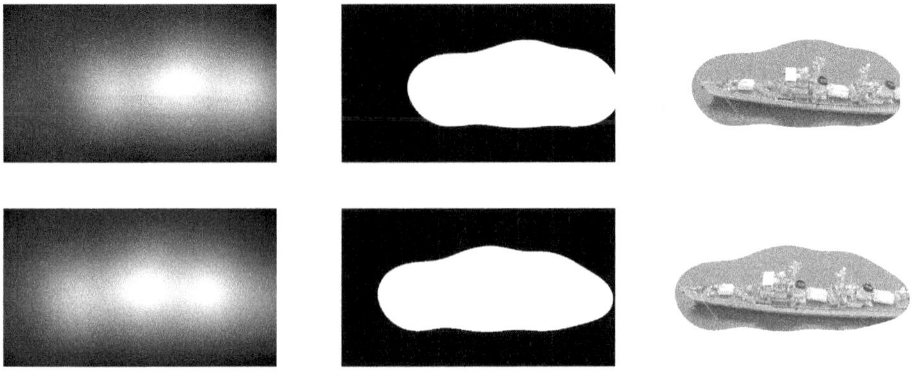

(a)　　(b)　　(c)

图 9.4　舰船区域粗糙轮廓定位

(a)显著图;(b) 目标图;(c) 粗糙轮廓。

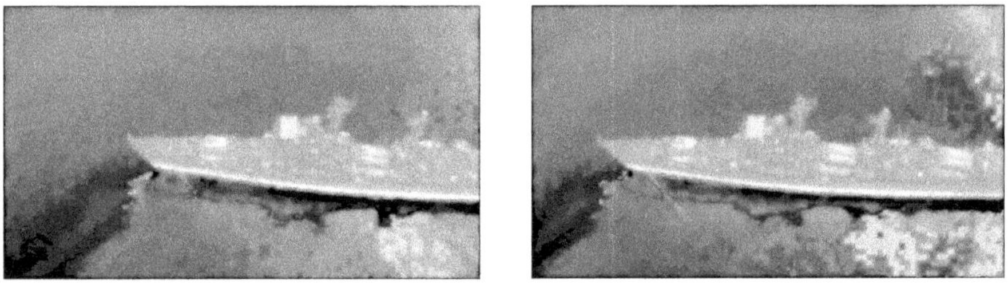

图 9.5　舰船较精细的显著区域

再次,利用式(9.5)得到图 9.6 船体在海面倒影部分的目标图,可见船在水面的倒影基本可以全部提取出来。

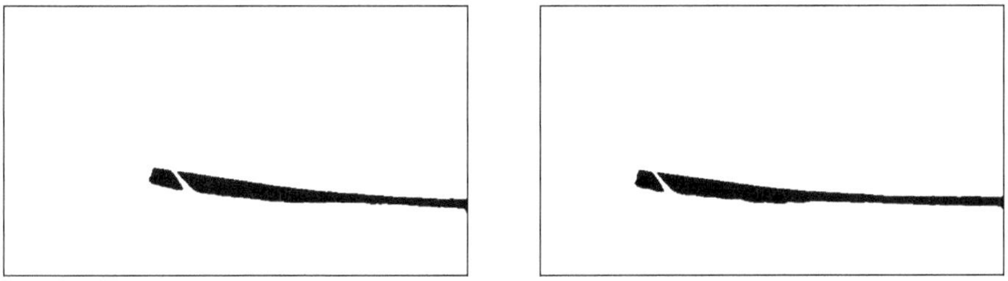

图 9.6　船体海面倒影部分目标图

最后,利用式(9.6)对上述结果进行合并,取结构元 $b(x,y)$ 半径为 5 的圆盘、$b'(x,y)$ 半径为 1 的圆盘。基于高斯多尺度变和自适应高斯滤波的舰船显著区域检测如图 9.7 所示。

由图 9.7 可以看出,与文献[197]、文献[198]、文献[201]中的方法得出的

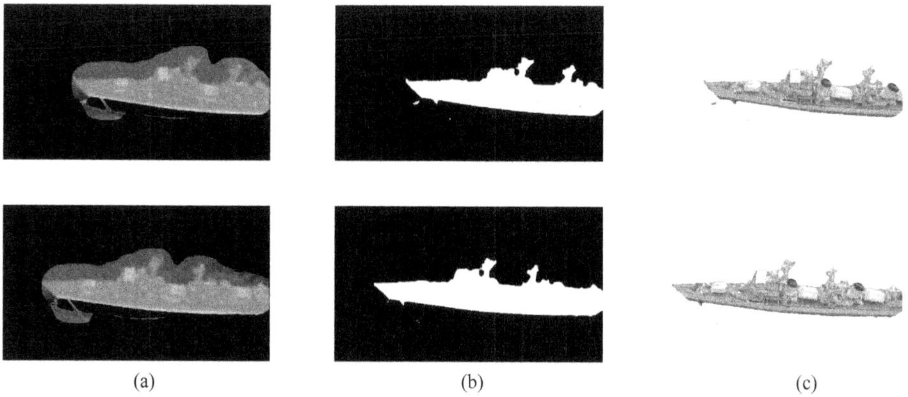

图 9.7 基于高斯多尺度变和自适应高斯滤波的舰船显著区域检测
(a)显著图;(b)目标图;(c) 结果。

结果图 9.3(a)相比,舰船本体周围鱼鳞波、倒影等海面信息大部分被剔除,部分参与已无法对匹配带来影响。显著区域检测后的舰船图像匹配示例如图 9.8 所示。

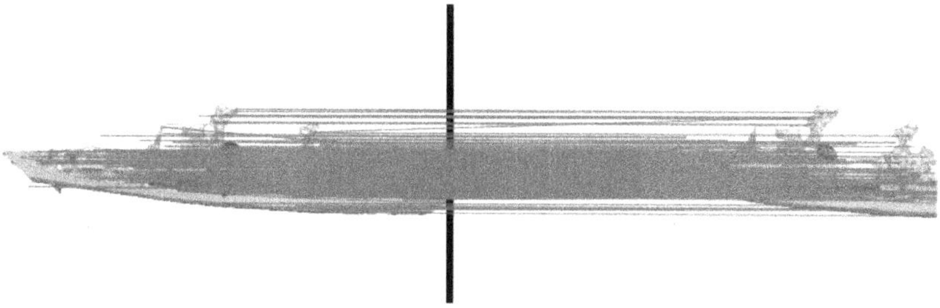

图 9.8 显著区域检测后的舰船图像匹配示例

使用上述方法对所有数据进行显著区域提取后,无外点影响的舰船密集点云模型及其纹理模型如图 9.9 所示。由图可以看出,经过显著区域提取后的三维重建,不仅有效消除了海面杂波带来的外点影响,而且消除了陆地背景的影响。

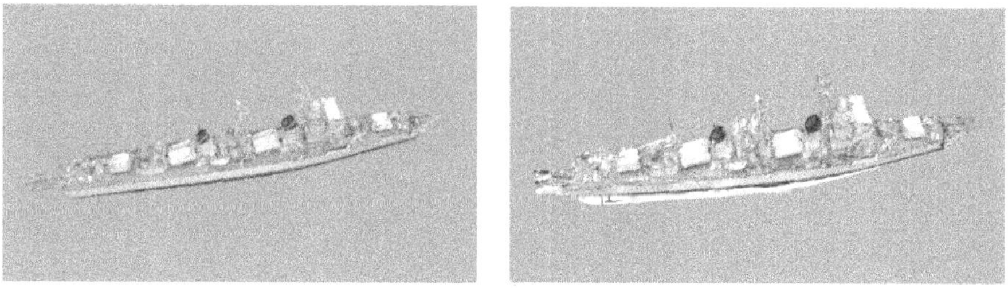

图 9.9 无外点影响的舰船密集点云模型及其纹理模型

与其他显著区域检测方法不同,本章的方法具备完备的数学定义,可以较好地将海面部分的图像滤除,有效避免了三维重建过程中外点的产生。需要注意的是,在式(9.3)中求分割阈值时使用参数可调的方法,以有效定位、调整舰船的整体轮廓,避免高亮水域的引入。

由于舰船主体构成复杂,本章的方法未能对船体周边海面信息进行更精细的剔除,尤其是对镂空的支架结构、天线、缆绳等细微特征,未能有效地提取。下一步研究的方向是结合聚类分析和颜色分类的方法,以期给出更精准的结果。

第 10 章 一种基于多角度协同优化的特征点检测稳健算法

对于海面拍摄的可见光舰船图像，海空背景占比大，存在大量的海杂波与云雾杂波。在对非合作的敌方舰船目标或合作的我方目标进行检测时，经常出现对海水和天空的冗余检测，给进一步的图像处理带来困难。

作为图像特征点检测算法中的经典算法，Harris 角点检测算法[206]对图像的噪声、旋转、对比度及亮度的适应性表现稳定[207]。虽然算法本身对尺度变换图像处理乏力，但鉴于较小的计算复杂度，Harris 算法在目标检测领域仍有广泛的应用[208-212]。

近十余年来，涌现出了大量方法来改进 Harris 算法的不足。例如，针对 Harris 算法中高斯滤波器存在过度平滑、位置偏移、漏检、误检或冗余等现象，文献[213-214]和文献[215-216]等分别使用 Bilateral 滤波器和 B 样条滤波器代替高斯滤波器；针对 Harris 算法角点响应函数阈值的选择，依赖人工经验和试探的盲目性，文献[217-226]等给出了大量不同的自适应阈值设置方法，一度成为研究热点；针对特征点的聚簇现象，文献[214,227-229]等给出了相应的约束准则和剔除方法，以剔除伪角点或冗余点；此外，针对 Harris 算法存在的定位不精确的问题，文献[208,230-231]等给出了角点亚像素坐标定位方法。

目前，对于多角度下 Harris 角点检测算法改进，尚未有人对其进行总结或对比分析各种方法的优劣。本章首先对这些多角度的改进方法进行分类，分别对典型的改进方法进行评测，给出在同等条件下最优的改进策略；其次将各种最优的改进策略进行协同，并结合分块、极差等处理方法，给出一种多角度协同优化条件下稳健的 Harris 角点检测算法，与以往的同类优化算法相比，性能测试表现稳定，并能够有效地避免对海空背景的检测，可为海面目标舰船检测提供一种高效、稳定的方法。

10.1 海空背景图像分析

海面拍摄的光学图像包含目标、噪声和背景 3 个基本元素。假设光学图像为$f(x,y)$，数学定义如下[212]：

$$f(x,y)=f_m(x,y)+f_B(x,y)+n(x,y)$$

式中：$f(x,y)$为图像的灰度值；$f_m(x,y)$为目标的灰度值；$f_B(x,y)$为背景的灰度值；$n(x,y)$为噪声的灰度值。海空背景主要指海面区域和天空区域，为图像的低频部分，灰度值变化较小。

可见，光学图像中的海空背景和噪声是加性的。在进行特征点检测时，可使用一定的方法滤除背景和噪声，直接对目标区域进行检测。

10.2 Harris 角点检测算法

Harris 角点检测算法是在一个局部检测窗口中考察平均能量的变化，并结合阈值确定像素点是否为角点的方法。

对于图像$\boldsymbol{I}(x,y)$，其在X方向和Y方向的空间梯度分别为

$$\boldsymbol{I}_x=\frac{\partial \boldsymbol{I}}{\partial x}=\boldsymbol{I}\otimes(-1,0,1),\boldsymbol{I}_y=\frac{\partial \boldsymbol{I}}{\partial y}=\boldsymbol{I}\otimes(-1,0,1)^{\mathrm{T}}$$

利用高斯函数：

$$w(u,v)=\exp\left[-\frac{1}{2}(u^2+v^2)/\delta^2\right]$$

对图像进行平滑，可得

$$\boldsymbol{M}=\begin{bmatrix}\boldsymbol{A} & \boldsymbol{C}\\ \boldsymbol{C} & \boldsymbol{B}\end{bmatrix}=\begin{bmatrix}\boldsymbol{I}_x^2\otimes w & \boldsymbol{I}_{xy}\otimes w\\ \boldsymbol{I}_{xy}\otimes w & \boldsymbol{I}_y^2\otimes w\end{bmatrix}$$

因此，可有表述能量变化的角点响应函数(corner response function, CRF)矩阵：

$$\mathbf{CRF}=\det(\boldsymbol{M})-\alpha\cdot \mathrm{tr}^2(\boldsymbol{M})$$

式中：det 为求$\boldsymbol{M}$的行列式；tr 为求$\boldsymbol{M}$的迹；α取 0.04~0.06。

10.3 现有的改进方法及性能分析

对于 Harris 角点检测算法的改进，主要集中在滤波器、自适应阈值、临近点剔除和亚像素定位 4 个方面。本节分别针对这 4 类改进方法进行性能评测，试验条件见 10.5.1 节。

10.3.1 滤波器改进

本节对比分析不同的滤波器改进。在 Harris 算法中滤波器改进方面，有 Bilateral 滤波和 B 样条滤波两种典型的改进方法。

方法 10.3.1.1[214] Bilateral 滤波函数。表述如下[232]:

$$\boldsymbol{h}(\boldsymbol{x}) = k^{-1}(\boldsymbol{x})\int_{-\infty}^{\infty}\int_{-\infty}^{\infty}\boldsymbol{f}(\xi)c(\xi,\boldsymbol{x})s(\boldsymbol{f}(\xi),\boldsymbol{f}(\boldsymbol{x}))\mathrm{d}\xi$$

正规化系数:

$$k(\boldsymbol{x}) = \int_{-\infty}^{\infty}\int_{-\infty}^{\infty}c(\xi,\boldsymbol{x})s(\boldsymbol{f}(\xi),\boldsymbol{f}(\boldsymbol{x}))\mathrm{d}\xi$$

其中,与几何临近相关的权重 $c(\xi,\boldsymbol{x})$ 和与光度相似相关的权重 $s(\phi,\boldsymbol{f})$,均为欧几里得距离的高斯函数,即

$$c(\xi,\boldsymbol{x}) = \mathrm{e}^{-\frac{1}{2}\left(\frac{d(\xi,\boldsymbol{x})}{\sigma_d}\right)^2},s(\xi,\boldsymbol{x}) = \mathrm{e}^{-\frac{1}{2}\left(\frac{\delta(f(\xi),f(\boldsymbol{x}))}{\sigma_r}\right)^2}$$

式中:$d(\xi,\boldsymbol{x}) = d(\xi - \boldsymbol{x}) = \|\xi - \boldsymbol{x}\|$ 为 ξ 和 $\boldsymbol{x}$ 之间的欧几里得距离;$\delta(\phi,\boldsymbol{f}) = \delta(\phi - \boldsymbol{f}) = \|\phi - \boldsymbol{f}\|$ 为光度值 ϕ 和 $\boldsymbol{f}$ 直接的测量差;σ_d 和 σ_r 分别为与几何权重和光度权重相关的两个可调尺度参数。

方法 10.3.1.2[215] 典型的 N 次 B 样条滤波函数。表述如下:

$$B_n(x) = \sum_{j=0}^{n+1}\frac{(-1)^j}{n!}C_{n+1}^j\left(x + \frac{n+1}{2} - j\right)\cdot u\left(x + \frac{n+1}{2} - j\right)$$

式中:$u(x)$ 为阶跃函数;$x \in R$;N 一般可取 3 或 5。

下面,结合原始 Harris 算法,对这两种方法的检测性能进行对比分析。在方法 10.3.1.1 中,分别取尺度参数 $\sigma_d = 0.1$,$\sigma_r = 1$。在方法 10.3.1.2 中,分别取 $N = 3$ 和 $N = 5$。在算法各环节中,阈值使用文献[219]中的经验模型,并进行非极大值抑制。在 0.01~0.1 的高斯白噪声下,不同滤波器下算法检测结果比较如图 10.1 所示。

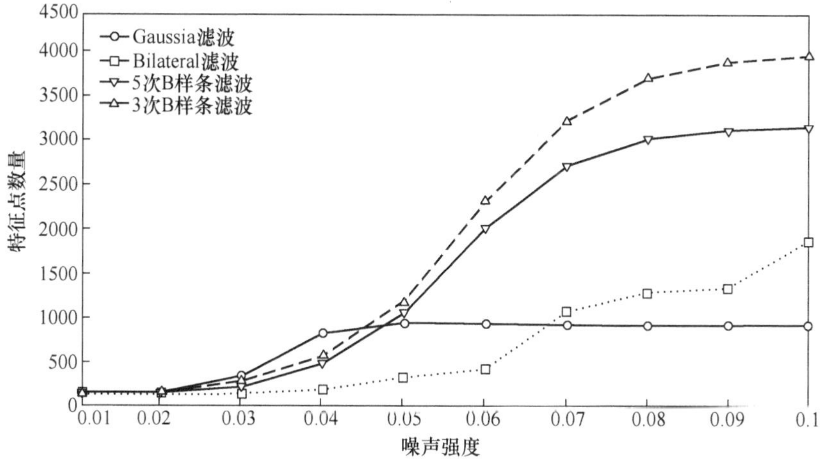

图 10.1 不同滤波器下算法检测结果比较

由图 10.1 可以看出,哪怕在噪声强度较小的情况下,所有基于高斯滤波、双边滤波及 B 样条滤波器算法检测的角点数量均变化明显,这说明去噪预处理是必需的。综合来看,在噪声强度低于 7%时,取决于尺度参数的可调的优势,方法 10.3.1.1 的角点数量较少,这说明基于合适尺度参数的双边滤波器效果较好。

10.3.2 自适应阈值

本节对各种自适应阈值方法进行对比分析。在进行算法初步筛选时,未考虑基于经验值[217-220]和基于矩阵 $\boldsymbol{M}$ 特征值[221-222]的阈值选取方法。一方面,基于经验值的方法,不具备普适性;另一方面,基于矩阵 $\boldsymbol{M}$ 特征值类方法需额外求特征值及特征向量,使自适应阈值的计算复杂度更高,因此暂不在本章的考虑范围内。下面,简述几种典型的自适应阈值设置方法。

方法 10.3.2.1[223] 按固定单位边长对图像进行分块,对每个分块中的 **CRF** 值进行排序,选取前 30%相对较大的 **CRF** 值为特征点。

方法 10.3.2.2[224] 按固定单位边长对图像进行分块,对每个分块中的 **CRF** 值进行排序,选取中位数为阈值、大于阈值的点为特征点。

方法 10.3.2.3[225-226] 按固定单位边长对图像进行分块,对每个分块中的 **CRF** 值进行排序,为了保证各分块中均有角点被保留,取每个分块中角点数量的 $\lambda \in (0,1]$ 倍。取 $\lambda_0 = 0.02$,计算 $\lambda_{n+1} = \lambda_n + 0.02$,如果 $\lambda = 1$,则停止迭代;判断含有角点的各图像块中是否有角点被保留,如果是,则终止迭代,取此时的 λ 。

方法 10.3.2.4[233] 按固定单位边长对图像进行分块,在每个分块中计算阈值:

$$T = \frac{\max\left[\frac{1}{n}\sum_{j=1,i\in[1,n]}^{n}\mathbf{CRF}(i,j) + \frac{1}{m}\sum_{i=1,j\in[1,n]}^{m}\mathbf{CRF}(i,j)\right]}{2}$$

式中: $m \times n$ 为分块大小;如果 $\mathbf{CRF}(i,j) > T$,则判断该点为角点。

方法 10.3.2.5[234-235] 按固定单位边长对图像进行分块,在每个分块中计算初始阈值:

$$T_0 = \frac{I_{\max} + I_{\min}}{2}$$

式中: $I_{\max}$ 和 $I_{\min}$ 分别为所选分块内灰度的极大值和极小值。然后迭代计算:

$$T_{l+1}=\frac{1}{2}\left(\frac{\sum_{I_v=I_{\min}}^{T_i} c_{I_v}\times I_v}{\sum_{I_v=I_{\min}}^{T_i} c_{I_v}}+\frac{\sum_{I_v=I_{\min}}^{I_{\max}} c_{I_v}\times I_v}{\sum_{I_v=T_i+1}^{I_{\max}} c_{I_v}}\right),v\in[1,m\times n]$$

式中：$m\times n$ 为分块大小；v 为像素灰度值；c_{I_v} 为灰度值为 I_v 像素个数；T_l 为第 l 次迭代阈值，当 $abs(T_{l+1}-T_l)<1$ 时，则 T_{l+1} 为合适阈值；如果 $\mathbf{CRF}(i,j)>T$，则判断该点为角点。

方法 10.3.2.6[236] 首先利用 Sobel 模板求取图像水平和垂直方向的梯度，然后阈值用下式计算：

$$T=0.25\times\frac{1}{m\times n}\sum_{i=1}^{m}\sum_{j=1}^{n}\mathbf{CRF}(i,j)$$

式中：$m\times n$ 为图像大小；如果 $\mathbf{CRF}(i,j)>T$，则判断该点为角点。

方法 10.3.2.7[237] 首先对待检测图像进行直方图均衡化，如果 $\mathbf{CRF}(i,j)>0$，则判断该点为角点。

下面，结合 Harris 算法与文献[219]中的经验模型，对上述几种方法的检测性能进行对比分析。算法各环节中统一使用高斯滤波器和非极大值抑制剔除邻近点，采用检测角点数和分布均匀度 u 衡量检测效能。分布均匀度的建立参见文献[237]。在无噪声条件下，结果如图 10.2 所示，表 10.1 为不同方法下获取的特征点个数 n 和耗费的时间 $t(s)$ 对比。

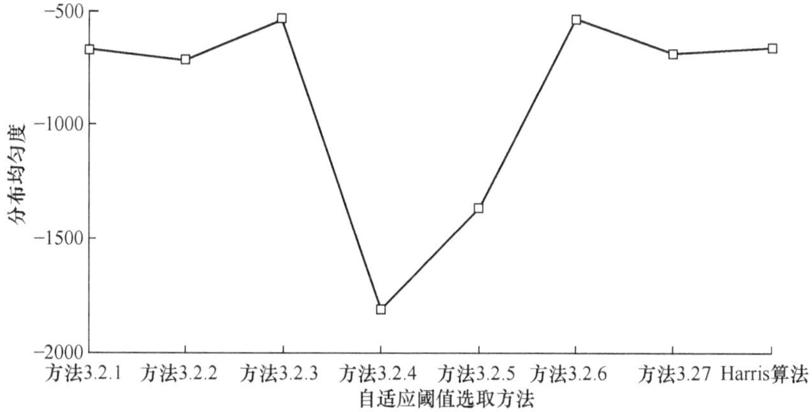

图 10.2 自适应阈值法检测结果分布均匀度对比

表 10.1 自适应阈值法检测特征点数和时间对比

	方法 10.3.2.1	方法 10.3.2.2	方法 10.3.2.3	方法 10.3.2.4	方法 10.3.2.5	方法 10.3.2.6	方法 10.3.2.7	未改方法
n	258	257	157	65536	6636	157	243	158
t	0.38	0.39	0.4	0.43	0.58	0.39	1.42	0.39

由图 10.2 可知，在有分块因素的算法中，方法 10.3.2.3 的分布均匀度较大，说明该方法的自适应阈值选取方法较好。其实，方法 10.3.2.1 与方法 10.3.2.2 都是方法 10.3.2.3 的特殊情况，其固定比例的特征点的选取方式难免出现漏检。在未分块的算法中，方法 10.3.2.6 的分布均匀度较大，效果较好。

10.3.3 邻近点剔除

本节对各种消除特征点聚集的方法进行对比分析。主要考虑典型的距离约束法、非极大值抑制法以及冗余点剔除法等。分别简述如下。

方法 10.3.3.1[214] 设 x 为核心点，x 的邻域中若存在其余特征点的数量为 N，对于任一点 $p \in N$，若 $\| p - x \| < \varepsilon$，$\varepsilon$ 为预设阈值，则取 **CRF** 值大的点为特征点，其余点剔除。

方法 10.3.3.2[227] 在应用模板对图像进行处理时，若模板下特征点的数量大于 1，则只保留 **CRF** 值大的点。

方法 10.3.3.3[228] 设定模板区域，若模板中心位置的 **CRF** 值为该区域中的最大值，且大于 0，则只保留中心位置特征点。

方法 10.3.3.4[229] 计算候选点 $\boldsymbol{I}_c$ 与领域内其他点 $\boldsymbol{I}_p$ 灰度值差的累计平方和：

$$\mathrm{Diff}(\boldsymbol{I}_c(i,j)) = \sum_p (\boldsymbol{I}_p(i,j) - \boldsymbol{I}_c(i,j))^2$$

该值越大，说明候选点与邻域点的灰度值差异越大，该候选特征点所代表的特征越明显，则需保留这样的点作为角点。

下面，结合无邻近点剔除环节的 Harris 算法，对上面几种方面进行对比。采用特征点冗余度[229]来衡量剔除效果的好坏。在特征点集 N 中，若两点 $\boldsymbol{I}_c$ 和 $\boldsymbol{I}_k$ 的空间距离满足：

$$\mathrm{Dis}(\boldsymbol{I}_c, \boldsymbol{I}_k) = \sqrt{(i_c - i_k)^2 + (j_c - j_k) b^2} \leqslant \omega$$

式中：$\boldsymbol{I}_k$ 为冗余点；i, j 为点坐标；$Q = K/N$ 为冗余度；K 为冗余点数量；模板大小同前，取 $\omega = 6$。在算法各环节中，统一使用高斯滤波器和阈值经验模型，不同邻近点剔除法结果对比见表 10.2。

表 10.2 不同邻近点剔除法结果对比

	未剔除	方法 10.3.3.1	方法 10.3.3.2	方法 10.3.3.3	方法 10.3.3.4
Q	0.99	0.89	0.56	0.78	0.61
n	3781	346	117	158	79
t	0.35	0.36	0.45	0.41	0.39

可见,在同样模板大小的情况下,利用方法 10.3.3.2 效果更好。

10.3.4 亚像素定位

本节对典型的亚像素定位方法进行对比分析。主要针对二次曲面拟合法、最小二乘欧几里得距离法和灰度梯度法。

方法 10.3.4.1[230-231] 设待求二次曲面为

$$\mathbf{CRF}(x,y) = ax^2 + bxy + cy^2 + dx + ey + f$$

求取 a,b,c,d,e,f, 可得相对于整像素点 (x_0,y_0) 的中心偏移值:

$$\Delta x_0 = \frac{2cd - be}{b^2 - 4ac}, \Delta y_0 = \frac{2ae - bd}{b^2 - 4ac}$$

因此,角点的坐标为 $(x_0 + \Delta x_0, y_0 + \Delta x_0)$。

方法 10.3.4.2[208,238] 在模板范围内亚像素角点坐标为

$$x = \sum_{i=1}^{n} \frac{\mathrm{CRF}_i}{\sum\limits_{i=1}^{n} \mathrm{CRF}_i} x_i, y = \sum_{i=1}^{n} \frac{\mathrm{CRF}_i}{\sum\limits_{i=1}^{n} \mathrm{CRF}_i} y_i$$

式中: n 为模板内特征点的个数。

方法 10.3.4.3 在以 (x,y) 为核心的 3×3 模板内,求 (x,y) 的梯度 $\boldsymbol{b}$, 再求其在水平和垂直方向的偏导数矩阵 $\boldsymbol{A}$, 可得亚像素坐标为 $X = \boldsymbol{A}^{-1}\boldsymbol{b}$ 。

在测试图像上选取 6 个坐标点,获得其正确坐标,如图 10.3 所示。

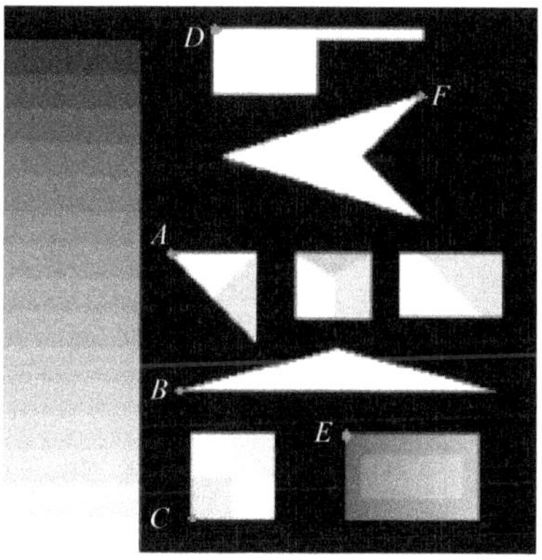

图 10.3 典型角点坐标分别为 $A(80,116)$、$B(85,180)$、$C(91,240)$、$D(101,11)$、$E(165,201)$、$F(200,42)$

这里用距离差的均值评估亚像素定位坐标 (x_i,y_i) 与标准坐标 (x_0,y_0) 的误差,公式如下:

$$\varepsilon = \frac{\sum_{i \in n} \sqrt{(x_i - x_0)^2 + (y_i - y_0)^2}}{n}$$

在算法各环节中,统一使用高斯滤波器、阈值经验模型和非极大值抑制,结果如表 10.3 所示。

表 10.3 亚像素定位均差比较

	未经定位	方法 10.3.4.1	方法 10.3.4.3	方法 10.3.4.2
ε	1.17	0.93	0.95	2.35

可见,二次曲面拟合法 3.4.1 误差相对较小。

10.4 基于多角度协同优化的稳健算法

本节综合 10.3 节的优化策略,通过大量理论分析和交叉试验后,协同多角度最佳优化策略与区域像素极差方法[239]对 Harris 算法进行优化,从而给出一种稳健的角点检测算法。

10.4.1 算法描述

步骤 1 对图像进行分块,对每个分块求灰度的极差,即该分块中最大值与最小值的差,并求所有分块极差的平均值 r;

步骤 2 设 $\beta > 0$,令 $s = \beta r$,对小于 s 的极差分块,将其剔除,不进行特征点提取作业;

步骤 3 计算图像 $\boldsymbol{I}(x,y)$ 在的空间梯度 $\boldsymbol{I}_x$ 和 $\boldsymbol{I}_y$,并求 $\boldsymbol{I}_x^2$,$\boldsymbol{I}_y^2$ 和 $\boldsymbol{I}_{xy}$;

步骤 4 利用方法 10.3.1.1 的 Bilateral 滤波函数对 $\boldsymbol{I}_x^2$、$\boldsymbol{I}_y^2$ 和 $\boldsymbol{I}_{xy}$ 进行卷积运算,生成 $\boldsymbol{M}$ 矩阵;

步骤 5 对每个像元计算响应值 **CFR**,并使用方法 10.3.2.3 的迭代方法计算自适应阈值,获取特征点初步信息;

步骤 6 利用方法 10.3.3.2,基于 7×7 大小模板,进行邻近点剔除;

步骤 7 利用方法 10.3.4.1,进一步对所得特征点进行亚像素级坐标精化。

10.4.2 算法的稳健性

本章算法首先基于双边滤波器和自适应阈值方法改进 Harris 角点检测算法,由于双边滤波器尺度参数可调,特征点提取数量可变,因此对于噪声的平滑比较理想,一般情况下,不存在无法找到特征的情况。其次利用模板内灰度值比较和二次曲面法亚像素定位,确保给出最精简的角点信息。在极差方法的辅助下,算法可进行全局搜索,保证了算法的收敛性。上述优化因素的协同,保证了算法具备较好的稳健特性,适合定尺度图像特征的提取应用。

10.5 数值试验与应用

10.5.1 试验条件

本章对于 CRF 的计算,统一采用下式[241]:

$$\mathrm{CRF}=\frac{\det(\boldsymbol{M})}{tr(\boldsymbol{M})+\tau}$$

式中:τ 为一个很小的正数,这里取 10^{-6}。采用这个公式可避免参数 α 的的人工选取。对滤波、卷积或邻域选择模板的大小一律取 7×7。对需要进行分块的算法,一律采用固定单位边长 16×16 像素。使用标准角点测试图像 synthetic,大小为 256×256。CPU 主频为 3.3GHz,运行环境为 Matlab R2014a。

针对本文给出的多角度协同优化稳健算法,取 $s=1$,依旧取与 10.3 节一致的 0.01~0.1 的高斯白噪声,为达到滤波器环节与自适应阈值环节的协同优化,这里设置 Bilateral 滤波器的两个参数分别为 $\sigma_d=30$、$\sigma_r=100$。

10.5.2 结果分析

将本章综合改进的 Harris 算法与 10.3 节中表现较优的各个改进算法进行对比,不同噪声下本章算法的性能如表 10.4 所示。与 10.3 节中的各个改进方法相比,本章提出的算法随噪声的增加,特征点、分布均匀度、定位误差变化相对稳定,当 $\omega=6$ 时,冗余度基本为零,这说明该算法拥有较好的稳健性。

表 10.4 不同噪声下本章算法的性能

	0	0.01	0.02	0.03	0.04	0.05	0.06	0.07	0.08	0.09	0.1
n	81	88	84	81	78	78	79	77	78	77	77
u	−383	−449	−471	−470	−443	−445	−448	−428	−440	−443	−443
Q	0.17	0	0	0	0	0	0	0	0	0	0
ε	2.33	2.39	2.39	2.39	2.39	2.39	2.54	2.5	2.5	2.62	2.77

为保证舰船目标检测的稳定性,并避免对海空背景的检测,由本章的分析可知,对于 Harris 算法在滤波器方面的改进,双边滤波器因其对边缘保留的良好性质和可调的参数,具备较好的噪声平滑性能,但不足是检测时间较长;对于自适

应阈值方面的改进,采用迭代方法计算局部较大特征点比例的方法能够取得较好的效果;对于邻近点剔除方面的改进,取模板中较大 CRF 值的方法可剔除更多的冗余点;对于亚像素定位方面的改进,基于二次曲面拟合的方法,能够取得更高的定位精度。

大量实验表明,各角度下的各种改进方法都有其优缺点,本章综合效果较好的改进方法,对 Harris 角点检测算法在整体上进行协同优化,给出的算法具备较好的稳健性和检测性能,有效地解决了海面目标检测海空背景剔除的问题。然而,该算法仍然存在自适应性不足的缺陷,虽然融入了自适应阈值的设置方法,但是在双边函数的尺度参数和全局极差均值系数的设置上,仍需要进一步的自适应改进。

第 11 章　基于目标尺度的自适应加权函数特征点检测方法

Harris 角点检测方法[206]作为图像特征点检测的经典算法，对图像的噪声、旋转、对比度及亮度的适应性表现稳定[242]。鉴于该类算法较小的计算复杂度，Harris 算法与 Harris-Laplace 算法在目标检测领域仍有广泛的应用[243-245]。

近年来，人们已不满足利用基于固定高斯加权函数的 Harris 方法提取噪声图像特征。因为若高斯加权函数的标准差取定值，目标模板大小固定，则易导致滤波器存在过度平滑、位置偏移、漏检、误检或冗余等现象的产生。文献[246-250]等使用双边滤波函数代替高斯滤波函数，使特征点的提取在去噪保边的特性上得以改善。但是，对于双边滤波函数中的空间标准差和亮度标准差，现有方法均是人工试凑，费时、费力。

基于图像形态学结构，文献[193]提出了目标尺度的概念，基于邻域半径搜索和邻域相似度的计算，用满足条件的邻域半径表征像素点的局部特征，并给出了图像的平滑算法，相关研究也可见文献[194]。文献[251]和文献[252]将目标尺度的方法分别应用了高斯滤波器和双边滤波器，对图像去噪实现了两种滤波器的自适应滤波。因此，本章将上述两种策略相结合，给出了自适应加权函数的 Harris 特征点检测方法。首先对目标尺度在数学范畴进行重新定义的基础上，应用高斯核函数和双边函数作为 Harris 特征点检测方法中的加权函数；其次将计算所得的目标尺度矩阵作为各个加权函数的标准差大小，并以此针对每个像素定义了合适大小的模板；最后进行了仿真试验，验证了几个算子改进方案对噪声均具有较好的鲁棒性。

11.1　自适应加权函数优化

11.1.1　不同加权函数在 Harris 特征点检测方法的应用

Harris 检测方法[206]的核心是自相关矩阵的计算，自相关矩阵描述了图像的特征结构。对于 Harris 算子，自相关矩阵的定义如下：

$$M=\begin{bmatrix} w\otimes I_x^2 & w\otimes I_x\cdot I_y \\ w\otimes I_x\cdot I_y & w\otimes I_y^2 \end{bmatrix} \tag{11.1}$$

而对于 Harris-Laplace 算子,自相关矩阵的定义如下:

$$M=\sigma_D^2 w(\sigma_I)\otimes\begin{bmatrix} L_x^2(x,y,\sigma_D) & L_xL_y(x,y,\sigma_D) \\ L_xL_y(x,y,\sigma_D) & L_y^2(x,y,\sigma_D) \end{bmatrix} \tag{11.2}$$

在式(11.6)中,对于 I_x、I_y 为图像 I 的像素点 (x,y) 分别在 x、y 方向的一阶导数。w 为加权函数,可取高斯核函数:

$$w(u,v)=\frac{1}{(\sqrt{2\pi}\sigma)^2}\mathrm{e}^{-\frac{u^2+v^2}{2\sigma^2}} \tag{11.3}$$

或双边滤波函数[232]:

$$w(\boldsymbol{x})=k^{-1}(\boldsymbol{x})\int_{-\infty}^{\infty}\int_{-\infty}^{\infty}\boldsymbol{f}(\xi)c(\xi,\boldsymbol{x})s(\boldsymbol{f}(\xi),\boldsymbol{f}(\boldsymbol{x}))\mathrm{d}\xi$$

正规化系数:

$$k(\boldsymbol{x})=\int_{-\infty}^{\infty}\int_{-\infty}^{\infty}c(\xi,x)s(\boldsymbol{f}(\xi),\boldsymbol{f}(\boldsymbol{x}))\mathrm{d}\xi$$

其中,与几何邻近相关的权重 $c(\xi,\boldsymbol{x})$ 和与光度相似相关的权重 $s(\phi,\boldsymbol{f})$,均为欧几里得距离的高斯函数,即

$$c(\xi,\boldsymbol{x})=\mathrm{e}^{-\frac{1}{2}\left(\frac{d(\xi,\boldsymbol{x})}{\sigma_d}\right)^2},s(\xi,\boldsymbol{x})=\mathrm{e}^{-\frac{1}{2}\left(\frac{\delta(\boldsymbol{f}(\xi),\boldsymbol{f}(\boldsymbol{x}))}{\sigma_r}\right)^2} \tag{11.4}$$

式中:$d(\xi,\boldsymbol{x})=d(\xi-\boldsymbol{x})=\|\xi-\boldsymbol{x}\|$ 为 ξ 和 $\boldsymbol{x}$ 之间的欧几里得距离,$\delta(\boldsymbol{\phi},\boldsymbol{f})=\delta(\boldsymbol{\phi}-\boldsymbol{f})=\|\boldsymbol{\phi}-\boldsymbol{f}\|$ 为光度值 $\boldsymbol{\phi}$ 和 $\boldsymbol{f}$ 直接的测量差,σ_d 和 σ_r 分别为与几何权重和光度权重相关的两个可调尺度参数,这里分别称为空间标准差和光度标准差。

在式(11.7)中,

$$L_x(x,y,\sigma_D)=w_{\sigma_D}\otimes I,w_{\sigma_D}=\frac{x}{\sigma^2}\cdot\frac{1}{\sqrt{2\pi}\sigma}\mathrm{e}^{-\frac{x^2}{2\sigma^2}},L_y=L'_x$$

式中:σ_D 为微分尺度;σ_I 为积分尺度;加权函数 $w(\sigma_I)$ 同理可取高斯函数或双边函数[246]。

在式(11.3)和式(11.4)中,标准差的取值多是定值,最多只能随整幅图像尺度变化而变化,不能随图像内像素值的相对变化而变化,在对噪声图像进行特征点检测时,需要人工反复确定最佳的标准差,耗时费力。

11.1.2 基于目标尺度的加权函数标准差优化

下面,本节基于目标尺度的概念,针对加权函数 w 的标准差进行自适应优

化，以改进 Harris 特征点检测方法。

1. 自适应高斯核加权函数

由 9.1.1 节可知，目标尺度表征目标结构形态学意义上的大小[252]，则对于图像中 (x,y) 点的目标尺度 R_{xy} 可表示为 (x,y) 点邻域平滑区域的大小，也可以看作高斯核函数的半峰全宽，因此根据文献[251]，可令

$$\sigma_{xy} = R_{xy}$$

则对于点 (x,y)，可由下式确定自适应高斯核加权矩阵：

$$w_G(i,j) = \frac{1}{2\pi\sigma_{xy}^2}e^{-\frac{(i-k-1)^2+(j-k-1)^2}{2\sigma_{xy}^2}} \tag{11.5}$$

其中，$1 \leqslant i \leqslant m, 1 \leqslant j \leqslant n, m = n = 2k + 1$ 为动态模板大小，$k = R_{xy}$。

2. 自适应双边加权函数

对于双边函数空间标准差和光度标准差的自适应，同理可令 (x,y) 点的空间标准差 $\sigma_d = R_{xy}$。而对于光度标准差 σ_r，可令

$$\sigma_r = \mu_l + t\sigma_l \quad (t \in [0,3]) \tag{11.6}$$

式中：μ_l 和 σ_l 分别为 (x,y) 点邻域图像取值的均值和标准差。因此，自适应双边函数加权矩阵如下：

$$w_B(i,j) = \frac{\sum\limits_{x,y} I(x,y) \cdot e^{-\frac{(i-x)^2+(j-y)^2}{2\sigma_d^2}-\frac{\| I(i,j)-I(x,y) \|^2}{2\sigma_r^2}}}{\sum\limits_{x,y} e^{-\frac{(i-x)^2+(j-y)^2}{2\sigma_d^2}-\frac{\| I(i,j)-I(x,y) \|^2}{2\sigma_r^2}}} \tag{11.7}$$

其中，$1 \leqslant i \leqslant m, 1 \leqslant j \leqslant n, m = n = 2k + 1$ 为动态模板大小，$k = R_{xy}$。

11.2 几种自适应加权函数 Harris 特征点检测改进方案

基于 9.1.1 节、11.1 节所述，结合目标尺度所得具备自适应标准差的加权函数式(11.10)和式(11.12)，分别改进 Harris 算子和 Harris-Laplace 算子，方案如表 11.1 所列，详细的检测算子表达不再赘述。

表 11.1 自适应加权函数实施方案

算子名称	实施方案
Adaptive Gaussian Harris (AGH)	Harris 算子(11.6)的自适应高斯函数加权(11.10)
Adaptive Bilateral Harris (ABH)	Harris 算子(11.6)的自适应双边函数加权 (11.12)
Adaptive Gaussian Harris-Laplace (AGHL)	Harris-Laplace 算子(11.7)的自适应高斯函数加权(11.10)
Adaptive Bilateral Harris-Laplace (ABHL)	Harris-Laplace 算子(11.7)的自适应高斯函数加权(11.12)

11.3 仿真试验

为验证改进方案的可行性,本节针对两个标准测试图像进行仿真试验。

首先,对 block 图像进行检测,原图及参考点如图 11.1(a)所示。参数设置如下:式(11.2),取 $s = 20\%$;式(11.4),取 $t = 0$;式(11.5),取 $T_s = 0.85$;式(11.11),取 $t = 0$。对于 Harris 算子,取高斯窗大小为 21×21,标准差 $\sigma = 10$;在相同的高斯噪声和角点响应阈值下,检测结果分别如图 11.1(b)~图 11.1(g)所示,可见,Harris 算子将很多噪声误作角点,AGH 算子和 ABH 算子能够滤除大部分噪声;由于在多尺度下的检测,Harris-Laplace 算子、AGHL 算子和 ABHL 算子均可滤除大部分噪声。

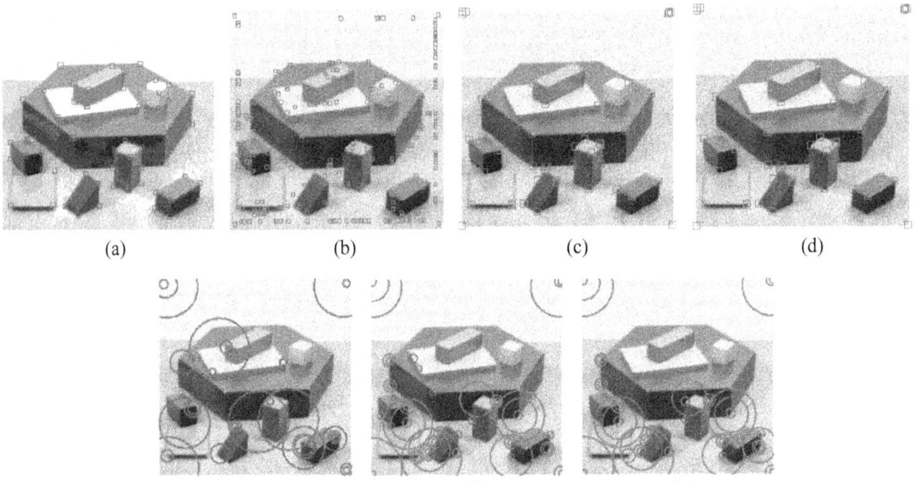

图 11.1 Harris、AGH、ABH、Harris-Laplace、AGHL 及 ABHL 算子的检测对比
(a)参考点;(b) Harris;(c) AGH;(d) ABH;(e) Harris-Laplace;(f) AGHL;(g) ABHL。

其次,为验证文中自适应滤波器加权的算法对噪声的鲁棒性,对 synthetic 测试图添加标准差为 1%~10%的高斯噪声,采用重复率来衡量算法的抗噪声干扰能力。重复率的表达如下[247-248]:

$$\eta_n = \frac{n_0 \cap n_i}{\mathrm{Min}(n_1, n_i)} \quad (i \geqslant 0)$$

式中:n_0 为未添加噪声时的特征点检测数;n_i 为不同噪声强度下的特征点检测数,$n_0 \cap n_i$ 为二者的重复数;$\mathrm{Min}(n_1, n_i)$ 二者的最小数。重复率越大,说明算法的抗噪性越好。参数配置同上,重复率比较分别如图 11.2 和图 11.3 所示。可见,AGH 算子和 ABH 算子对噪声的鲁棒性均优于 Harris 算子,AGHL 算子和 ABHL 算子总体也比 Harris-Laplace 算子的抗噪性好。

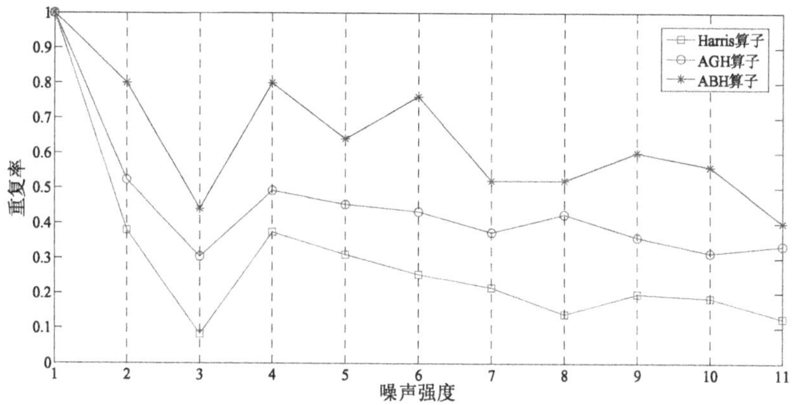

图 11.2　不同噪声强度下 Harris 算子、AGH 算子和 ABH 算子检测重复率对比

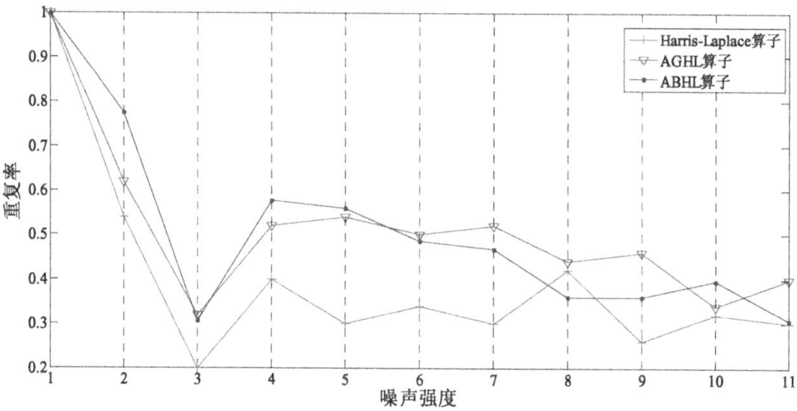

图 11.3　不同噪声强度下 Harris-Laplace 算子、AGHL 算子和 ABHL 算子检测重复率对比

数值试验表明,该方法可在噪声不断加大的情况下,保持相对较大的特征点重复率,明显优于定值标准差加权函数下检测算子的抗噪性,这说明自适应加权函数优化方法可使 Harris 检测算子对图像白噪声的污染具备较好的鲁棒性。

第 12 章　基于多集分裂可行性问题显式混合收敛算法的基础矩阵估计

本章主要探讨如何将基础矩阵的估计问题转化为多集分裂可行性问题(multi-sets split feasibility problem, MSSFP)求解,首先给出了问题如何转化;其次引入多集分裂可行性问题,并给出了几个重要的将要用到的结论;再次给出了几个显式混合算法,并分别证明了其强收敛性;最后在给出数值分析后,进行了总结,并讨论了下一步的研究方向。

12.1 问题转化

在第 5 章中,在利用 RANSAC 鲁棒估计基本矩阵 $\boldsymbol{F}_n$ 时,需要分别计算所有能满足式(5.5)的最大内点数目,进而选择对应的匹配点集,需要不断搜寻最优匹配点,计算复杂度较高。本节将基础矩阵估计的问题进行转化,使之抽象为多集分裂可行性问题,然后构建相应的算法进行求解,整个过程不需要设置阈值和搜寻匹配点,并能取得较好的结果。

设两幅图像间的匹配点数为 t ,设非空闭凸子集 $C_i = \{\boldsymbol{F}_i \mid \boldsymbol{x}_{L_i}^{\mathrm{T}}\boldsymbol{F}_i\boldsymbol{x}_{R_i} = 0\}$, $Q_i = \{\boldsymbol{0}\}$, 则由式(5.7)的定义可知,求取基础矩阵 $\boldsymbol{F}_n$ 可表述如下:

$$\boldsymbol{F} \in C := \bigcap_{i=1}^{t} C_i \quad \text{s.t.} \quad \boldsymbol{AF} \in Q := \bigcap_{i=1}^{t} Q_i$$

为一个典型的多集分裂可行性问题。

本章通过给出多集分裂可行性问题的定义、求解算法构建及证明,然后利用构建出的三个算法进行基础矩阵的估计,并给出仿真分析。

12.2 多集分裂可行性问题

设 C 为实希尔伯特空间 H 的非空闭凸子集,变分不等式问题即寻找一个点 $x^* \in C$, 有

$$\text{s.t.} \ \langle F(x^*), x - x^* \rangle \geqslant 0 \tag{12.1}$$

式中：F 为 k -Lipschitz，且 η 为 H 中的强单调映射。自从 Yamada [253] 引入了一个混合最速下降法来解决变分不等式(12.1)，Xu 和 Kim[254]、Zeng[255]、Liu 和 Cai[256] 以及 Iemtoo 和 Takahashi[257] 作了相关改进和拓展工作。最近，Buong 和 Duong[258] 基于 Krasnosel' ski-Mann(KM)迭代给出了一个新的混合最速下降算法，之后，Zhou 和 Wang [259] 将其改进并提出了一个更简单有效的算法。Kim 和 Buong[260] 也给出了另外的一种形式。

注意，当式(12.1)中有 $C=\bigcap_{i=1}^{t} C_i$，且 $C_1, C_2, \cdots, C_t$ 为 H 中的 t 个闭凸子集，使 $\bigcap_{i=1}^{t} C_i \neq \varnothing$，可应用混合的方法来改进多集分裂可行性问题[261]，其表达如下：

$$\text{寻找 } x^* \in C:=\bigcap_{i=1}^{t} C_i \quad \text{s.t.} \quad Ax^* \in Q:=\bigcap_{j=1}^{r} Q_j \tag{12.2}$$

式中：$r, t \geqslant 1$，为整数；$C_1, C_2, \cdots, C_t$ 和 $Q_1, Q_2, \cdots, Q_r$ 分别为 H_1 和 H_2 中的闭凸子集；$A: H_1 \to H_2$ 为有界线性算子。

本章只需考虑具有固定步长的核心迭代格式。目前，部分学者已经提出了一些解决 MSSFP(12.2)的算法，参见文献[261-264]。在文献[262]中，Xu 提出了三个弱收敛算法，即连续迭代方法、平行迭代方法和循环迭代方法，以解决希尔伯特空间中一个简单的最小化问题。在文献[265]中，Xu 给出了一种循环形式的强收敛算法，Guo 和 Yu[266] 给出了其他形式的强收敛证明。之后，He 和 Liu[267] 提出了几个变参数 Krasnosel' ski-Mann 迭代算法，弱收敛到一个公共不动点。Deng 和 Chen[268] 应用混合的方法求解 MSSFP，但他们的算法不是隐格式就是连续型的。

然而，对于一些典型的问题，文献[265]和文献[266]中的强收敛算法有时可能不会比文献[262, 267]弱收敛算法取得的结果更好。因此，为构建更有效的强收敛迭代格式，本章提出了几个显式混合的强收敛算法来求解 MSSFP(12.2)，其仍可结合最速下降法求解变分不等式(12.1)。

12.3 参引结论

设 MSSFP(12.2)的解集 $\Gamma = C \cap A^{-1}(Q) \neq \varnothing$，则其等价为下面最小化问题：

$$\min_{x \in \Gamma} q(x) := \frac{1}{2} \sum_{j=1}^{r} \beta_j \| P_{Q_n} Ax - Ax \|^2 \tag{12.3}$$

其中，$\beta_j > 0, 1 \leqslant j \leqslant r, \sum_{j=1}^{r}\beta_j = 1$。$q$ 的梯度是

$$\nabla q(x) = \sum_{j=1}^{r}\beta_j A^*(I - P_{Q_n})Ax \tag{12.4}$$

式中：∇q 为 L -Lipschitz 的和$(1/L)$-ism 的，且 $L = \|A\|^2 \sum_{j=1}^{r}\beta_j$。

引理 12.1[262] 假设 MSSFP(12.2)是相容的。令 $T_i: = P_{C_n}(I - \gamma \nabla q), i = 1,2,\cdots,t$，其中 $0 < \gamma < 2/L$。映射 $U = T_t, T_{t-1}, \cdots, T_1$ 是均值的；凸组合 $S: = \sum_{i=1}^{t}\alpha_i T_i$ 是均值的，其中 $\alpha_i > 0, \sum_{i=1}^{t}\alpha_i = 1$；$T_{[n+1]} = T_{n\mathrm{mod}t}$ 也是均值的，其中 mod 取值 $\{1,2,\cdots,t\}$。

引理 12.2[262, 265-267] 由 U、S 或 $T_{[n+1]}$ 表示均值算子 T，具体定义见引理 12.1。对于 H 中的任意点 x_0, y_0 和 $z_0, n \geqslant 0$，序列 $\{x_n\}$、$\{y_n\}$ 和 $\{z_n\}$ 由下式产生：

$$x_{n+1} = Tx_n \tag{12.5}$$

$$y_{n+1} = (1 - \alpha_n)Ty_n \tag{12.6}$$

和

$$z_n = (1 - b_n)z_n + b_n Tx_n \tag{12.7}$$

式中：$\{a_n\}$ 和 $\{b_n\}$ 为 $(0,1)$ 中的实数序列，分别满足文献[265]、文献[266]和文献[267]中的条件。则 $\{x_n\}$ 和 $\{z_n\}$ 弱收敛到 MSSFP(12.2)的一个解，当 MSSFP(12.2)是一致的时，$\{y_n\}$ 强收敛到 MSSFP(12.2)的最小范数解。

定义 12.3 设均值算子 U、S 和 $T_{[n+1]}$ 如引理 12.1，令 $f:H \to H$ 表达式为

$$f(x_1, x_2): = (1 - \alpha_n)x_1 + \alpha_n x_2 \quad (n \geqslant 0)$$

其中，$\alpha_n \in [0,1]$。设映射 $X: = Uf(S, T_{[n+1]})$、$Y: = Sf(U, T_{[n+1]})$ 和 $Z: = T_{[n+1]}f(U,S)$ 为均值算子，则令 $B:H \to H$ 为均值算子，有

$$B: = a_n X + b_n Y + c_n Z \quad (n \geqslant 0)$$

其中，a_n、b_n 和 c_n 为 $\mathbb{R}$ 中的序列，且 $a_n + b_n + c_n = 1$。

引理 12.4[253] 令 $F:H \to H$ 为 k -Lipschitz 连续的，且 η 为强单调映射。对于 $\lambda \in (0,1)$ 和一个固定值 $\mu \in (0, 2\eta/k^2)$，令 $T^\lambda: = (I - \lambda\mu F)$ 以及 $\tau: = 1 - \sqrt{1 - \mu(2\eta - \mu k^2)} \in (0,1)$，则有

$$\|T^\lambda x - T^\lambda y\| \leqslant (1 - \lambda\tau)\|x - y\| \tag{12.8}$$

对所有 $x, y \in H, T^\lambda: H \to H$，为 H 中的压缩算子。

引理 12.5[269] 设 C 为实希尔伯特空间 H 中的非空闭凸子集，$T:C \to C$ 为非扩张映射。则 $I - T$ 在 C 上是半闭的，即如果 $x_n \rightharpoonup x \in C$ 和 $x_n - Tx_n \to 0$ 成立，

则 $x = Tx$。

引理 12.6[270] 设 $\{x_n\}$、$\{z_n\}$ 为 Banach 空间 E 中的有界序列,设 $\{\beta_n\}$ 为 $[0,1]$ 中的序列,满足下面的条件:$0 < \underline{\lim}_{n\to\infty}\beta_n \leqslant \overline{\lim}_{n\to\infty}\beta_n < 1$。假设对所有 $n \geqslant 0$,$x_{n+1} = (1-\beta_n)x_n + \beta_n z_n$ 成立,且 $\overline{\lim}_{n\to\infty}(\|z_{n+1}-z_n\| - \|x_{n+1}-x_n\|) \leqslant 0$,则 $\lim_{n\to\infty}\|z_n - x_n\| = 0$。

引理 12.7[271] 假设 $\{s_n\}$ 为非负实数序列,满足关系 $s_{n+1} \leqslant (1-\sigma_n)s_n + \sigma_n\delta_n$,其中 $\{t_n\} \subset (0,1)$ 和 $\{\sigma_n\} \subset \mathbb{R}$ 满足条件:(i) $\sum_{n=1}^{\infty}\sigma_n = \infty$;(ii) $\overline{\lim}_{n\to\infty}\delta_n \leqslant 0$ 或 $\sum_{n=1}^{\infty}|\sigma_n\delta_n| < \infty$。则当 $n\to\infty$ 时,$s_n \to 0$。

12.4 算法构建及证明

本节给出几个混合强收敛算法求解 MSSFP(12.2),即寻找变分不等式(12.1)和 MSSFP(12.2)的一个解 x^*。对于连续、平行和循环算法,有下面的定理。

定理 12.1 设 H 为实希尔伯特空间,$F:H\to H$ 为 k-Lipschitz 和 η-强单调映射。设均值算子 T_a 为引理 12.1 中的 U、S 或 $T_{[n+1]}$。设 $\{T_i\}_{i=1}^{t}$ 为 H 的有限族均值映射,且 $\mathcal{F}=\cap_{i=1}^{t}\mathrm{Fix}(T_i) \neq \varnothing$,取 $\forall x_0 \in H$,$\{x_n\}$ 序列由下式产生:

$$x_{n+1} = (I - \lambda_n\mu F)T_a x_n \quad (n \geqslant 0) \tag{12.9}$$

其中,$\lambda_n \in (0,1)$ 满足(P_1) $\lim_{n\to\infty}\lambda_n = 0, \sum_{n=0}^{\infty}\lambda_n = \infty$;($P_2$) $T_i = P_{C_n}(I-\gamma F), i = 1,2,\cdots,t, \gamma \in (0,2/L)$。则序列 $\{x_n\}$ 强收敛到(MSSFP)的解 $x^* \in \Gamma$,并依范数收敛到下面不等式的唯一解:

$$\langle Fx^*, x - x^*\rangle \geqslant 0, \forall x \in \Gamma \tag{12.10}$$

证明 首先证明 $\{x_n\}$ 是单调有界的。由于 T_a 是非扩张的,由引理 12.4 和式(12.9),取 $p \in \Gamma$ 有

$$\begin{aligned}\|x_{n+1}-p\| &= \|(I-\lambda_n\mu F)(T_a x_n - p) + \lambda_n\mu Fp\| \\ &\leqslant (1-\lambda_n\tau)\|x_n - p\| + \frac{\mu}{\tau}\|Fp\| \\ &\leqslant \max\left\{\|x_0 - p\|, \frac{\mu}{\tau}\|Fp\|\right\}\end{aligned}$$

这说明 $\{x_n\}$ 是有界的。

下面,取

$$\|x_{n+1}-x_n\| = \|(I-\lambda_n\mu F)T_a(x_n-x_{n-1})+(\lambda_{n-1}-\lambda_n)\mu FT_ax_{n-1}\|$$
$$\leqslant (1-\lambda_n\tau)\|x_n-x_{n-1}\| + |\lambda_n-\lambda_{n-1}|\,\|\mu FT_ax_{n-1}\|$$

利用 (P_1) 和 (P_2) 和引理 12.7,有

$$\lim_{n\to\infty}\|x_{n+1}-x_n\| = 0 \tag{12.11}$$

令 $u_n=T_ax_n$,可得

$$\|x_n-u_n\| \leqslant \|x_n-x_{n+1}\| + \|x_{n+1}-u_n\| \leqslant \|x_n-x_{n+1}\| + \lambda_n\mu\|Fu_n\|$$

由 (P_1) 和式(12.11),可得

$$\lim_{n\to\infty}\|x_n-u_n\| = 0 \tag{12.12}$$

由于 $\{x_n\}$ 是有界的,当 $i\to\infty$ 时,存在子序列 $x_{n_i}\rightharpoonup x^*$ 。一般地,当 $i\to\infty$ 时,可假设 $x_n\rightharpoonup x^*$, 结合式(12.12)和引理 12.5,可有 $x_n\rightharpoonup x^*\in \mathrm{Fix}(T_a)$。

由引理 12.1 和引理 12.2 可知,当 $n\to\infty$ 时, $u_n\rightharpoonup\tilde{x}$, 且 $\tilde{x}\in\Gamma$ 。因此:

$$\overline{\lim_{n\to\infty}}\langle F_x^*,u_n-x^*\rangle = \langle Fx^*,\tilde{x}-x^*\rangle \geqslant 0, x^*\in\Gamma \tag{12.13}$$

最终,可证 $x_n\to x^*$ 依据,可取

$$\begin{aligned}\|x_{n+1}-x^*\|^2 &= \|(I-\lambda_n\mu F)(u_n-x^*)-\lambda_n\mu Fx^*\|^2\\ &= \|(I-\lambda_n\mu F)(u_n-x^*)\|^2+\lambda_n^2\mu^2\|Fx^*\|^2\\ &\quad -2\lambda_n\mu\langle(I-\lambda_n\mu F)(u_n-x^*),Fx^*\rangle\\ &\leqslant (1-\lambda_n\tau)\|x_n-x^*\| - 2\lambda_n\mu\langle u_n-x^*,Fx^*\rangle\\ &\quad +\lambda_n^2\mu^2\|Fx^*\|^2+2\lambda_n^2\mu^2\|Fu_n-Fx^*\|\,\|Fx^*\|\\ &= (1-\sigma_n)\|x_n-x^*\| + \sigma_n\delta_n\end{aligned}$$

其中, $\sigma_n=\lambda_n\tau$:

$$\delta_n = \frac{-2\mu}{\tau}\langle u_n-x^*,Fx^*\rangle + \frac{\lambda_n\mu^2}{\tau}(\|Fx^*\|^2+2\|Fu_n-Fx^*\|\,\|Fx^*\|)$$

显然 $\sum_{n=0}^{\infty}\sigma_n=\infty$ 和 $\overline{\lim_{n\to\infty}}\delta_n\leqslant 0$。因此,由引理 12.7 可推出,当 $n\to\infty$ 时, $x_n\to x^*$ 。

注 12.2 在定理 12.1 中,如果 $F=I$, 则算法(12.9)简化为算法(12.6),并强收敛到 MSSFP(12.2)的一个极小范数解。

定理 12.3 设 H 为实 Hilbert 空间,且 $F:H\to H$ 为 k-Lipschitzian, η 强单调映射, Ω 为 H 中的非空闭凸子集, $\{T_i\}_{i=1}^t$ 为 H 的 t 均值映射,使 $\mathcal{F}=\bigcap_{i=1}^t Fix(T_i)\neq\varnothing$ 。给出初始点 $x_0\in\Omega$,迭代格式如下:

$$\begin{cases}x_0\in\Omega, y_n^0=x_n, n\geqslant 0\\ y_n^i=T_iy_n^{i-1}, i=1,2,\cdots,t\\ x_{n+1}=P_\Omega\left[(I-\lambda_n\mu F)\left(\varepsilon_nT_{[n+1]}y_n^t+(1-\varepsilon_n)\sum_{i=1}^t\alpha_iT_iy_n^t\right)\right]\end{cases} \tag{12.14}$$

其中，$\alpha_i > 0$ 对所有 i 使 $\sum_{i=1}^{t}\alpha_i = 1,\lambda_n \in (0,1],\varepsilon_n \in [0,1],T_i = P_{C_i}(I - \gamma F),i = 1,2,\cdots,t,T_{n \bmod t} = P_{C_{n \bmod t}}(I - \gamma F)$ 和 $\gamma \in (0,2/L)$ 。则由式(12.14)定义的序列 $\{x_n\}$ 强收敛到 MSFFP(12.2)的一个解 x^*，并依范数收敛到变分不等式(12.10)的唯一解。

证明 已知对于每个 $x \in H$，$P_{\mathcal{F}}x$ 定义良好。下面证明存在 $x^* \in \mathcal{F}$ 使

$$x^* = P_{\mathcal{F}}(I - \mu F)x^* \tag{12.15}$$

由引理 12.4，可知 $I - \mu F:\Omega \to H$ 是压缩的，因此 $P_{\mathcal{F}}(I - \mu F):\Omega \to \Omega$ 也是压缩的，则 Banach 压缩映射原则可推得式(12.15)。

令 $u_n = \varepsilon_n T_{[n+1]}y_n^t + (1 - \varepsilon_n)\sum_{i=1}^{t}\alpha_i T_i y_n^t$，则对 $\forall p \in \mathcal{F}$ 和 $n \geqslant 0$，有

$$\| y_n^1 - p \| = \| T_1 y_n^0 - T_1 p \| \leqslant \| y_n^0 - p \| = \| x_k - p \|$$

因此：

$$\begin{aligned} \| y_n^i - p \| &= \| T_i y_n^{i-1} - T_i p \| \\ &\leqslant \| y_n^{i-1} - p \| \leqslant \cdots \leqslant \| y_n^0 - p \| = \| x_k - p \|,i = 1,2,\cdots,t \end{aligned} \tag{12.16}$$

由此可估计 $\| u_n - p \|^2$ 利用引理 12.1、式(12.14)和式(12.16)，可得

$$\begin{aligned} \| u_n - p \|^2 &= \varepsilon_n \| T_{[n+1]}y_n^t - p \|^2 + (1 - \varepsilon_n) \left\| \sum_{i=1}^{t}\alpha_i T_i y_n^t - p \right\|^2 \\ &\quad - \varepsilon_n(1 - \varepsilon_n) \left\| T_{[n+1]}y_n^t - \sum_{i=1}^{t}\alpha_i T_i y_n^t \right\|^2 \\ &\leqslant \varepsilon_n \| y_n^t - p \|^2 + (1 - \varepsilon_n) \| y_n^t - p \|^2 \leqslant \| x_n - p \|^2 \end{aligned}$$

对所有 $n \geqslant 0$，有

$$\| u_n - p \| \leqslant \| x_n - p \|，对所有 n \geqslant 0。$$

特别地，对 $x^* = P_{\mathcal{F}}(I - \gamma F)x^* \in \mathcal{F}$，有

$$\| u_n - x^* \| \leqslant \| x_n - x^* \|，对所有 n \geqslant 0。 \tag{12.17}$$

剩下的证明可参考定理 12.1，不再赘述。

定理 12.4 设 H 为实希尔伯特空间，且 $F:H \to H$ 为 k -Lipschitzian 和 η -强单调映射，Ω 为 H 中的非空闭凸子集，$\{T_i\}_{i=1}^{t}$ 为 H 的 t 均值映射，使 $\mathcal{F} = \bigcap_{i=1}^{t}\mathrm{Fix}(T_i) \neq \varnothing$ 。给出初始点 $x_0 \in \Omega$，迭代格式如下：

$$\begin{cases} x_0 \in \Omega \\ y_n^0 = \varepsilon_n T_{[n+1]}x_n + (1 - \varepsilon_n)\sum_{i=1}^{t}\alpha_i T_i x_n,n \geqslant 0 \\ y_n^i = T_i y_n^{i-1},i = 1,2,\cdots,t \\ x_{n+1} = P_\Omega[(I - \lambda_n \mu F)y_n^t] \end{cases} \tag{12.18}$$

其中，$\alpha_i > 0$，对所有 i 都有 $\sum_{i=1}^{t}\alpha_i = 1$，$\lambda_n \in (0,1]$，$\varepsilon_n \in [0,1]$，$T_i = P_{C_i}(I - \gamma F)$，$i - 1,2,\cdots,t$，$T_{n \bmod t} = P_{C_{n \bmod t}}(I - \gamma F)$ 和 $\gamma \in (0,2/L)$。则由式(12.18)定义的序列 $\{x_n\}$ 强收敛到 MSSFP(12.2)的解 x^*，且依范数收敛到变分不等式(12.10)的唯一解。

对定理12.4的证明与定理12.3相似，此处省略。

此外，引入两个一般混合强收敛算法。

定理12.5 设 H 为实 Hilbert 空间，$F:H \to H$ 为 k -Lipschitz 和 η -强单调映射。设 $\boldsymbol{\Omega}$ 为 H 的非空闭凸子集，$g:H \to H$ 为压缩映射且 $\kappa \in [0,1)$。取 $\forall x_0 \in H$，$\{x_n\}$ 序列由下式产生：

$$x_{n+1} = (1 - \omega_n)x_n + \omega_n P_\Omega[\lambda_n \mu g(x_n) + (I - \lambda_n \mu F)Bx_n], n \geqslant 0 \tag{12.19}$$

其中，$\{\omega_n\}$ 和 $\{\lambda_n\}$ 为 $[0,1]$ 中的两个数列，满足条件(C_1) $\lim\limits_{n\to\infty}\lambda_n = 0$，$\sum_{n=1}^{\infty}\lambda_n = \infty$；($C_2$) $0 < \varliminf\limits_{n\to\infty}\omega_n$；$B$ 的定义同定义12.3。则序列 $\{x_n\}$ 强收敛到(MSSFP)的一个解 x^*，并且依范数收敛到下面变分不等式的唯一解：

$$\langle g(x^*) - Fx^*, x - x^* \rangle \leqslant 0 \quad (\forall x \in \Gamma) \tag{12.20}$$

如果 $g = 0$，则序列 $\{x_n\}$ 强收敛到式(12.10)的一个解。

证明 首先证 $\{x_n\}$ 是有界的，对 $z \in \Gamma$ 由定义12.3，可得

$$\| Bx_n - z \| \leqslant \| x_n - z \|, \text{对所有 } n \geqslant 0$$

且由式(12.19)，可得

$$\begin{aligned}
\| x_{n+1} - z \| &\leqslant (1 - \omega_n) \| x_n - z \| + \omega_n \| \lambda_n \mu(g(x_n) - g(z)) \\
&\quad + \lambda_n \mu(g(z) - F(z)) + (I - \lambda_n \mu F)(B(x_n) - z) \| \\
&= (1 - \omega_n \lambda_n(\tau - \mu\kappa)) \| x_n - z \| + \frac{\mu \| g(z) - F(z) \|}{\tau - \mu\kappa} \\
&\leqslant \max\left\{ \| x_n - z \|, \frac{\mu \| g(z) - F(z) \|}{\tau - \mu\kappa} \right\}
\end{aligned}$$

对 $\forall n \geqslant 0$，可得

$$\| x_n - z \| \leqslant \max\left\{ \| x_0 - z \|, \frac{\mu \| g(z) - F(z) \|}{\tau - \mu\kappa} \right\}$$

因此，$\{x_n\}$ 是有界的，即 $g(x_n)$ 也是有界的。

下面，继续证明 $\lim\limits_{n\to\infty} \| x_{n+1} - x_n \| = 0$。

设 $W = 2P_\Omega - I$，已知 W 是非扩张的。由定义12.3可知，存在一个正数 $t \in (0,1)$ 使 $B = (1 - t)I + tV$，其中 B 是非扩张映射。重写式(12.19)如下：

$$x_{n+1} = \left(1 - \frac{\omega_n(1+t)}{2}\right)x_n + \frac{\omega_n(1+t)}{2}u_n \tag{12.21}$$

其中：

$$u_n = \frac{tVx_n + \hat{z}_n + W\tilde{z}_n}{1+t}$$

$$\hat{z}_n = \lambda_n\mu g(x_n) - \lambda_n\mu FBx_n$$

$$\tilde{z} = \lambda_n\mu g(x_n) + (I - \lambda_n\mu F)Bx_n$$

因此，由假设(C_1)和 $t \in (0,1)$，可推出

$$0 < \varliminf_{n\to\infty} \frac{\omega_n(1+t)}{2} \leqslant \varlimsup_{n\to\infty} \frac{\omega_n(1+t)}{2} < 1 \tag{12.22}$$

则由式(12.4)和定义 12.3，可有

$$\begin{aligned}\|\hat{z}_{n+1} - \hat{z}_n\| \leqslant & |\lambda_{n+1} - \lambda_n|\mu(\|g(x_{n+1})\| + \|FBx_{n+1}\|) \\ & + \lambda_n\mu(\kappa + k)\|x_{n+1} - x_n\|\end{aligned} \tag{12.23}$$

和

$$\begin{aligned}\|\tilde{z}_{n+1} - \tilde{z}_n\| \leqslant & |\lambda_{n+1} - \lambda_n|\mu(\|g(x_{n+1})\| + \|FBx_{n+1}\|) \\ & + (1 + \lambda_n\mu(\kappa + k))\|x_{n+1} - x_n\|\end{aligned} \tag{12.24}$$

由式(12.23)和式(12.24)可得

$$\begin{aligned}\|u_{n+1} - u_n\| \leqslant & \left(1 + \frac{\lambda_n\mu(\kappa+k)}{1+t}\right)\|x_{n+1} - x_n\| \\ & + \frac{2}{1+t}|\lambda_{n+1} - \lambda_n|\mu(\|g(x_{n+1})\| + \|FBx_{n+1}\|)\end{aligned}$$

即

$$\begin{aligned}\|u_{n+1} - u_n\| - \|x_{n+1} - x_n\| \leqslant & \frac{\lambda_n\mu(\kappa+k)}{1+t}\|x_{n+1} - x_n\| \\ & + \frac{2}{1+t}|\lambda_{n+1} - \lambda_n|\mu(\|g(x_{n+1})\| + \|FBx_{n+1}\|)\end{aligned}$$

利用假设(C_1)，易得

$$\varlimsup_{n\to\infty}(\|u_{n+1} - u_n\| - \|x_{n+1} - x_n\|) \leqslant 0 \tag{12.25}$$

依据假设(C_1)和式(12.25)，$\{u_n\}$ 也是有界的，因此利用式(12.22)、式(12.24)和引理 12.6，可得

$$\lim_{n\to\infty}\|u_n - x_n\| = 0$$

因此，

$$\lim_{n\to\infty}\|x_{n+1} - x_n\| = \lim_{n\to\infty}\frac{\omega_n(1+t)}{2}\|u_n - x_n\| = 0 \tag{12.26}$$

令 $v_n = Bx_n$，可有

$$\| x_n - v_n \| \leqslant \| x_{n+1} - x_n \| + (1 - \omega_n) \| x_n - v_n \| + \omega_n \| \lambda_n \mu g(x_n) - \lambda_n \mu FBx_n \|$$

因此，有

$$\| x_n - v_n \| \leqslant \frac{1}{\omega_n} \| x_{n+1} - x_n \| + \lambda_n \mu \| g(x_n) - FBx_n \|$$

由(C_1)和式(12.26)，可推出

$$\lim_{n\to\infty} \| x_n - v_n \| = 0 \tag{12.27}$$

由于 $\{x_n\}$ 是有界的，存在 $\{x_n\}$ 的子序列 $\{x_{n_i}\}$，当 $i\to\infty$ 时，$x_{n_i} \rightharpoonup x^*$。因此，可假设当 $n\to\infty$ 时，$x_n \rightharpoonup x^*$。由式(12.27)和引理 12.5，有 $x_n \rightharpoonup x^* \in \mathrm{Fix}(B)$。

当 $x_n \rightharpoonup x^* \in \mathrm{Fix}(B)$ 时，可导出 $v_n \rightharpoonup \tilde{x} \in \mathrm{Fix}(B)$，则

$$\overline{\lim_{n\to\infty}} \langle (g - FB)x^*, v_n - x^* \rangle \leqslant \langle (g - FB)x^*, \tilde{x} - x^* \rangle \leqslant 0 \tag{12.28}$$

最后，由式(12.19)，可得

$$\begin{aligned}
\| x_{n+1} - x^* \| &\leqslant (1 - \omega_n) \| x_n - x^* \|^2 + \omega_n \| Bx_n - x^* \|^2 \\
&\quad + \omega_n \lambda_n^2 \mu^2 \| g(x_n) - FBx_n \|^2 \\
&\quad + 2\omega_n \lambda_n \mu \langle g(x_n) - FBx_n, Bx_n - x^* \rangle \\
&\leqslant (1 - \omega_n) \| x_n - x^* \|^2 + \omega_n \| Bx_n - x^* \|^2 \\
&\quad + \omega_n \lambda_n^2 \mu^2 \| g(x_n) - FBx_n \|^2 \\
&\quad + 2\omega_n \lambda_n \mu \| g(x_n) - g(x^*) \| \| Bx_n - x^* \| \\
&\quad - 2\omega_n \lambda_n \mu \| FBx_n - FBx^* \| \| Bx_n - x^* \| \\
&\quad + 2\omega_n \lambda_n \mu \langle g(x^*) - FBx^*, Bx_n - x^* \rangle \\
&= (1 - \sigma_n) \| x_n - x^* \|^2 + \sigma_n \delta_n
\end{aligned}$$

其中：
$$\sigma_n = 2\omega_n \lambda_n \mu (k - \kappa)$$

$$\delta_n = \frac{\lambda_n \mu}{2(L - \kappa)} \| g(x_n) - FBx_n \|^2 + \frac{1}{k - \kappa} \langle (g - FB)x^*, Bx_n - x^* \rangle$$

由引理 12.7、假设(C_1)和式(12.28)，易得 $\sum_{n=1}^{\infty} \sigma_n = \infty$ 和 $\overline{\lim_{n\to\infty}} \delta_n \leqslant 0$。因此，由引理 12.7，有 $\| x_n - x^* \| \to 0$。

证明完毕。

类似定理 12.5，无须证明可得出另一个算法如下。

定理 12.6 设 H 为实希尔伯特空间，$F: H \to H$ 为 k-Lipschitz 和 η-强单调映射。设 Ω 为 H 的非空闭凸子集，$g: H \to H$ 为压缩映射且 $\kappa \in [0,1)$。取 $\forall x_0$

$\in H$, $\{x_n\}$ 序列由下式产生：

$$x_{n+1} = (1 - \omega_n)x_n + \omega_n P_{\Omega}[\lambda_n \mu g(x_n) + B(I - \lambda_n \mu F)x_n], n \geqslant 0 \tag{12.29}$$

其中，$\{\omega_n\}$ 和 $\{\lambda_n\}$ 为 $[0,1]$ 中的两个数列，满足条件(i) $\lim\limits_{n\to\infty}\lambda_n = 0$, $\sum\limits_{n=1}^{\infty}\lambda_n = \infty$；(ii) $0 < \varliminf\limits_{n\to\infty}\omega_n$；$B$ 的定义同定义 12.3。则序列 $\{x_n\}$ 强收敛到 MSSFP (12.2) 的一个解 x^*，并且依范数收敛到式(12.20)的唯一解。若 $g=0$，则序列 $\{x_n\}$ 强收敛到式(12.10)的一个解。

12.5 试验分析

针对图 9.1 的舰船图像对，利用归一化 8 点算法计算出的基础矩阵为

$$\begin{bmatrix} 0.0000 & -0.0004 & 0.0348 \\ 0.0004 & 0.0000 & -0.0937 \\ -0.0426 & 0.0993 & 0.9892 \end{bmatrix}$$

以此为基准，采取相同的测试条件，利用本章算法(12.9)和式(12.14)，令 $T_a = T_{[n+1]}$，$F = I$，$\alpha_i = 1/t$，通过不同的迭代数，得到 MSE 误差值如表 12.1 所示。

表 12.1　算法(12.9)和式(12.14)的 MSE 误差值

n	10	30	60	100	200	300
算法(12.9)	1.7245×10^{-3}	1.5678×10^{-3}	9.4678×10^{-4}	7.8737×10^{-4}	5.5689×10^{-4}	4.5435×10^{-4}
式(12.14)	1.5673×10^{-3}	1.0236×10^{-3}	8.158×10^{-4}	6.458×10^{-4}	4.4573×10^{-4}	3.5578×10^{-4}

可见算法(12.9)和式(12.14)均能取得较小的误差，值得注意的是，随着迭代次数的增加，算法已经停止收敛，误差的变化不再明显，甚至出现半收敛的状态。

本章算法的优势是不需要复杂的鲁棒性处理的，迭代格式简单。但是，存在的主要缺陷是，提出的算法的迭代格式偏复杂会带来较大的计算量。为了能达到更少的运行时间和迭代次数，应继续研究在混合最速下降法中选择合适的变参数，并在求解多集分裂可行性问题的算法中使用自适应步长。

第 13 章　基于自适应 CQ 算法的光束法平差

摄像机在静态环境中移动，得到不同时刻拍摄的多幅图像。假设这些图像是同一刚性物体的投影，则可由图像特征对应关系估计出摄像机的运动参数。在计算机视觉中，这一过程称为运动分析或由运动重建物体结构(structure from-motion)。

Bundle adjustment 即光束平差法，作为 SfM 这种多视重建视觉算法的最后一步，它利用 LM 算法使观测的图像点坐标与预测的图像点坐标之间的误差最小。若给定图像特征点的对应关系及初始三维点，光束平差法可以同时精化这些特征点对应的三维坐标及相应的相机参数。

13.1　问题转化

问题表述如下：假设 $\boldsymbol{C}_1$ 和 $\boldsymbol{C}_2$ 为不同空间坐标下的同一光心，利用立体匹配的方法可以确定 $\boldsymbol{X}_1$ 为三维点坐标，但是在对于第三张图像，如果存在噪声和外点的干扰，这时对 p 所估计的三维点坐标 $\boldsymbol{X}_2$ 与 $\boldsymbol{X}_1$ 未必重合，二者的差值称为重投影误差(reprojection error)，如图 13.1 所示。

第 j 个三维点在第 i 个视图内的重投影误差表达如下：

$$\varepsilon_j^i = \left\| [x_j^i, y_j^i]^{\mathrm{T}} - [\bar{x}_j^i, \bar{y}_j^i]^{\mathrm{T}} \right\|_2$$

令 $\boldsymbol{\Psi} = [\varepsilon_1^1 \quad \cdots \quad \varepsilon_N^1 \quad \cdots \quad \cdots \quad \varepsilon_1^M \quad \cdots \quad \varepsilon_N^M]^{\mathrm{T}}$ 为所有投影误差组成的误差向量，在有噪声的情况下，$\boldsymbol{\Psi}$ 各元素通常不全为零，此时光束法平差的一般形式为

$$\underset{\{\boldsymbol{P}_i\}\{\boldsymbol{X}_i\}}{\arg\min} \| \boldsymbol{\Psi} \|_2 \tag{13.1}$$

问题(13.1)的目标是最小化投影误差向量 2-范数，其解由各相机投影矩阵以及三维场景点坐标组成。然而，当应用 LM 类算法时，会带来极高的计算代价，且极少全局最优，数值解不仅对初始值的依赖程度大、稳定性差，而且对误差也极其敏感。

目前，解决该问题的方法最常用的是 Levenberg-Marquardt 方法，由于该方

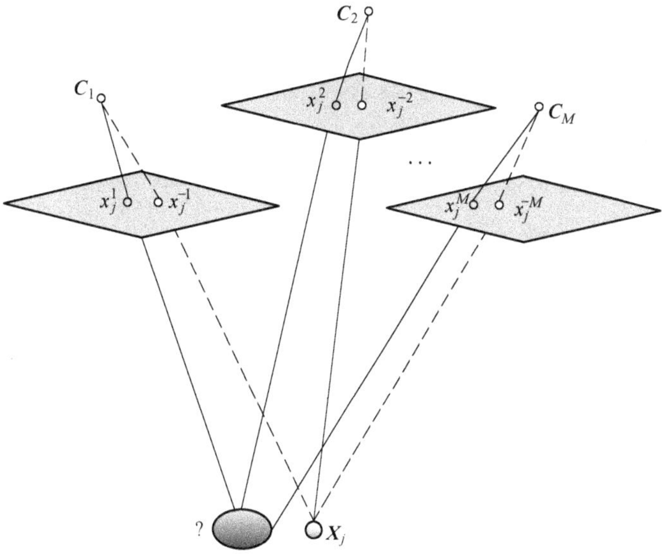

图 13.1 敏感的多视图像三维点估计

法在使用时需要计算雅可比矩阵、构造增量正规方程,并在每次迭代时,需要寻找一个合适的阻尼因子,从而确定最优步长,但无法做到步长的自适应处理。下面考虑将其转化为分裂可行性问题进行分析,该问题的定义为:

分裂可行性问题是在一个希尔伯特空间中,寻找一个给定闭凸子集中的点,使之在一个有界线性算子下的像属于另外一个希尔伯特空间中的闭凸子集。即,设 C 和 Q 分别为希尔伯特空间 H_1 和 H_2 中的非空闭凸子集,SFP 即为寻找一个点 $x^* \in C$ 满足:

$$x^* \in C, Ax^* \in Q$$

式中:$A: C \subset H_1 \to H_2$ 为有界线性算子。假设 SFP 是相容的(SFP 有解),则 SFP 的解集是希尔伯特空间 H 中的一个非空闭凸子集。因此,H 中任意一点到 SFP 解集上的距离投影总存在。利用松弛的 CQ 算法求解 SFP 问题的求解可考虑如下优化。

定义 $f_n: H_1 \to \mathbb{R}$ 如下:

$$f_n(x) = \frac{1}{2} \| (I - P_{Q_n})Ax \|^2$$

则凸函数 f_n 可微且梯度算子为

$$\nabla f_n(x) = A^*(I - P_{Q_n})Ax$$

在实际中,考虑下面的凸最小化问题

$$\min_{x \in C_n} f_n(x) \tag{13.2}$$

可见,优化问题(13.1)可转化为对式(13.2)进行求解。

13.2 CQ 算法自适应步长问题

本章主要对 CQ 算法的变步长做进一步改进,并给出了较通用的步长选择方案。

若要使解决 SFP 的 CQ 算法便于实现,重要的一点就是要使其步长 τ_n 的选择不依赖算子范数 $\|A\|$。对此,Yang[272] 考虑了下面不需要计算算子范数 $\|A\|$ 的步长:

$$\tau_n := \frac{\rho_n}{\| \nabla f(x_n) \|} \tag{13.3}$$

其中,$\{\rho_n\}$ 为正实数序列:

$$\text{s.t.} \quad \sum_{n=0}^{\infty} \rho_n = \infty, \sum_{n=0}^{\infty} \rho_n^2 < \infty$$

同时,还需要 Q 为有界子集,A 列满秩矩阵的两个附加条件。Wang 和 Xu[273] 等应用步长(13.3)来求解 SFP。此后,为了去掉上述的两个附加条件,Lópze 等[274] 给出了步长序列 $\{\tau_n\}$ 的另一种选择方式:

$$\tau_n := \frac{\rho_n f_n(x_n)}{\| \nabla f_n(x_n) \|^2} \tag{13.4}$$

其中,$\{\rho_n\}$ 在开区间 $(0,4)$ 中取值,$f_n(x_n)$ 和 $\nabla f_n(x_n)$ 的定义见式(13.2)。利用步长(13.4),Lópze 等[274] 介绍了 4 类求解 SFP 的算法。

注意,当 $\nabla f(x_n) = 0, n \geqslant 1$ 时,,Lópze 等[274] 所给出的算法必须在第 n 步停止迭代,而此时的 x_n 未必是 SFP 的解,即可能并不在 C 中,文献[274]中的算法 4.1 即这种情形。为弥补这个瑕疵,式(13.3)给出了步长序列 $\{\tau_n\}$ 一个新的选取方法如下:

$$\tau_n := \frac{\rho_n f_n(x_n)}{(\| \nabla f_n(x_n) \| + \sigma_n)^2} \tag{13.5}$$

其中,$\{\rho_n\}$ 仍在开区间 $(0,4)$ 中取值;$\{\sigma_n\}$ 为 $(0,1)$ 中的正序列。式(13.5)的优点是它可以使相关算法不会提前停止迭代,因此可以引入新的停止规则来确保第 $n+1$ 步的值 x_{n+1} 是 SFP 解的时候才停止迭代。

但是,步长(13.5)仍存在不足,即对于参数序列 $\{\sigma_n\}$ 的合适选取又成为新的问题。只有在序列 $\{\sigma_n\}$ 整体非常小时,才能勉强达到步长(13.4)相关算法的迭代效果。为了改进这一点且为了避免由 $f_n(x)$ 和 $\nabla f_n(x_n)$ 带来的复杂计

算,本章又给出了两个更简单的步长选择方案:

$$\tau_n := \frac{\rho_n \| x_n - \bar{x}_n \|^2}{\| Ax_n - A\bar{x}_n \|^2} \tag{13.6}$$

和

$$\tau_n := \frac{\rho_n \| \bar{x}_n \|^2}{\| A\bar{x}_n \|^2} \tag{13.7}$$

其中,$\{\rho_n\} \subset (0,2)$,$x_n \neq \bar{x}_n$,且 $\bar{x}_n$ 是一个非零向量。式(13.6)和式(13.7)的优势在于它们具有比较简单的格式,对参数数列 $\{\rho_n\}$ 给出了更精确的选择区间,容易在实际应用中计算和执行,而且能够达到更快的收敛速度,特别是在处理大数据和不完全数据的反问题时。

在总结上述各种步长选取方法的基础上,还给出了两个一般化的变步长选取方案:

$$\tau_n := \frac{\rho_n \| r(x_n) \|^2}{\| Ar(x_n) \|^2} \tag{13.8}$$

和

$$\tau_n := \frac{\rho_n \| q(x_n) \|^2}{\| A^T q(x_n) \|^2} \tag{13.9}$$

其中,$\{\rho_n\} \subset (0,2)$,r 和 q 分别为满足一定条件的非零运算。因此,式(13.4)~式(13.7)分别可视为式(13.8)和式(13.9)的特殊情况。在此基础上,可以给出更多相似的变步长格式。针对上面提出的变步长方案式(13.5)~式(13.9),本章分别给出了几个弱、强收敛的的 CQ 算法,并进行了收敛性分析。

另外,本章结合 Qu 和 Xiu[275] 给出了两种基于非线性一维搜索的自适应步长算法,从 CQ 算法的应用角度出发,分别利用有序子集最远分块投影和误差参数最优预置的技术给出了两种新的自适应算法。

最后,通过一个实例对各种变步长算法进行验证分析。

13.3 参引结论

本节给出几个下文需要的结论。

命题 13.1[276-277] 对于 $f(x)$,下列结果成立:

(1) f 是凸可微的;

(2) $\nabla f(x) = A^*(I - P_Q)Ax, x \in H_1$;

(3) f 在 H_1 上是弱下半连续(w-lsc)的；

(4) ∇f 是 $\|A\|^2$-Lipschitz 的：

$$\|\nabla f(x) - \nabla f(y)\| \leqslant \|A\|^2 \|x - y\| \quad (x,y \in H)$$

命题 13.2[274, 278]　设 C 在 H_1 中是非空闭凸的，如果序列 $\{x_n\}$ 关于 C 是 Fejér 单调的，则下列成立：

(1) $x_n \rightharpoonup \hat{x} \Leftrightarrow w_w(x_n) \subset C$；

(2) 序列 $\{P_C x_n\}$ 强收敛；

(3) 如果 $x_n \rightharpoonup \hat{x} \in C$，则 $\hat{x} = \lim\limits_n P_C x_n$。

RCQ 算法也可看作经典 PGM 的特殊情况。为此，定义 $f_n: H_1 \to \mathbb{R}$ 如下：

$$f_n(x) = \frac{1}{2}\|(I - P_{Q_n})Ax\|^2$$

则凸函数 f_n 可微且梯度算子为

$$\nabla f_n(x) = A^*(I - P_{Q_n})Ax$$

在实际中，考虑下面的凸最小化问题：

$$\min_{x \in C_n} f_n(x) \tag{13.10}$$

若 $\hat{x} \in C_n$ 是式(13.10)的解 $\Leftrightarrow \langle \nabla f_n(\hat{x}), x - \hat{x} \rangle \geqslant 0, \forall x \in C_n$　　(13.11)

同时，可知：

式(13.11)成立 $\Leftrightarrow \hat{x} = P_{C_n}(I - \tau \nabla f_n)\hat{x}, \forall \tau > 0$

因此，使用 PGM 求解 SFP，对 $\forall x_0 \in H_1$

$$x_{n+1} = P_{C_n}[x_n - \tau_n \nabla f(x_n)] (n \geqslant 0) \tag{13.12}$$

其中，$\tau_n \in (0, 2/L)$；L 为 ∇f_n 的 Lipschitz 常数。由于 $L = \|A\|^2$，则式(13.12)即 RCQ 算法。

命题 13.3[279]　设 $\boldsymbol{A}$ 为 n 阶对称矩阵，$h = [(\|\boldsymbol{A}\|_F^2 - \mathrm{tr}(\boldsymbol{A})/n)/n]^{1/2}$，其中 $\|\cdot\|_F$ 为 Frobenius 范数，则记 $\boldsymbol{A}$ 的最大特征值 $\boldsymbol{\lambda}_{\max} \leqslant \mathrm{tr}(\boldsymbol{A})/n + (n-1)^{1/2}h(\lambda)$，最小特征值 $\boldsymbol{\lambda}_{\min} \geqslant \mathrm{tr}(\boldsymbol{A})/n - (n-1)^{1/2}$。

命题 13.4[280-281]　软阈值方法(Soft-thresholding)可用来求解具备 l_2 和 l_1 范数泛函的唯一最小值

$$\mathbb{S}_\mu(a) = \arg\min_{x \in l_2}(\|x - a\|^2 + 2\mu\|x\|_1) \tag{13.13}$$

其中，μ 是一个确定的正数，$\mathbb{S}_\mu$ 是软阈值算子，其定义为 $\mathbb{S}_\mu(a)_i = S_\mu(a_i), 1 \leqslant i \leqslant N$：

$$\mathbb{S}_\mu(z) = \begin{cases} z - \mu, z > \mu \\ 0, |z| \leqslant \mu \\ z + \mu, z < -\mu \end{cases}$$

对于 l_1-球 $B_R = \{x \in l_2: \|x\|_1 \leqslant R\}$，$R := \|x^*\|_1$，其中 $x^* \in l_2$ 为问题

(13.13)的解。用投影 $\mathbb{P}_{B_R}$ 取代软阈值,并用 $\mathbb{P}_R$ 来表示 $\mathbb{P}_{B_R}$,则可有 l_2-投影到 l_1-球上的两个性质[282]。

引理 13.1 对任意 $a \in l_2$ 和 $\mu > 0$, $\| \mathbb{S}_\mu(a) \|_1$ 是 μ 的分段线性、连续和下降的函数;而且,如果 $a \in l_1$,则对于 $\mu \geqslant \max_i |a_i|$, 有 $\| \mathbb{S}_0(a) \|_1 = \| a \|_1$ 和 $\| \mathbb{S}_\mu(a) \|_1 = 0$。

引理 13.2 如果 $\| a \|_1 > R$, 则半径为 R 的 l_1-球上 a 的 l_2 投影为 $\mathbb{P}_R(a) = \mathbb{S}_\mu(a)$, 其中 μ (取决于 a 和 R)的选择 s.t. $\| \mathbb{S}_\mu(a) \|_1 = R$。如果 $\| a \|_1 \leqslant R$, 则 $\mathbb{P}_R(a) = \mathbb{S}_0(a) = a$。

下面,讨论 μ 的计算方法。

命题 13.5[282] 对任意 $a \in \Omega \subseteq l_2, \dim(\Omega) = n$, 对 a 的元素取绝对值并降序排列,得到重排结果为 $(a_i^*)_{i=1,2,\cdots,n}$, 然后搜索 k:

$$\text{s.t.} \ \| \mathbb{S}_{a_k^*}(a) \|_1 = \sum_{i=1}^{k-1} (a_i^* - a_k^*) \leqslant R < \sum_{i=1}^{k} (a_i^* - a_{k+1}^*) = \| \mathbb{S}_{a_{k+1}^*}(a) \|_1$$

或等价的

$$\| \mathbb{S}_{a_k^*}(a) \|_1 = \sum_{i=1}^{k-1} i(a_i^* - a_{i+1}^*) \leqslant R < \sum_{i=1}^{k} i(a_i^* - a_{i+1}^*) = \| \mathbb{S}_{a_{k+1}^*}(a) \|_1$$

设 $\nu := k^{-1}(R - \| \mathbb{S}_{a_k^*}(a) \|_1), \mu := a_k^* + \nu$, 则

$$\begin{aligned} \| \mathbb{S}_\mu(a) \|_1 &= \sum_{i \in \Omega} \max(|a_i| - \mu, 0) = \sum_{i=1}^{k} (a_i^* - \mu) \\ &= \sum_{i=1}^{k-1} (a_i^* - a_k^*) + k\nu = \| \mathbb{S}_{a_k^*}(a) \|_1 + k\nu = R \end{aligned}$$

13.4 一个新的变步长选取方法

本节利用式(13.5)对 RCQ 算法进行改进,在希尔伯特空间中,给出了几个求解 SFP 的自适应松弛迭代算法,该类算法如果搜寻不到 SFP 的解,就不会提前停止迭代。

13.4.1 自适应松弛 CQ 算法及其弱收敛定理

本小节将式(13.5)应用到 RCQ 算法中。

算法 13.1 对初始值 $\forall x_1 \in H_1$, 若第 n 步迭代 x_n 已知,则第 $n+1$ 步迭代值 x_{n+1} 由下式构建:

$$x_{n+1} = P_{C_n}(x_n - \tau_n \nabla f(x_n)), n \geqslant 1 \tag{13.14}$$

其中:

$$\tau_n := \frac{\rho_n f_n(x_n)}{(\|\nabla f_n(x_n)\| + \sigma_n)^2} \tag{13.15}$$

且 $0 < \rho_n < 4, 0 < \sigma_n < 1$。如果对于某一个 $n \geqslant 1, x_{n+1} = x_n$，则 x_n 是 SFP 的解，迭代停止；否则，令 $n := n + 1$，继续式(13.14)计算 x_{n+2}。

如果对于某个 $n \geqslant 1, x_{n+1} = x_n$，则对于所有的 $m \geqslant n + 1, x_m = x_n$，从而 $\lim\limits_{m\to\infty} x_m = x_n$ 是 SFP 的解。因此，可假设算法 13.1 产生的序列 $\{x_n\}$ 是无穷的。

定理 13.1 设 $\underline{\lim\limits_{n}}\rho_n(4 - \rho_n) \geqslant \rho > 0$，则由算法 13.1 生成的序列 $\{x_n\}$ 弱收敛到 SFP 的一个解 $\hat{x}$，其中 $\hat{x} = \lim\limits_{n\to\infty} P_\Gamma x_n$。

证明 设 $z \in \Gamma, y_n = x_n - \tau_n \nabla f_n(x_n)$。利用式(13.14)，可得

$$\begin{aligned}
\|x_{n+1} - z\|^2 &= \|P_{C_n} y_n - z\|^2 \\
&\leqslant \|y_n - z\|^2 - \|y_n - P_{C_n} y_n\|^2 \\
&= \|x_n - z - \tau_n \nabla f_n(x_n)\|^2 - \|y_n - P_{C_n} y_n\|^2 \\
&= \|x_n - z\|^2 - 2\tau_n \langle \nabla f_n(x_n), x_n - z\rangle - \|y_n - P_{C_n} y_n\|^2 \\
&\quad + \tau_n^2 \|\nabla f_n(x_n)\|^2
\end{aligned} \tag{13.16}$$

可知 $\forall n \geqslant 1, I - P_{Q_n}$ 为 firmly-非扩张的，因此可得

$$\begin{aligned}
\langle \nabla f_n(x_n), x_n - z\rangle &= \langle (I - P_{Q_n})Ax_n, Ax_n - Az\rangle \\
&= \langle (I - P_{Q_n})Ax_n - (I - P_{Q_n})Az, Ax_n - Az\rangle \\
&\geqslant \|(I - P_{Q_n})Ax_n\|^2 = 2f_n(x_n)
\end{aligned} \tag{13.17}$$

这表明：

$$\begin{aligned}
\|x_{n+1} - z\|^2 &\leqslant \|x_n - z\|^2 - 4\tau_n f_n(x_n) + \tau_n^2 \|\nabla f_n(x_n)\|^2 - \|y_n - P_{C_n} y_n\|^2 \\
&= \|x_n - z\|^2 - \frac{4\rho_n f_n^2(x_n)}{(\|\nabla f_n(x_n)\| + \sigma_n)^2} + \frac{\rho_n^2 f_n^2(x_n)}{(\|\nabla f_n(x_n)\| + \sigma_n)^4} \\
&\quad \|\nabla f_n(x_n)\|^2 - \|y_n - P_{C_n} y_n\|^2 \\
&\leqslant \|x_n - z\|^2 - \rho_n(4 - \rho_n)\frac{f_n^2(x_n)}{(\|\nabla f_n(x_n)\| + \sigma_n)^2} \\
&\quad - \|y_n - P_{C_n} y_n\|^2
\end{aligned} \tag{13.18}$$

由此可得下面的结论：

(1) $\{x_n\}$ 关于 Γ 是 Fejér 单调的；

(2) $\{x_n\}$ 是有界序列；

(3) $$\sum_{n=1}^{\infty} \rho_n(4 - \rho_n) f_n^2(x_n)/(\|\nabla f_n(x_n)\| + \sigma_n)^2 < \infty; \tag{13.19}$$

(4) $\sum_{n=1}^{\infty} \| y_n - P_{C_n} y_n \|^2 < \infty$。

由命题 13.2(i),欲证 $x_n \rightharpoonup x$,只需证 $w_w(x_n) \subset \Gamma$ 即可。为此,取 $x^* \in w_w(x_n)$,设 $\{x_{n_k}\}$ 为弱收敛到 x^* 的 $\{x_n\}$ 的子序列。利用假设 $\underline{\lim}_{n} \rho_n(4-\rho_n) \geqslant \rho > 0$,不失一般性,对于 $n \geqslant 1$,可设 $\rho_n(4-\rho_n) \geqslant \rho/2$。由式(13.19)可知:

$$\frac{f_n(x_n)}{\| \nabla f_n(x_n) \| + \sigma_n} \to 0 \quad (n \to \infty) \tag{13.20}$$

对 $z \in \Gamma$,有 $\| \nabla f_n(x_n) \| + \sigma_n \leqslant \| A \|^2 \| x_n - z \| + 1$,这表明 $\{ \| \nabla f_n(x_n) \| + \sigma \}$ 是有界的。结合式(13.20),可得 $f_n(x_n) \to 0$,即 $\| (I - P_{Q_n}) A x_n \| \to 0$。由假设 ∂q 是有界映射,可知 $\exists M > 0$ s.t. $\| \eta_n \| \leqslant M, \forall \eta_n \in \partial q(Ax_n)$。

由于 $P_{Q_n}(Ax_n) \in Q_n$,利用 Q_n 的定义,有

$$q(Ax_n) \leqslant \langle \eta_n, Ax_n - P_{Q_n}(Ax_n) \rangle \leqslant M \| (I - P_{Q_n}) A x_n \| \to 0 \tag{13.21}$$

因为 $Ax_{n_k} \rightharpoonup A\hat{x}$,利用 q 的弱下半连续,可得 $q(Ax^*) \leqslant \underline{\lim}_{k} q(Ax_{n_k}) \leqslant 0$,这表明 $Ax^* \in Q$。下面证 $x^* \in C$。首先,由式(13.19)(④)可知,$\| y_n - P_{C_n} y_n \| \to 0$。注意:

$$\begin{aligned} \| y_n - x_n \| = \| \tau_n \nabla f_n(x_n) \| &\leqslant \frac{4 f_n(x_n)}{\| \nabla f_n(x_n) \| + \sigma_n} \cdot \frac{\| \nabla f_n(x_n) \|}{\| \nabla f_n(x_n) \| + \sigma_n} \\ &\leqslant \frac{4 f_n(x_n)}{\| \nabla f_n(x_n) \| + \sigma_n} \to 0 \end{aligned}$$

有

$$\begin{aligned} \| x_n - P_{C_n} x_n \| &\leqslant \| x_n - y_n \| + \| y_n - P_{C_n} y_n \| + \| P_{C_n} y_n - P_{C_n} x_n \| \\ &\leqslant 2 \| x_n - y_n \| + \| y_n - P_{C_n} y_n \| \to 0 \end{aligned}$$

由于 ∂c 是有界映射,$\exists M_1 > 0$ s.t. $\| \xi_1 \| \leqslant M_1, \forall \xi_n \in \partial c(x_n)$。

由于 $P_{C_n}(x_n) \in C_n$,利用 C_n 的定义可知:

$$c(x_n) \leqslant \langle \xi_n, x_n - P_{C_n} x_n \rangle \leqslant M_1 \| (I - P_{C_n}) x_n \| \to 0$$

则由 C 的弱下半连续知 $c(x^*) \leqslant \underline{\lim}_{k} c(x_{n_k}) \leqslant 0$,因此 $x^* \in C$ 且 $w_w(x_n) \subset \Gamma$.□

13.4.2 基于 Mann 型迭代的自适应松弛 CQ 算法及其弱收敛定理

本小节介绍一类较一般的算法如下。

算法 13.2 对初值 $\forall x_1 \in H_1$,设第 n 步迭代 x_n 已知,通过下式计算第 $n+1$ 步的值 x_{n+1}:

$$x_{n+1}=\beta_n x_n+(1-\beta_n)P_{C_n}(x_n-\tau_n\nabla f(x_n))\quad n\geqslant 1 \tag{13.22}$$

其中，$\{\tau_n\}$ 定义同式(13.5)，$\{\beta_n\}$ 是 $(0,1)$ 中的序列满足 $\overline{\lim_n}\beta_n<1$。如果对于某一 $n\geqslant 1$，$x_{n+1}=x_n$，则 x_n 是 SFP 的一个解，迭代停止；否则，令 $n:=n+1$，继续式(13.22)计算下一个迭代值 x_{n+2}。

有如下弱收敛定理。

定理 13.2 设 $\underline{\lim_n}\rho_n(4-\rho_n)\geqslant\rho>0$，则由算法 13.2 产生的 $\{x_n\}$ 弱收敛到 SFP 的解 $\hat{x}$，且 $\hat{x}=\lim_{n\to\infty}P_\Gamma x_n$。

证明 设 $z\in\Gamma$，$y_n=x_n-\tau_n\nabla f_n(x_n)$。利用式(13.22)和式(13.17)，可得

$$\begin{aligned}\|x_{n+1}-z\|^2&=\|\beta_n(x_n-z)+(1-\beta_n)(P_{C_n}y_n-z)\|^2\\&=\beta_n\|x_n-z\|^2+(1-\beta_n)\|P_{C_n}y_n-z\|^2\\&\quad-\beta_n(1-\beta_n)\|x_n-P_{C_n}y_n\|^2\\&\leqslant\beta_n\|x_n-z\|^2+(1-\beta_n)\|y_n-z\|^2-(1-\beta_n)\|y_n-P_{C_n}y_n\|^2\\&=\beta_n\|x_n-z\|^2+(1-\beta_n)\|x_n-z-\tau_n\nabla f_n(x_n)\|^2\\&\quad-(1-\beta_n)\|y_n-P_{C_n}y_n\|^2\\&=\beta_n\|x_n-z\|^2+(1-\beta_n)\|x_n-z\|^2-2(1-\beta_n)\tau_n\langle\nabla f_n(x_n),x_n-z\rangle\\&\quad+(1-\beta_n)\tau_n^2\|\nabla f_n(x_n)\|^2\\&\quad-(1-\beta_n)\|y_n-P_{C_n}y_n\|^2\\&\leqslant\|x_n-z\|^2-4(1-\beta_n)\tau_n f_n(x_n)+(1-\beta_n)\tau_n^2\|\tau_n\nabla f_n(x_n)\|^2\\&\quad-\beta_n(1-\beta_n)\|y_n-P_{C_n}y_n\|^2\\&\leqslant\|x_n-z\|^2-(1-\beta_n)\rho_n(4-\rho_n)\frac{f_n^2(x_n)}{(\|\nabla f_n(x_n)\|+\sigma_n)^2}\\&\quad-(1-\beta_n)\|y_n-P_{C_n}y_n\|^2\end{aligned}\tag{13.23}$$

由此可得下面的结论：

(1) $\{x_n\}$ 关于 Γ 是 Fejér 单调的；

(2) $\{x_n\}$ 是有界序列；

(3) $\sum_{n=1}^{\infty}(1-\beta_n)\rho_n(4-\rho_n)f_n^2(x_n)/(\|\nabla f_n(x_n)\|+\sigma_n)^2<\infty$；

(4) $\sum_{n=1}^{\infty}(1-\beta_n)\|y_n-P_{C_n}y_n\|^2<\infty$。

由 $\{\beta_n\}$ 和 $\{\rho_n\}$ 的假设，有 $\dfrac{f_n(x_n)}{\|\nabla f_n(x_n)\|+\sigma_n}\to 0$ 和 $y_n-P_{C_n}y_n\to 0$，余下的证明同定理 13.1 的相应部分，此处省略。

可以看出,算法 13. 2 推广了算法 13. 1,即如果在算法 13. 2 中取 $\beta_n \equiv 0$, 则可得到算法 13. 1。比较算法 13. 1 和算法 13. 2 的收敛速度是有意义的。

一般来讲,算法 13. 1 和算法 13. 2 在无限维空间中仅是弱收敛的。因此,需要继续改进算法 13. 1 和算法 13. 2,以期获得强收敛的算法。最近在这方面已经有了一些有意义的工作,具体可参见文献[283-286]。

13. 4. 3 基于黏滞迭代方法的自适应松弛 CQ 算法及其强收敛定理

这里结合黏滞迭代方法给出一个强收敛算法。

算法 13. 3 对于初值 $\forall x_1 \in H_1$, 设第 n 步迭代 $x_n \in H_1$ 已知,则第 $n+1$ 步迭代 x_{n+1} 由下式计算:

$$x_{n+1} = P_{C_n}(\alpha_n \Psi(x_n) + (1-\alpha_n)(x_n - \tau_n \nabla f(x_n))), (n \geqslant 1) \tag{13.24}$$

其中步长 τ_n 取式(13. 5), $\Psi: H_1 \to H_1$ 为一个压缩映射,其压缩系数 $\delta \in (0,1)$, $\{\alpha_n\}$ 是 $(0,1)$ 中的实数列。如果对于 $n \geqslant 1, x_{n+1} = x_n$, 则 x_n 是 SFP 的一个近似解(近似规则下文给出),迭代停止;否则,令 $n: = n+1$,继续式(13. 24)计算 x_{n+2}。

如果对于 $n \geqslant 1, x_{n+1} = x_n$, 则式(13. 24)可化为

$$x_n = P_{C_n}(\alpha_n \Psi(x_n) + (1-\alpha_n)(x_n - \tau_n \nabla f(x_n))), (n \geqslant 1) \tag{13.25}$$

这表明 $x_n \in C_n$, 因此 $x_n \in C$。记 $e(x_n, \tau_n) = \| x_n - P_{C_n}(x_n - \tau_n \nabla f_n(x_n) \|$, 则由式(13. 25)可得

$$e(x_n, \tau_n) \leqslant \alpha_n \| \Psi(x_n) - x_n + \tau_n \nabla f_n(x_n) \|, (n \geqslant 1) \tag{13.26}$$

此时,称 x_n 为 SFP 的近似解。如果 $e(x_n, \tau_n) = 0$, 则 x_n 是 SFP 的解。

定理 13. 3 设 $\{\alpha_n\}$ 和 $\{\rho_n\}$ 分别满足条件(C1) $\alpha_n \to 0, \sum_{n=1}^{\infty} \alpha_n = \infty$ 和条件(C2) $\underline{\lim}_n \rho_n(4-\rho_n) > 0$, 则由算法 13. 3 产生的序列 $\{x_n\}$ 强收敛到 SFP 的解 x^*, 其中 $x^* = P_\Gamma \Psi(x^*)$,等价地, x^* 是式(13. 27)的解:

$$\langle (I-\Psi)x^*, x - x^* \rangle \geqslant 0, (\forall x \in \Gamma) \tag{13.27}$$

证明 首先,证存在唯一的 $x^* \in \Gamma$, s. t. $x^* = P_\Gamma \Psi(x^*)$。实际上,由于 $P_\Gamma \Psi: H_1 \to H_1$ 是一个压缩映射,压缩系数 $\delta \in (0,1)$, 存在唯一的 $x^* \in H_1$, s. t. $x^* = P_\Gamma \Psi(x^*) \in \Gamma$, 等价地, x^* 是式 (13. 27)的唯一解。

记 $y_n = x_n - \tau_n \nabla f_n(x_n)$ 和 $z_n = \alpha_n \Psi x_n + (1-\alpha_n) y_n$, 则式(13. 24)可重写为

$$x_{n+1} = P_{C_n} z_n \tag{13.28}$$

由于 $\forall n \geqslant 1$, 有 $x^* \in \Gamma$ 和 $Q \subseteq Q_n$,则 $\forall n \geqslant 1$, 有 $Ax^* \in Q_n$,因此:

$$(I-P_{Q_n})Ax^*=0$$

由于$I-P_{Q_n}$是firmly-ne的，可得

$$\begin{aligned}\langle \nabla f(x_n),x_n-x^*\rangle &= \langle (I-P_{Q_n})Ax_n, Ax_n-Ax^*\rangle \\ &= \langle (I-P_{Q_n})Ax_n-(I-P_{Q_n})Ax^*, Ax_n-Ax^*\rangle \\ &\geqslant \|(I-P_{Q_n})Ax_n\|^2 = 2f_n(x_n)\end{aligned} \tag{13.29}$$

利用式(13.29)，可得

$$\begin{aligned}\|y_n-x^*\|^2 &= \|x_n-x^*-\tau_n\nabla f_n(x_n)\|^2 \\ &= \|x_n-x^*\|^2-2\tau_n\langle \nabla f_n(x_n),x_n-x^*\rangle+\tau_n^2\|\nabla f_n(x_n)\|^2 \\ &\leqslant \|x_n-x^*\|^2-4\tau_n f_n(x_n)+\tau_n^2\|\nabla f_n(x_n)\|^2 \\ &= \|x_n-x^*\|^2-4\rho_n\frac{f_n^2(x_n)}{(\|\nabla f_n(x_n)\|+\sigma_n)^2}+ \\ &\quad \frac{\rho_n^2 f_n^2(x_n)}{(\|\nabla f_n(x_n)\|+\sigma_n)^2}\cdot\frac{\|\nabla f_n(x_n)\|^2}{(\|\nabla f_n(x_n)\|+\sigma_n)^2} \\ &\leqslant \|x_n-x^*\|^2-\rho_n(4-\rho_n)\frac{f_n^2(x_n)}{(\|\nabla f_n(x_n)\|+\sigma_n)^2}\end{aligned} \tag{13.30}$$

特别地，$\forall n\geqslant 1$可知

$$\|y_n-x^*\|\leqslant\|x_n-x^*\| \tag{13.31}$$

下面，估计$\|z_n-x^*\|^2$。利用2-范数$\|\cdot\|$的定义和Schwarz不等式，可得

$$\begin{aligned}\|z_n-x^*\|^2 &= \langle z_n-x^*,z_n-x^*\rangle \\ &= \alpha_n\langle \Psi(x_n)-x^*,z_n-x^*\rangle+(1-\alpha_n)\langle y_n-x^*,z_n-x^*\rangle \\ &= \alpha_n\langle \Psi(x_n)-\Psi(x^*),z_n-x^*\rangle+\alpha_n\langle \Psi(x^*)-x^*,z_n-x^*\rangle+ \\ &\quad (1-\alpha_n)\langle y_n-x^*,z_n-x^*\rangle \\ &\leqslant \frac{\delta^2\alpha_n}{2}\|x_n-x^*\|^2+\frac{\alpha_n}{2}\|z_n-x^*\|^2+\alpha_n\langle \Psi(x^*)- \\ &\quad x^*,z_n-x^*\rangle+\frac{1-\alpha_n}{2}\|y_n-x^*\|^2+ \\ &\quad \frac{1-\alpha_n}{2}\|z_n-x^*\|^2\end{aligned}$$

这表明：

$$\begin{aligned}\|z_n-x^*\|^2 \leqslant{}& \delta^2\alpha_n\|x_n-x^*\|^2+2\alpha_n\langle \Psi(x^*)-x^*,z_n-x^*\rangle+ \\ & (1-\alpha_n)\|y_n-x^*\|^2\end{aligned} \tag{13.32}$$

可导出

$$\|z_n - x^*\|^2 \leqslant [1-(1-\delta^2)\alpha_n]\|x_n - x^*\|^2 + 2\alpha_n\langle \Psi(x^*) - x^*, z_n - x^*\rangle$$

$$- (1-\alpha_n)\rho_n(4-\rho_n)\frac{f_n^2(x_n)}{(\|\nabla f_n(x_n)\| + \sigma_n)^2} \tag{13.33}$$

利用式(13.33),注意到对于 $n \geqslant 1, x^* \in C \subset C_n$, 可有

$$\begin{aligned}
\|x_{n+1} - x^*\|^2 &= \|P_{C_n}z_n - x^*\|^2 \\
&\leqslant \|z_n - x^*\|^2 - \|z_n - P_{C_n}z_n\|^2 \\
&\leqslant [1-(1-\delta^2)\alpha_n]\|x_n - x^*\|^2 + 2\alpha_n\langle (\Psi - I)x^*, z_n - x^*\rangle \\
&\quad - (1-\alpha_n)\rho_n(4-\rho_n)\frac{f_n^2(x_n)}{(\|\nabla f_n(x_n)\| + \sigma_n)^2} \\
&\quad - \|(I - P_{C_n})z_n\|^2
\end{aligned} \tag{13.34}$$

下面证 $\{x_n\}$ 是有界的。利用式(13.24)和式(13.31)可得

$$\begin{aligned}
\|x_{n+1} - x^*\| &\leqslant \alpha_n\|\Psi(x_n) - x^*\| + (1-\alpha_n)\|y_n - x^*\| \\
&\leqslant \delta\alpha_n\|x_n - x^*\| + \alpha_n\|\Psi(x^*) - x^*\| + (1-\alpha_n)\|x_n - x^*\| \\
&= [1-(1-\delta)\alpha_n]\|x_1 - x^*\| + (1-\delta)\alpha_n\frac{\|\Psi(x^*) - x^*\|}{1-\delta} \\
&\leqslant \max\left\{\|x_1 - x^*\|, \frac{\|\Psi(x^*) - x^*\|}{1-\delta}\right\} = M, (n \geqslant 1)
\end{aligned}$$

因此 $\{x_n\}$ 有界, $\{y_n\}$ 和 $\{z_n\}$ 亦然。

最后证 $x_n \to x^*(n \to \infty)$。

记 $s_n = \|x_n - x^*\|^2, n \geqslant 1$, 不妨设 $\rho_n(4-\rho_n) \geqslant \rho$。则式(13.34)化简为

$$s_{n+1} - s_n + (1-\delta^2)\alpha_n s_n + (1-\alpha_n)\rho\frac{f_n^2(x_n)}{(\|\nabla f_n(x_n)\| + \sigma_n)^2} + \|(I - P_{C_n})z_n\|^2$$

$$\leqslant 2\alpha_n\langle (\Psi - I)x^*, z_n - x^*\rangle \tag{13.35}$$

考虑下面两种情况。

情况 1. $\{s_n\}$ 最终下降, i. e. 存在某一个整数 $n_0 \geqslant 1$:

$$\text{s.t. } s_{n+1} \leqslant s_n, \forall n \geqslant n_0$$

这表明 $\lim\limits_n s_n$ 存在。由于 $\{z_n\}$ 是有界的且 $\alpha_n \to 0$,在式(13.35)中令 $n \to \infty$, 可知 $\dfrac{f_n(x_n)}{\|\nabla f_n(x_n)\| + \sigma_n} \to 0$ 和 $(I - P_{Q_n})z_n \to 0$。由于 $\{\|\nabla f_n(x_n) + \sigma_n\|\}$ 是一个有界序列,推出 $f_n(x_n) \to 0$, 所以:

$$(I - P_{Q_n})Ax_n \to 0 \tag{13.36}$$

注意到 $\|z_n - y_n\| \leqslant \alpha_n\|\Psi(x_n) - y_n\| \leqslant \alpha_n M_1 \to 0$, 和

$$\|y_n - x_n\| = \tau_n \|\nabla f_n(x_n)\| = \frac{\rho_n f_n^2(x_n)}{(\|\nabla f_n(x_n)\| + \sigma_n)^2}\|\nabla f_n(x_n)\|$$
$$\leqslant \frac{4f_n^2(x_n)}{(\|\nabla f_n(x_n)\| + \sigma_n)^2} \to 0$$

以及

$$\|x_n - P_{C_n}x_n\| \leqslant \|x_n - z_n\| + \|z_n - P_{C_n}z_n\| + \|P_{C_n}z_n - P_{C_n}x_n\|$$
$$\leqslant 2\|x_n - z_n\| + \|(I - P_{C_n})z_n\| \to 0 \tag{13.37}$$

可以假设

$$\overline{\lim_n}\langle(\Psi - I)x^*, z_n - x^*\rangle = \overline{\lim_n}\langle(\Psi - I)x^*, x_n - x^*\rangle$$
$$= \lim_{k\to\infty}\langle(\Psi - I)x^*, x_{n_k} - x^*\rangle \tag{13.38}$$

不失一般性,设 $x_{n_k} \rightharpoonup \hat{x}(k \to \infty)$;则 $Ax_{n_k} \rightharpoonup A\hat{x}(k \to \infty)$。由于 $P_{Q_{n_k}}Ax_{n_k} \in Q_{n_k}$,$\{\eta_{n_k}\} \subset \partial q(Ax_{n_k})$ 是一个有界序列且由式(13.36)可知 $(I - P_{Q_{n_k}})Ax_{n_k} \to 0(k \to \infty)$,推出

$$q(Ax_{n_k}) \leqslant \langle \eta_{n_k}, Ax_{n_k} - P_{Q_{n_k}}(Ax_{n_k})\rangle \leqslant \|\eta_{n_k}\| \|(I - P_{Q_{n_k}})Ax_{n_k}\| \to 0(k \to \infty)$$

则 q 的 w-lsc $\Rightarrow q(A\hat{x}) \leqslant \underline{\lim_k} q(Ax_{n_k}) \leqslant 0$,因此 $A\hat{x} \in Q$。

另一方面,由于 $P_{C_{n_k}}(x_{n_k}) \in C_{n_k}$,$\{\xi_{n_k}\} \subset \partial c(x_{n_k})$ 是一个有界序列,由式(13.37)知 $(I - C_{Q_{n_k}})x_{n_k} \to 0$,可推出

$$c(x_{n_k}) \leqslant \langle \xi_{n_k}, x_{n_k} - P_{C_{n_k}}x_{n_k}\rangle \leqslant \|\xi_{n_k}\| \|(I - P_{C_{n_k}})x_{n_k}\| \to 0 \quad (k \to \infty)$$

则 c 的 w-lsc $\Rightarrow c(\hat{x}) \leqslant \underline{\lim_k} c(x_{n_k}) \leqslant 0$,因此 $\hat{x} \in C$。从而,$\hat{x} \in C \cap A^{-1}(Q) = \Gamma$。由式(13.38)得

$$\overline{\lim_n}\langle(\Psi - I)x^*, z_n - x^*\rangle = \langle(\Psi - I)x^*, \hat{x} - x^*\rangle \leqslant 0 \tag{13.39}$$

考虑式(13.35),有

$$s_{n+1} \leqslant [1 - (1 - \delta^2)\alpha_n]s_n + 2\alpha_n\langle(\Psi - I)x^*, z_n - x^*\rangle \tag{13.40}$$

对式(13.40),可知 $s_n \to 0(n \to \infty)$,即 $x_n \to x^*(n \to \infty)$。

情况 2. $\{s_n\}$ 不是最终下降的。此时,存在一个整数 $n_0 \geqslant 1$ s. t. $s_{n_0} < s_{n_0+1}$。定义 $J(n) := \{n_0 \leqslant k \leqslant n : s_k < s_{k+1}\}$,$n \geqslant n_0$,则 $J(n) \neq \varnothing$ 且 $J(k) \subseteq J(k+1)$。定义 $\tau : \mathbb{N} \to \mathbb{N}$ 如下:

$$\tau(n) := \max J(n) \quad (n \geqslant n_0)$$

则 $\tau(n) \to \infty\ (n \to \infty)$,$s_{\tau(n)} \leqslant s_{\tau(n)+1}(n > n_0)$,$s_n \leqslant s_{\tau(n)+1}(n \geqslant n_0)$,详见文献[133]。

由于对所有 $n \geqslant n_0, s_{\tau(n)} \leqslant s_{\tau(n)+1}$，从式(13.35)得

$$s_{\tau(n+1)} - s_{\tau(n)} \to 0, \frac{\rho f_n^2(x_n)}{(\| \nabla f_n(x_n) \| + \sigma_n)^2} \leqslant M_1 \alpha_{\tau(n)} \to 0$$

以及 $\|(I - P_{C_{\tau(n)}}) z_{\tau(n)}\| \to 0 (n \to \infty)$。

因此,利用与情况 1 中类似的推理,可得出

$$\overline{\lim_n} \langle (\Psi - I)x^*, z_{\tau(n)} - x^* \rangle = \overline{\lim_n} \langle (\Psi - I)x^*, x_{\tau(n)} - x^* \rangle \leqslant 0$$

由于 $s_{\tau(n)} \leqslant s_{\tau(n)+1}$，由式(13.35)知

$$s_{\tau(n)} \leqslant \frac{2}{1-\delta} \langle (\Psi - I)x^*, z_{\tau(n)} - x^* \rangle$$

这表明 $\overline{\lim_n} s_{\tau(n)} \leqslant 0$，因此 $s_{\tau(n)} \to 0 (n \to \infty)$。由于当 $n \to \infty, s_{\tau(n)+1} - s_{\tau(n)} \to 0$，可导出当 $n \to \infty, s_{\tau(n)+1} \to 0$。由于当 $n \to \infty, 0 \leqslant s_n \leqslant s_{\tau(n)+1} \to 0$，从而当 $n \to \infty, s_n \to 0$。

13.5 变步长的一般选取方法

本节分别针对式(13.6)~式(13.9)给出了相应的 RCQ 算法,并进行了收敛性分析。

13.5.1 更简单的变步长松弛 CQ 算法及其弱收敛定理

应用步长(13.6)的算法如下。

算法 13.4 对初值 $\forall x_0 \in H_1, \forall u \in H_1$ 且 $u \neq 0$，假设第 n 步的 x_n 已知,则第 $n+1$ 步的 x_{n+1} 由下列格式计算:

$$\bar{x}_n = P_{C_n}(t_n u + (1 - t_n) x_n) \tag{13.41}$$

$$x_{n+1} = P_{C_n}(x_n - \tau_n \nabla f_n(x_n)) \tag{13.42}$$

其中:

$$\tau_n := \frac{\rho_n \| x_n - \bar{x}_n \|^2}{\| A x_n - A \bar{x}_n \|^2} \tag{13.43}$$

$\{\rho_n\} \subset (0,2), \{t_n\} \subset (0,1)$。如果对 $n \geqslant 0$ 有 $x_{n+1} = x_n$ 或 $Ax_n = A\bar{x}_n$，则 x_n 是 SFP 的解,迭代停止;否则,令 $n := n + 1$，继续式(13.41)计算下一个迭代值 x_{n+2}。

注 13.1 由文献[276-287]或命题 13.3 容易估计出对称矩阵 $\boldsymbol{A}^{\mathrm{T}}A$ 特征值区间的上界 λ。因此,对 $\forall x_{n \geqslant 0}$，可令 $\tau_n \in (0, 2/\lambda) \subset (0, 2/L)$，其中 L 为 $\boldsymbol{A}^{\mathrm{T}}A$

最大特征值。

下面给出算法 13.4 的收敛性质。

定理 13.4 如果 SFP 的解集非空，且 $\underline{\lim}_{n}\tau_n(2-\lambda\tau_n)\geq\sigma>0$，则算法 13.4 产生的序列 $\{x_n\}$ 弱收敛到 SFP 的一个解。

证明 令 x^* 为 SFP 的一个解，由于 $C\subseteq C_n, Q\subseteq Q_n$，因此，有 $x^*=P_C(x^*)=P_{C_n}(x^*)$ 和 $Ax^*=P_Q(Ax^*)=P_{Q_n}(Ax^*)$。这表明 $x^*\in C_n$ 和 $\nabla f_n(x^*)=0(n=0,1,\cdots)$，使用式(13.42)可得

$$\begin{aligned}
\|x_{n+1}-x^*\|^2 &= \|P_{C_n}(x_n-\tau_n\nabla f_n(x_n))-x^*\|^2\\
&\leq \|(x_n-x^*)-\tau_n\nabla f_n(x_n)\|^2\\
&= \|x_n-x^*\|^2+\tau_n^2\|\nabla f_n(x_n)\|^2-2\tau_n\langle x_n-x^*,\nabla f_n(x_n)\rangle\\
&= \|x_n-x^*\|^2+\tau_n^2\|\nabla f_n(x_n)\|^2\\
&\quad -2\tau_n\langle x_n-x^*,\nabla f_n(x_n)-\nabla f_n(x^*)\rangle\\
&\leq \|x_n-x^*\|^2+\tau_n^2L\|(I-P_{Q_n})Ax_n\|^2\\
&\quad -2\tau_n\langle Ax_n-Ax^*,(I-P_{Q_n})Ax_n-(I-P_{Q_n})Ax^*\rangle\\
&\leq \|x_n-x^*\|^2+\tau_n^2L\|(I-P_{Q_n})Ax_n\|^2\\
&\quad -2\tau_n\|(I-P_{Q_n})Ax_n-(I-P_{Q_n})Ax^*\|^2\\
&= \|x_n-x^*\|^2+(\tau_n^2L-2\tau_n)\|(I-P_{Q_n})Ax_n\|^2
\end{aligned}\tag{13.44}$$

结合注 13.1，可知 $\tau_n^2L-2\tau_n<0$，因此序列 $\{\|x_n-x^*\|^2\}$ 是单调递减的，所以 $\{x_n\}$ 有界。从而，由式(13.44)可得

$$\lim_{n\to\infty}\|(I-P_{Q_n})Ax_n\|^2=0\tag{13.45}$$

另外，可推得

$$\|x_{n+1}-x_n\|=\|P_{C_n}(x_n-\tau_n\nabla f_n(x_n))-x_n\|\leq\tau_n\|\boldsymbol{A}^{\mathrm{T}}\|\|(P_{Q_n}-I)Ax_n\|$$

取极限并利用式(13.45)，可知

$$\lim_{n\to\infty}\|x_{n+1}-x_n\|=0\tag{13.46}$$

假设 $\hat{x}$ 是 $\{x_n\}$ 的聚点，且 $x_{n_i}\to\hat{x}$，其中 $\{x_{n_i}\}_{i=1}^{\infty}$ 是 $\{x_n\}$ 的子列。下面证 $\hat{x}$ 是 SFP 的解。

首先，证 $\hat{x}\in C$。由于 $x_{n_{i+1}}\in C_{n_i}$，则由 C_{n_i} 的定义可知

$$c(x_{n_i})+\langle\xi_{n_i},x_{n_{i+1}}-x_{n_i}\rangle\leq 0,(\forall i=1,2,\cdots)$$

取极限并利用式(13.46)，可得

$$c(\hat{x})\leq 0$$

因此 $\hat{x}\in C$。

其次，需要证 $A\hat{x}\in Q$。由式(13.45)可得

$$\lim_{n_i\to\infty} \| (I - P_{Q_{n_i}})Ax_{n_i} \|^2 = 0 \tag{13.47}$$

由于 $P_{Q_{n_i}}(Ax_{n_i}) \in Q_{n_i}$，存在

$$q(Ax_{n_i}) + \langle \eta_{n_i}, P_{Q_{n_i}}(Ax_{n_i}) - Ax_{n_i} \rangle \leqslant 0$$

继续取极限并利用式(13.47)，可得

$$q(A\hat{x}) \leqslant 0$$

即 $A\hat{x} \in Q$。

因此，$\hat{x}$ 是 SFP 的解。将式(13.44)中 x^* 的用 $\hat{x}$ 代替，得 $\{\|x_n - \hat{x}\|\}$ 是收敛的。因为存在一个子列 $\{\|x_{n_i} - \hat{x}\|\}$ 收敛到 0，所以当 $n \to \infty, x_n \to \hat{x}$。

此外，由式(13.7)也可得到下面的算法。

算法 13.5 对初值 $\forall x_0 \in H_1, \forall u \in H_1$ 且 $u \neq 0$，假设第 n 步的 x_n 已知，则第 $n+1$ 步的 x_{n+1} 由下列格式计算：

$$\bar{x}_n = P_{C_n}(t_n u + (1 - t_n)x_n) \tag{13.48}$$

$$x_{n+1} = P_{C_n}(x_n - \tau_n \nabla f_n(x_n)) \tag{13.49}$$

其中：

$$\tau_n := \frac{\rho_n \|\bar{x}_n\|^2}{\|A\bar{x}_n\|^2} \tag{13.50}$$

$\{\rho_n\} \subset (0,2), \{t_n\} \subset (0,1)$。如果对某一个 $n \geqslant 0$ 有 $x_{n+1} = x_n$ 或 $Ax_n = A\bar{x}_n$，则 x_n 是 SFP 的解，迭代停止；否则，令 $n := n+1$，继续式(13.48)计算下一个迭代值 x_{n+2}。

显然，可令式(13.50)与注 13.1 一致，因此类似于定理 13.4，同理可得算法 13.5 弱收敛到 SFP 的一个解。

13.5.2 基于一般化变步长的广义 CQ 算法及其强收敛定理

本小节将变步长式(13.4)~式(13.7)进行一般化，得到了能够涵盖这些步长的一般化格式式(13.8)和式(13.9)，并构建了广义的 CQ 算法估计 SFP 的解。本节的算法不仅具备一般化的步长，而且可以通过松弛方法容易实现。

首先，给出步长式(13.8)对应的广义 CQ 算法。

算法 13.6 设 $\Psi: C \to H_1$ 为一个 δ-压缩映射，压缩系数为 $\delta \in (0,1)$，设 $r: H_1 \to H_1 \backslash \Theta$ 为一个非零算子。$\forall x_0 \in H_1$，假设第 n 步迭代 x_n 已知，则第 $n+1$ 步迭代 x_{n+1} 可由下式计算：

$$x_{n+1} = (1 - \beta_n)x_n + \beta_n P_{C_n}[\alpha_n \Psi(x_n) + (1 - \alpha_n)U_n x_n] \tag{13.51}$$

其中 $U_nX_n=(I-\tau_nA^{\mathrm{T}}(1-P_{Q_n})A)x_n,\tau_n:=\dfrac{\rho_n\|r(x_n)\|^2}{\|Ar(x_n)\|^2},\{\rho_n\}\subset(0,2),\{t_n\}\subset(0,1)$，$\{\alpha_n\}$ 和 $\{\beta_n\}$ 为 $[0,1]$ 中的两个实数列。如果对某一个 $n\geqslant 0,x_{n+1}=x_n$，则 x_n 是 SFP 的解，迭代停止；否则，继续式(13.51)计算 x_{n+2}。

定理 13.5 假设 SFP 是相容的，即 $\Gamma\neq\varnothing,\underline{\lim}_n\tau_n(2-\lambda\tau_n)\geqslant\sigma>0$，并且 $\{\alpha_n\}$ 和 $\{\beta_n\}$ 满足下列条件：

(C1) $\lim_{n\to\infty}\alpha_n=0$ 和 $\sum\limits_{n=1}^{\infty}\alpha_n=\infty$；

(C2) $0<\underline{\lim}_n\beta_n$。

则由式(13.51)定义的 $\{x_n\}$ 强收敛到 $x^*=P_\Gamma\Psi x^*$，并是式(13.52)的解：

$$\langle(\Psi-I)x^*,y-x^*\rangle\leqslant 0,\forall y\in\Gamma \tag{13.52}$$

证明 由于 $P_\Gamma:H_1\to\Gamma\subset C$ 是非扩张的，$\Psi:C\to H_1$ 是 δ 压缩的，因此，$P_\Gamma\Psi:C\to C$ 是压缩的且压缩系数为 $\delta\in(0,1)$，存在唯一的 $x^*\in C$，s.t. $x^*=P_\Gamma\Psi x^*$；可知式(13.52)成立。

由于 x^* 是 SFP 的解，$x^*\in C\cap A^{-1}(Q)$，且 $C\subseteq C_n,Q\subseteq Q_n$，则 $x^*=P_C(x^*)=P_{C_n}(x^*)$ 和 $Ax^*=P_Q(Ax^*)=P_{Q_n}(Ax^*)$。有

$$\begin{aligned}\|U_nx_n-x^*\|^2&=\|x_n-\tau_n\nabla f_n(x_n)-x^*\|^2\\&=\|x_n-x^*\|^2+\|\tau_n\nabla f_n(x_n)\|^2-2\tau_n\langle x_n-x^*,\nabla f_n(x_n)\rangle\\&=\|x_n-x^*\|^2+\tau_n^2\|\nabla f_n(x_n)\|^2\\&\quad-2\tau_n\langle Ax_n-Ax^*,(I-P_{Q_n})Ax_n-(I-P_{Q_n})Ax^*\rangle\\&\leqslant\|x_n-x^*\|^2+\tau_n^2L\|(I-P_{Q_n})Ax_n\|^2\\&\quad-2\tau_n\|(I-P_{Q_n})Ax_n\|^2\\&=\|x_n-x^*\|^2+(\tau_n^2L-2\tau_n)\|(I-P_{Q_n})Ax_n\|^2\end{aligned}$$

易知 $\tau_n\in(0,2/L)$，所以 $\tau_n^2L-2\tau_n<0$。特别地，可得

$$\|U_nx_n-x^*\|\leqslant\|x_n-x^*\| \tag{13.53}$$

因此，可以建立 $\{x_n\}$ 的有界性。利用式(13.51)，有

$$\begin{aligned}\|x_{n+1}-x^*\|&=\|(1-\beta_n)x_n+\beta_nP_{C_n}[\alpha_n\Psi(x_n)+(1-\alpha_n)U_nx_n]-x^*\|\\&\leqslant(1-\beta_n)\|x_n-x^*\|+\beta_n\|P_{C_n}[\alpha_n\Psi(x_n)\\&\quad+(1-\alpha_n)U_nx_n]-x^*\|\\&\leqslant(1-\beta_n)\|x_n-x^*\|+\beta_n\|\alpha_n\Psi(x_n)+(1-\alpha_n)U_nx_n-x^*\|\\&=(1-\beta_n)\|x_n-x^*\|+\beta_n\|\alpha_n(\Psi(x_n)-\Psi(x^*))\end{aligned}$$

$$
\begin{aligned}
&+(1-\alpha_n)(U_nx_n-x^*)+\alpha_n\Psi(x^*)-\alpha_nx^*\| \\
&\leqslant(1-\beta_n)\|x_n-x^*\|+\alpha_n\beta_n\|\Psi(x_n)-\Psi(x^*)\| \\
&\quad+(1-\alpha_n)\beta_n\|U_nx_n-x^*\| \\
&\quad+\alpha_n\beta_n\|\Psi(x^*)-x^*\| \\
&\leqslant\left[1-(1-\delta)\alpha_n\beta_n\right]\|x_n-x^*\|+\alpha_n\beta_n\|\Psi(x^*)-x^*\| \\
&=[1-(1-\delta)\alpha_n\beta_n]\|x_n-x^*\| \\
&\quad+(1-\delta)\alpha_n\beta_n\frac{\|\Psi(x^*)-x^*\|}{1-\delta} \\
&\leqslant\max\left\{\|x_0-x^*\|,\frac{\|\Psi(x^*)-x^*\|}{1-\delta}\right\}=M,n\geqslant0
\end{aligned}
$$

这表明 $\{x_n\}$ 是有界的,即 $z_n=Tx_n=P_{C_n}[\alpha_n\Psi(x_n)+(1-\alpha_n)U_nx_n]$,同理可知 $\{z_n\}$ 亦然。

下面,先来证明 x_n 依范数收敛到 x^*。利用式(13.51)、式(13.53),可得

$$
\begin{aligned}
\|x_{n+1}-x^*\|^2&=\|(1-\beta_n)x_n+\beta_nP_{C_n}[\alpha_n\Psi(x_n)+(1-\alpha_n)U_nx_n]-x^*\|^2 \\
&\leqslant(1-\beta_n)\|x_n-x^*\|^2+\beta_n\|P_{C_n}[\alpha_n\Psi(x_n) \\
&\quad+(1-\alpha_n)U_nx_n]-x^*\|^2
\end{aligned}
\tag{13.54}
$$

其中设

$$
\begin{aligned}
&\|P_{C_n}[\alpha_n\Psi(x_n)+(1-\alpha_n)U_nx_n]-x^*\|^2 \\
&=\|P_{C_n}[w_n]-x^*\|^2 \\
&=\langle P_{C_n}[w_n]-x^*,P_{C_n}[w_n]-x^*\rangle \\
&=\langle P_{C_n}[w_n]-w_n,P_{C_n}[w_n]-x^*\rangle+\langle w_n-x^*,P_{C_n}[w_n]-x^*\rangle
\end{aligned}
$$

由于 $\langle P_{C_n}[w_n]-w_n,P_{C_n}[w_n]-x^*\rangle\leqslant0$,可知

$$
\begin{aligned}
&\|P_{C_n}[w_n]-x^*\|^2 \\
&\leqslant\langle w_n-x^*,P_{C_n}[w_n]-x^*\rangle \\
&=\langle\alpha_n\Psi(x_n)+(1-\alpha_n)U_nx_n-x^*,P_{C_n}[w_n]-x^*\rangle \\
&=\langle\alpha_n(\Psi(x_n)-\Psi(x^*))+(1-\alpha_n)(U_nx_n-x^*) \\
&\quad+\alpha_n(\Psi(x^*)-x^*),P_{C_n}[w_n]-x^*\rangle \\
&\leqslant(\alpha_n\|\Psi(x_n)-\Psi(x^*)\|+(1-\alpha_n)\|U_nx_n-x^*\|)\|P_{C_n}[w_n] \\
&\quad-x^*\|+\alpha_n\langle\Psi(x^*)-x^*,P_{C_n}[w_n]-x^*\rangle \\
&\leqslant(1-(1-\delta)\alpha_n)\|x_n-x^*\|\|P_{C_n}[w_n]-x^*\|+\alpha_n\langle\Psi(x^*) \\
&\quad-x^*,P_{C_n}[w_n]-x^*\rangle
\end{aligned}
$$

$$\leqslant \frac{1-(1-\delta)\alpha_n}{2}\|x_n - x^*\|^2 + \frac{1}{2}\|P_{C_n}[w_n] - x^*\|^2$$
$$+ \alpha_n\langle \Psi(x^*) - x^*, P_{C_n}[w_n] - x^*\rangle$$

因此：

$$\|P_{C_n}[w_n] - x^*\|^2 \leqslant (1-(1-\delta)\alpha_n)\|x_n - x^*\|^2 + 2\alpha_n\langle \Psi(x^*) - x^*, P_{C_n}[w_n] - x^*\rangle \tag{13.55}$$

将式(13.55)代入式(13.54)可推出：

$$\begin{aligned}\|x_{n+1} - x^*\|^2 &\leqslant (1-\beta_n)\|x_n - x^*\|^2 + (1-(1-\delta)\alpha_n)\beta_n\|x_n - x^*\|^2 + 2\alpha_n\beta_n\langle \psi(x^*) - x^*, P_{C_n}[w_n] - x^*\rangle \\ &\leqslant (1-(1-\delta)\alpha_n\beta_n)\|x_n - x^*\|^2 \\ &\quad + (1-\delta)\alpha_n\beta_n\frac{2}{1-\delta}\langle \Psi(x^*) - x^*, P_{C_n}[w_n] - x^*\rangle\end{aligned} \tag{13.56}$$

由于 $x^* \in C \subseteq C_n, P_{C_n}: H_1 \to C \subseteq C_n$ 和 $\Psi: C \subseteq C_n \to H_1$，则 $P_{C_n}\Psi: C_n \to C_n$，$x^* = P_{C_n}\Psi x^*$，可知

$$\overline{\lim_n}\langle \Psi(x^*) - x^*, P_{C_n}[w_n] - x^*\rangle = \max_{P_{C_n}[w_n]\in C_n}\langle \Psi(x^*) - P_{C_n}\Psi(x^*), P_{C_n}[w_n] - P_{C_n}\Psi(x^*)\rangle \leqslant 0 \tag{13.57}$$

应用式(13.57)～式(13.56)，可推出 x_n 依范数收敛到 x^*。

假设 $\hat{x}$ 是 $\{x_n\}$ 的一个聚点，且 $x_{n_i} \to \hat{x}$，其中 $\{x_{n_i}\}_{i=1}^{\infty}$ 是 $\{x_n\}$ 的一个子列。下面证 $\hat{x}$ 是 SFP 的解。

由于 x_n 依范数收敛到 x^*，易知 x_n 弱收敛到 x^*，等价地：

$$\lim_{n\to\infty}\|x_{n+1} - x_n\| = 0 \tag{13.58}$$

而

$$\|x_n - Tx_n\| \leqslant \|x_n - x_{n+1}\| + (1-\beta_n)\|x_n - Tx_n\|$$

可知 $\|x_n - Tx_n\| \leqslant \|x_n - x_{n+1}\| \to 0(n\to\infty)$。因此，可得 x_n 的极限属于 $\mathrm{Fix}(T)$：

$$\begin{aligned}\|x_{n+1} - x_n\| &= \|(1-\beta_n)x_n + \beta_n P_{C_n}[\alpha_n\Psi(x_n) + (1-\alpha_n)U_n x_n] - x_n\| \\ &= \beta_n\|P_{C_n}[\alpha_n\Psi(x_n) + (1-\alpha_n)U_n x_n] - x_n\| \\ &\leqslant \beta_n\|\alpha_n(\Psi(x_n) - x_n) + (1-\alpha_n)(U_n x_n - x_n)\| \\ &\leqslant \alpha_n\beta_n\|\Psi(x_n) - x_n\| + (1-\alpha_n)\beta_n\|U_n x_n - x_n\| \\ &\leqslant \alpha_n\beta_n\|\Psi(x_n) - x_n\| + (1-\alpha_n)\beta_n\|A^{\mathrm{T}}\|\|(I - P_{Q_n})Ax_n\| \to 0\end{aligned}$$

所以有

$$\lim_{n\to\infty}\|(I-P_{Q_n})Ax_n\|=0 \tag{13.59}$$

下面,证明 $\hat{x}\in C$。

由于 $x_{n_i}\to\hat{x}, x_{n_{i+1}}-x_{n_i}\to 0(i\to\infty)$,而且 $x_{n_{i+1}}\in C_{n_i}$,因此利用 C_{n_i} 的定义,可知

$$c(x_{n_i})+\langle\xi_{n_i},x_{n_{i+1}}-x_{n_i}\rangle\leqslant 0,\ \forall i=1,2,\cdots$$

取极限并利用式(13.58),可得 $c(\hat{x})\leqslant 0$,所以 $\hat{x}\in C$。

此外,还需证 $A\hat{x}\in Q$。已知 $P_{Q_{n_i}}(Ax_{n_i})\in Q_{n_i}$,可得

$$q(Ax_{n_i})+\langle\eta_{n_i},P_{Q_{n_i}}(Ax_{n_i})-Ax_{n_i}\rangle\leqslant 0$$

取 $n_i\to\infty$,利用式(13.59),可推出 $q(A\hat{x})\leqslant 0$,即 $A\hat{x}\in Q$。

因此,$\hat{x}$ 是 SFP 的解。

可在式(13.56)中将 x^* 替换为 $\hat{x}$,可得 $\{\|x_n-\hat{x}\|\}$ 是收敛的. 因为存在子列 $\{\|x_{n_i}-\hat{x}\|\}$ 收敛到0,所以当 $n\to\infty$ 时,$x_n\to\hat{x}$。

其次,给出步长(13.9)对应的算法,由于其证明同定理13.5,此处省略。

算法 13.7 设 $\Psi:C\to H_1$ 为一个 δ-压缩映射,压缩系数为 $\delta\in(0,1)$,设 $q:H_1\to H_2\backslash\Theta$ 为一个非零算子。$\forall x_0\in H_1$,假设第 n 步迭代 x_n 已知,则第 $n+1$ 步迭代 x_{n+1} 可由下式计算:

$$x_{n+1}=(1-\beta_n)x_n+\beta_nP_{C_n}[\alpha_n\Psi(x_n)+(1-\alpha_n)U_nx_n] \tag{13.60}$$

其中,$U_nx_n=(I-\tau_nA^{\mathrm{T}}(1-P_{Q_n})A)x_n,\tau_n:=\dfrac{\rho_n\|q(x_n)\|^2}{\|A^{\mathrm{T}}q(x_n)\|^2},\{\rho_n\}\subset(0,2),\{t_n\}\subset(0,1),\{\alpha_n\}$ 和 $\{\beta_n\}$ 为 $[0,1]$ 中的两个实数列。如果对某一个 $n\geqslant 0, x_{n+1}=x_n$,则 x_n 是 SFP 的解,迭代停止;否则,继续式(13.60)计算 x_{n+2}。

定理 13.6 假设 SFP 是相容的,即 $\Gamma\neq\varnothing,\underline{\lim}_n\tau_n(2-\lambda\tau_n)\geqslant\sigma>0$,并且 $\{\alpha_n\}$ 和 $\{\beta_n\}$ 满足下列条件:

(C1) $\lim_{n\to\infty}\alpha_n=0$ 和 $\sum\limits_{n=1}^{\infty}\alpha_n=\infty$;

(C2) $0<\underline{\lim}_n\beta_n$。

则由式(13.60)定义的 $\{x_n\}$ 强收敛到 $x^*=P_\Gamma\Psi x^*$,并是式(13.52)的解。

13.5.3 一个推广的强收敛算法

本节给出一个推广的强收敛算法。

设 $h:C\to H_1$ 为 κ-压缩映射,$B:H_1\to H_1$ 为一个自伴强正有界线性算子,系数为 $\lambda>0$,对 $\forall x\in H_1,\exists\langle Bx,x\rangle\geqslant\lambda\|x\|^2$,取常数 σ, s.t. $0<\sigma\kappa<\lambda$。

由于 B 是自共轭的,有 $\|B\| = \sup_{\|x\|=1}\langle Bx,x\rangle$。$I-B$ 也是自共轭的,则

$$\|I-B\| = \sup_{\|x\|=1}\langle (I-B)x,x\rangle = \sup_{\|x\|=1}\{\|x\|^2 - \langle Bx,x\rangle\}$$
$$\leqslant \sup_{\|x\|=1}\{(1-\lambda)\|x\|^2\} \leqslant 1-\lambda$$

在式(13.51)中,记 $\Psi(x) = \sigma h(x) + (I-B)U_n x$, 因此

$$\|\Psi(x) - \Psi(y)\| \leqslant \sigma\kappa\|x-y\| + \|I-B\|\,\|x-y\|$$
$$\leqslant (\sigma\kappa + 1 - \lambda)\|x-y\|$$

对 $\forall x,y \in H_1$, 易知 $\sigma\kappa + 1 - \lambda \in (0,1)$, $\Psi: C \to H_1$ 仍是压缩映射。从而,可得出算法 13.6 的一个特殊的推广算法。

算法 13.8 任取初值 $x_0 \in H_1$, 设第 n 步迭代 x_n 已知,则第 $n+1$ 步迭代 x_{n+1} 由下式计算:

$$x_{n+1} = (1-\beta_n)x_n + \beta_n P_{C_n}[\alpha_n \sigma h(x_n) + (I - \alpha_n B)U_n x_n] \tag{13.61}$$

其中, $U_n x_n = (I - \tau_n \boldsymbol{A}^{\mathrm{T}}(I - P_{Q_n})A)x_n$, $\tau_n := \dfrac{\rho_n\|r(x_n)\|^2}{\|Ar(x_n)\|^2}$ 或 $\tau_n := \dfrac{\rho_n\|q(x_n)\|^2}{\|A^{\mathrm{T}}q(x_n)\|^2}$, $\{t_n\} \subset (0,1)$, $\{\alpha_n\}$ 和 $\{\beta_n\}$ 为 $[0,1]$ 中的两个实数列。如果 $x_{n+1} = x_n$, 则迭代停止, x_n 是 SFP 的解;否则继续计算 x_{n+2}。

定理 13.7 假设 SFP 是相容的,即 $\Gamma \neq \varnothing$, $\underline{\lim}_n \tau_n(2 - \lambda\tau_n) \geqslant \sigma > 0$,并且 $\{\alpha_n\}$ 和 $\{\beta_n\}$ 满足下列条件:

(C1) $\lim_{n\to\infty}\alpha_n = 0$ 和 $\sum_{n=1}^{\infty}\alpha_n = \infty$;

(C2) $0 < \underline{\lim}_n \beta_n$。

则由式(13.61)定义的 $\{x_n\}$ 强收敛到 $x^* = P_\Gamma[\sigma h(x^*) + (I-B)U_n x^*]$, 并是式(13.62)的解:

$$\langle \sigma h(x^*) - B(x^*), y - x^*\rangle \leqslant 0, (\forall y \in \Gamma) \tag{13.62}$$

13.6 试验分析

采用 9.3 节的舰船数据,本节将 LM 算法、CQ 算法、算法 13.1 的收敛速度进行测试,取 $\beta_n = 0.5$, 迭代次数为 50, MSE 曲线分别如图 13.2 所示,可以看出 LM 算法和算法 13.1 的曲线都明显小于 CQ 算法曲线,由于采用了自适应迭代步长,算法 13.1 的收敛速度明显比 LM 算法快,这证明了本章提出算法的优越性。

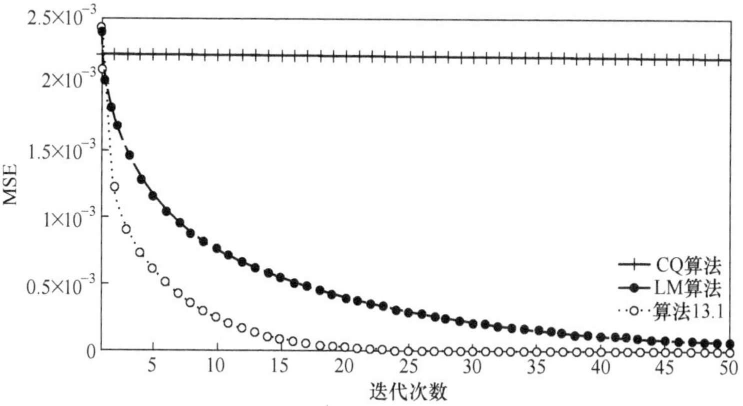

图 13.2 LM 算法、CQ 算法和算法 13.1 的 MSE 曲线

第四部分　三维重建系统工程化研究

针对海面舰船目标图像特点及其三维重建需求，基于第二部分的基于 SfM 的三维重建理论研究、第三部分的典型重建环节优化算法，本部分分别从作战效能评估、功能性能需求、软件设计理念、软件具体布局等几个方面开展研究。

第 14 章　舰船目标三维重建系统建设需求

为基于航空侦察可见光图像获取目标深度信息，也为更好地识别海面舰船目标，需要充分利用平时侦察中获取多视角图像，进行舰船目标的三维重建。在实际应用中，不仅需要建立舰船、岛礁等海面目标的三维模型，还需要建立港口、机场等临海目标的大场景三维模型。本章从作战效能和功能需求出发，提出了三维重建系统建设的基本需求。

14.1　作战效能评估及功能需求

本节主要给出舰船目标三维重建系统的作战效能评估及功能、需求。

14.1.1　作战效能评估

随着预警、侦察、探测、跟踪、精确制导等装备自主化程度的提高，需要基于可见光图像对海面舰船进行快速精准识别，由于无法从图像中直接获取舰船的深度信息，简单的特征匹配已不能满足全方位识别的作战需求。基于对非合作舰船目标的可见光侦察图像，建立各型舰船的三维模型数据库，装载到各型自主识别的装备中，能够从任意角度对舰船目标进行精确识别，这将大大提高对非合作舰船目标的分析水平。

14.1.2　三维重建系统的功能需求

根据三维重建系统在情报、指挥、作战、训练、科研等领域的重要作用，其至少应具备图像预处理、图像拼接、三维模型生成、模块插拔以及数据调度等功能。舰船目标三维重建系统功能需求，如图 14.1 所示。

1. 三维模型生成功能

考虑各类三维模型数据在目标识别、仿真等方面的应用，对多角度拍摄的舰船可见光图像三维模型的建立，主要产品应包括稀疏点云、密集点云、纹理模型、表面模型等。三维重建主要产品及应用如图 14.2 所示。

其中，稀疏点云模型可用于对舰船目标的快速三维重建、识别、定位及跟踪

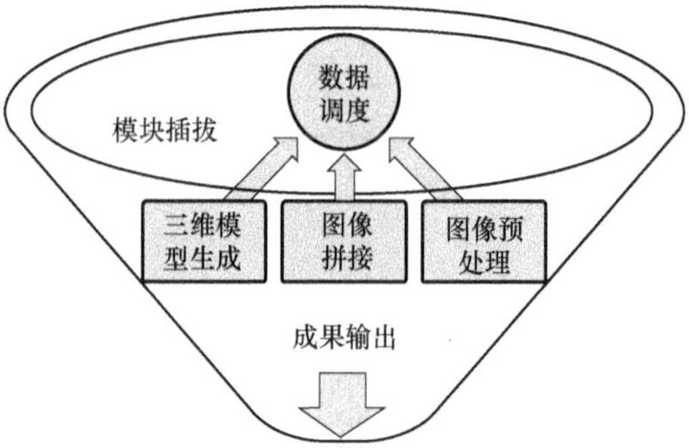

图 14.1 舰船目标三维重建系统功能需求

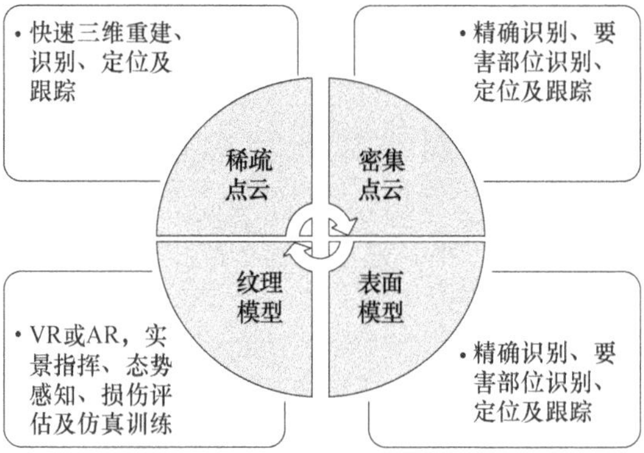

图 14.2 三维重建主要产品及应用

等;密集点云模型和表面模型可用于对舰船目标的精确识别、要害部位识别、定位及跟踪等;纹理模型除了可用于识别、定位和跟踪外,还可应用于虚拟现实(VR)或增强现实(AR),进行海战场实景指挥、态势感知、损伤评估及仿真训练等。

为实现上述产品的输出,该系统功能应具备几个主要子功能,即特征提取、立体匹配、相机标定、密集匹配、网格构建、纹理映射以及瓦片化输出等功能。此外,将来系统还应局部模型编辑功能,可以对稀疏点云、密集点云、网格模型、纹理模型进行整体及局部的选择、分块、删除等操作,而选择与分块的操作将是分块三维重建的基础。

2. 数据调度功能

考虑对三维重建过程中各种数据类型的便捷存取,系统应具备数据调度、管理功能。针对图像数据、模型数据以及中间结果,最好利用图像数据库及相关软件工具,实现对数据的存储、查询及获取功能;建立各种数据的访问引擎,驱动数据在不同功能模块之间流动;针对不同模块与数据库之间的接口,实现数据的畅连畅通。

3. 模块插拔功能

考虑软件的稳定性、易维护性和可扩展性,需对整个软件采用模块化设计。鉴于三维重建过程中的各个环节相对独立,且每个环节已发展出很多功能相同但性能不同的算法(如特征点检测环节,现有的检测方法有 Harris[206]、SIFT[129]、SURF[288]等,其中仅 SIFT 算法就有多种实现方法),可确定统一的功能模块数据 I/O 接口,使各个相互独立的功能模块能够在整个软件系统中可插拔,以提高软件功能组合的灵活性;确定统一的算法功能函数调用接口,以调用不同性能的算法,从而提高算法性能组合的灵活性。

4. 图像拼接功能

考虑海战场总体态势感知的需求,系统应具备对机场、码头等较大场景拼接的功能。利用具有一定重叠度的可见光图像,一般该功能可由 3 种方法实现:一是通过特征点匹配的方式,实现图像的快速拼接;二是通过空中三角测量方法确定相机位置,完成匹配,实现图像的误差不大于 1 个像素的高精度拼接;三是通过对已有三维模型进行任意角度的投影,获得镶嵌图像。

5. 图像预处理功能

考虑应对由海面环境复杂、天气变化、相机抖动等因素带来的目标图像畸变、云雾遮挡、色彩暗淡等问题,系统应具备对拍摄图像预处理的功能。因此,需针对海面舰船目标图像特点具备显著区域提取功能。此外,最好还应具备图像几何校正功能,纠正倾斜摄影时带来的畸变;具备去雾增强功能,去除图像中的薄雾,增加图像的可鉴别性。

14.2 基本建设目标与任务

14.2.1 基本建设目标

舰船目标三维重建软件以提升海面舰船目标快速精确识别能力为需求牵引,高效地整合利用可见光侦察图像数据,充分利用图像处理、计算机视觉以及大数据处理等相关技术,在有/无 POS 信息的情况下,实现近景目标、远景目标、小目标和大场景目标的三维重建。

14.2.2 基本建设任务

(1) 实现对舰船类目标的三维重建;

(2) 实现有/无 POS 信息下目标的三维重建;

(3) 实现岛礁、港口、机场等其他场景目标的三维重建;

(4) 实现一键全自动重建和分步重建;

(5) 实现先进算法模块的调用。

14.3 指标要求

14.3.1 三维重建总体指标

1. 总体功能要求

(1) 支持有人、无人机影像的处理,支持国内外主流多视角航空相机数据、支持远、近景影像数据的处理;

(2) 支持输入数据预处理;

(3) 支持 CPU/GPU 混合架构计算平台,包括服务器、工作站和便携机;

(4) 支持仅有 GNSS 和无 GNSS/IMU 等约束条件下的空中三角测量;

(5) 支持相机的自检校,支持多视角影像的联合平差,支持多架次、不同航高、多种平台等影像的平差;

(6) 支持量测型和非量测型相机的空中三角测量,能够完成对单镜头以及多镜头相机内参数的自检校,较好地适应对无人机数据的处理;

(7) 支持同类不同算法动态库调用;

(8) 支持稀疏点云、密集点云、网格模型、表面模型等中间数据结果的读取、导出,以及读取后的继续处理;

(9) 具备正射影像、DSM、DEM 生成的基本功能。

2. 总体性能指标

(1) 支持大数据的处理能力,参与空中三角测量的最大影像数量不小于 3GB;

(2) 空中三角测量精度(中误差):像素重投影(空三)误差不得超过 1 像素;

(3) 输出产品包括特征点检测结果、匹配结果、稀疏点云、密集点云、网格模型、纹理模型,可快速导入第三方 GIS 系统;

(4) 可读取的中间数据包括特征点检测结果、匹配结果、稀疏点云、密集点云、网格模型、DSM;

(5) 对不同算法动态库调用无报错,运行流畅稳定;

(6) 稳定性强,操作流畅,支持一键式全自动处理能力,用户可定制进行阶

段性处理,无须专业培训;

(7) 能够自动从影像 EXIF 中读取相机的基本参数,如相机型号、焦距、像主点等,给系统提供一个近似的初值;

(8) 数据结果分辨率与原图像分辨率保持一致。

14.3.2 三维重建子模块指标

1. 预处理模块

1) 功能要求

(1) 具备海面舰船目标图像显著区域提取功能;

(2) 具备去云功能,支持薄云雾去除功能;

(3) 具备几何校正功能;

(4) 具备匀光匀色功能;

(5) 具备色彩增强功能。

2) 性能指标

(1) 支持大数据影像的批量处理;

(2) 支持多种常用格式影像数据(如 JPG、TIFF 等);

(3) 显著区域边缘应紧贴舰船轮廓边缘;

(4) 几何校正,采用采集地面控制点的方法,则校正的精度可达到像素级精度,若采用参考图像和同名点匹配的方法,可达到亚像素的校正精度;

(5) 匀光匀色,同时满足整体和局部地物的匀光匀色要求,整体和局部互为补充,达到输出图像整体的最好效果;

(6) 图像自动增强,无须任何人工参数设置,可自动实现对各种不同类型图像的色彩调整,达到亮度均匀、明暗合理的要求。

2. 特征提取模块

1) 功能要求

特征点检测与匹配是三维快速重建系统的前端处理模块,此模块可实现对图像的预处理、图像特征点的检测、特征点的匹配及匹配点索引自动重建,也可实现多视图旋转、不同尺度、不同光照条件、对比度下的检测。

2) 性能指标

(1) 对几何变换具有不变性;

(2) 对噪声、光照变化以及模糊具有一定的不变性,即特征点检测不受光照变化的影响,匹配算法对噪声不敏感;

(3) 支持高分辨率影像;

(4) 满足外点概率低,具有高可靠性,匹配结果具有满覆盖性并支持海量数据的快速检测；

（5）具备具有高度的重现性、定位准确性、检测高效性。

3. 空三测量模块

1）功能要求

（1）具备海量大数据图像连接点匹配；

（2）支持倾斜多镜头影像的联合平差，可以自动剔除掉弱连接、航摄区域分离以及曝光失效等情况下的影像；

（3）支持非量测型相机影像畸变差改正，同时完成影像旋转，输出影像幅面不变；

（4）支持多线程分布式密集快速匹配连接点；

（5）支持有、无 POS 情况下的平差。

2）性能指标

（1）支持多 CPU/GPU，计算机多节点环境下的稳定运行；

（2）支持 3G 以上大数据的空三加密；

（3）每张影像至少有 9 个连接点，均匀分布在影像各个位置；

（4）图像分辨率为 X m 时，恢复的相机位置参数误差小于 $2X$ m，方向角度误差在小于 0.1°。

4. 密集匹配模块

1）功能要求

密集点云可直观、准确地描述舰船目标外形。

2）性能指标

（1）支持大数据的密集点云提取；

（2）提供多元数据接口，支持输入大多数格式影像数据（如 JPG、TIFF、BMP 等）；

（3）要求重建的精度高、完整性高，噪点少；

（4）特征跨越的影像范围不能太大，以便影像匹配算法中的几何变形处理。

5. 表面重建模块

1）功能要求

（1）可重建目标的三维表面网格；

（2）可拟合目标的三维表面。

2）性能指标

（1）适用于舰船的拓扑结构；

（2）构网精度高，对噪声不敏感，可自动修复孔洞；

（3）目测准确度 90%以上。

6. 纹理映射模块

1）功能要求

（1）可输出具备目标材质的纹理模型；

（2）可全自动均衡图像之间的色彩差异。

2）性能指标

（1）应达到无明显纹理接缝，纹理清晰度高；

（2）边界两侧纹理区域间颜色的自然过渡；

（3）支持大数据处理；

（4）能适应光照差异、重建精度、标定精度有限等因素。

7. DEM 生成模块

1）功能要求

（1）可由空三结果生成高精度的 DEM；

（2）支持基于实时可视化高程向量预览；

（3）可自动滤波，支持优化重采样。

2）性能指标

（1）匹配速度快；

（2）误差精度控制在 1m 以内。

8. 正射影像生成模块

1）功能要求

（1）支持快速生成正射影像；

（2）支持影像匀光匀色；

（3）支持正射影像批量输出。

2）性能指标

（1）图像色彩均匀，过渡自然；

（2）无明显几何畸变、色彩失真。

9. 数据瓦片化模块

1）功能要求

（1）可利用并行计算能力快速生成不同数据精度的瓦片数据；

（2）支持三维模型实时浏览显示。

2）性能指标

（1）数据组织冗余度低；

（2）大场景的三维瓦片模型能够在普通 PC 机流畅浏览。

此外，在设计中还应考虑经济性、安全性、可靠性、易扩展性、可维护性以及操作便捷性设计，由于非主要指标需求，此处略去。

第 15 章 基于总线理念的舰船目标三维重建系统设计

基于图像和从运动恢复结构（SfM）方法的三维重建主要是运用几何光学、数学算法、解剖学、神经生理学、计算机技术、统计学、运筹学、图论、信号分析与处理[289]等领域的理论和关键技术，利用逆向工程方法和非接触式的多视角可见光图像，取代传统的手工舰船建模和接触式测量建模，全自动或半自动地实现目标或场景的三维模型构建。由于重建过程复杂、涉及领域广、研究方向多样化，在各个具体的重建环节中已发展出了大量的算法[290]。针对特定目标与场景的图像数据，在各个环节中实时地选择相应的最优算法，并实现所有算法的有机组合，构建灵活、高效的三维重建系统是实际工程中面临的一个难题。

总线指系统各种功能布局之间传送信息的公共通信干线，可划分为数据总线、控制总线和地址总线。总线设计理念主要是指系统中的各个子功能系统可通过总线进行连接，使系统具备模块化、可扩展性以及通用性等功能。在计算机领域，总线经历了 ISA、PCI、AGP、PCI-Express 等发展历程，使各类系统的应用变得更加普适、灵活。

本章以基于三维模型的舰船目标精确识别为背景，借鉴国外主流三维重建软件设计经验，并受系统总线的设计理念的启发，设计开发了一个模块化的三维重建系统，规划了系统的主要功能和附属功能，对标准数据接口、算法功能函数接口给出了具体的参考，并对控制总线设计方法、海面舰船图像显著区域重建、系统加速策略等关键技术进行了分析。

15.1 系统模块设计

在分析三维重建软件功能需求的基础上，基于系统总线技术理念[291]，对舰船目标三维重建的软件系统进行建构。由于软件的运行效率与硬件配置基本呈线性关系，以及操作系统的客观多样性，软件运行平台的选择不在本节的考虑范围之内。

15.1.1 系统构建

本节主要论述系统总体架构、模块设计准则简介、标准化接口等方面。

1. 系统总体架构

舰船目标三维重建系统主要由预处理、特征点提取、特征匹配、空中三角测量、密集匹配、网格构建、纹理映射、瓦片化、图像拼接、正射图像生成以及报告生成等功能模块、数据 I/O 接口以及系统总线构成。舰船目标三维重建系统总体架构如图 15.1 所示。

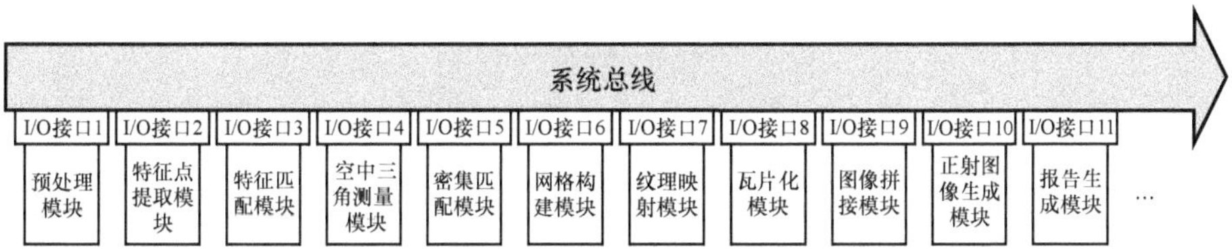

图 15.1 舰船目标三维重建系统总体架构

2. 系统总线架构

系统总线包含数据总线、控制总线和地址总线,如图 15.2 所示。在数据总线中,各类数据分别存储在相应的数据库中;在控制总线中,各类引擎主要实现对数据存储标识、位置的建立,执行对数据的存储和读取,各类数据流向可根据调整不同的接口自由调用;在地址总线中,数据库 I/O 接口主要实现功能模块内所需数据的读取、处理结果的存储,功能模块数据 I/O 接口主要实现数据库中数据与功能模块的对接。

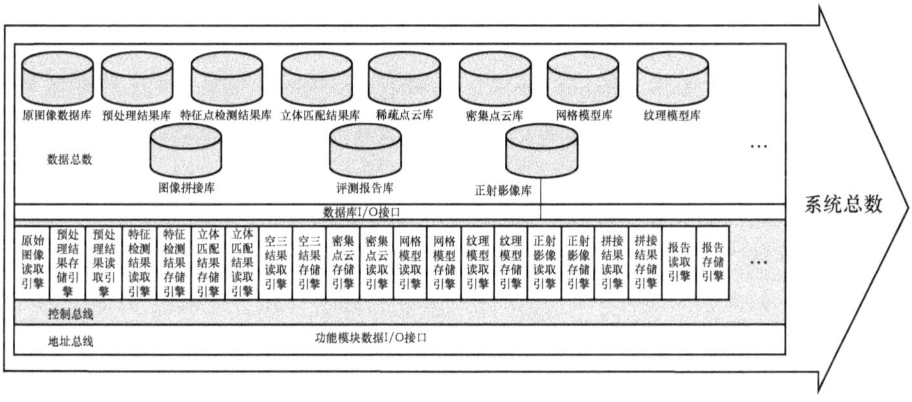

图 15.2 系统总线架构

3. 功能模块架构

功能模块架构如图 15.3 所示。其中,算法调用接口需针对相关功能的算法定义为标准化的接口，以进行不同算法动态库的调用，实现对不同算法在软件意义上的插拔，进而改善系统对目标场景的适应性；功能模块数据 I/O 接口与地址总线中的相应接口对接，进行不同功能模块的调用，实现对不同功能模块在软件意义上的插拔。

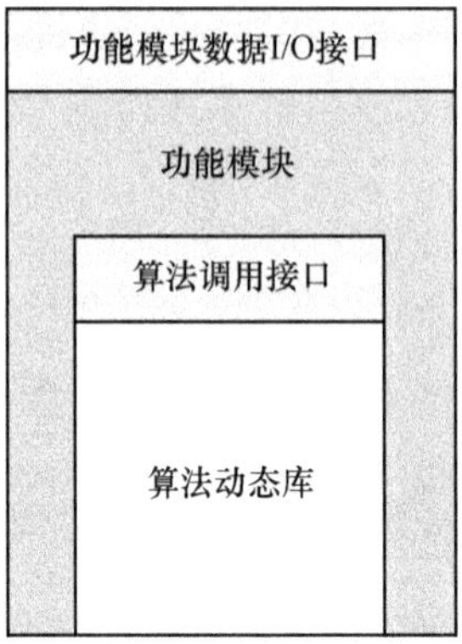

图 15.3 功能模块架构

15.1.2 模块设计准则简介

基于总线技术理念的软件系统模块化的设计，可实现不同功能的插拔和组合，并可进行一键式自动处理或向导式处理方式的选择，处理大批量有/无 POS (position and orientation system) 图像数据。综合第 14 章提出的技术指标，本节将各个主要模块的设计准则归纳如下。

1. 预处理模块

该模块主要对输入图像进行显著区域提取，从海面图像中分割出舰船区域；进行薄雾去除、几何校正、匀光匀色、色彩增强等处理；处理后的图像将更加清晰、色彩更加鲜明、畸变得以校正、亮度更为均匀。

2. 特征点检测模块

该模块主要对可见光图像实现在多视图旋转、不同尺度、不同光照及对比度等条件下的检测特征点的检测；要求检测出的角点或斑点具有高度的重现性、定位准确性和检测高效性。

3. 特征点匹配模块

该模块主要能够进行图像间的特征点匹配，以及匹配点索引自动重建，将离散的各幅影像连接为统一模型并进行平差；要求匹配算法对噪声不敏感、匹配误差小。

4. 空中三角测量模块

该模块主要根据匹配点标定的相机参数确定相机的位置和姿态，进而恢复点的三维空间的位置，形成目标的稀疏三维结构；要求在对大量图像进行联合平差的基础上测量精度像素重投影误差（中误差）不超过 1 像素。

5. 密集匹配模块

该模块主要基于稀疏点云，通过一系列复杂的计算，能够生成舰船目标的三维密集点云，实现舰船的细节信息重建；要求重建的信息精度高、完整性高，噪点与外点少，重建算法的时间复杂度以及空间复杂度简洁。

6. 表面重建模块

该模块主要基于密集点云，通过曲面拟合法和三角网格法搭建目标的三角面网格结构，重建出目标的表面模型；要求构网精度高、对噪声不敏感、可自动修复孔洞。

7. 纹理映射模块

该模块主要根据重建的三角面网格模型和已标定的相机参数筛选出每个三角面的最优参考影像，对三角面的参考影像进行聚类、优化生成场景的纹理图像，从而得到纹理可视化、具备真实感的三维模型；要求全自动生成纹理图像、全自动均衡图像之间的色彩差异、达到无明显纹理接缝，在渲染中适应光照差异、重建精度、标定精度有限等因素。

8. 正射图像生成模块

该模块主要利用投影的方法，实现目标模型任意角度下的二维投影，形成任意角度下的镶嵌图像；要求镶嵌图像可进行实时预览，可快速生成金字塔，并能够与同角度下的原始图像进行误差比较，以作为模型精度调整的依据。

9. 数据瓦片化模块

该模块主要对舰船三维模型进行分层分级（level of detail，LOD）处理，生成不同精度的瓦片数据，实现三维模型数据的实时浏览及网络发布；要求在普通办公个人计算机上也能实现三维模型的实时浏览显示，并可快速导入第三方地理信息系统（geographic information system，GIS）系统。

15.1.3 标准化接口

标准化接口主要分为两大类：一是为数据总线内数据库存取操作所定义的数据 I/O 存储格式标准；二是为功能模块内算法调用操作所定义的功能函数接口标准。

1. 数据 I/O 存储格式标准

针对主要功能性能，按照不同功能划分为图 15.1 所示的不同功能模块，参考国内外相关理论、软件，给出每个功能模块数据 I/O 基本存储格式标准参考，如表 15.1 所示。

表 15.1　功能模块数据 I/O 基本存储格式标准参考

模块名称	输入数据类型	输入数据格式	输出数据类型	输出数据格式
预处理	图像	jpg, tif, bmp, png	图像	jpg, tif, bmp, png
特征点检测	图像	jpg, tif, bmp, png	特征点位置索引、描述子	txt
特征点匹配	图像	jpg, tif, bmp, png	特征点匹配信息	txt
	特征点位置索引、描述子	txt		
空中三角测量	图像	jpg, tif, bmp	相机内外参数	txt
	POS 信息	txt		
	特征点匹配信息	txt	稀疏点云	obj, ply
密集匹配	图像	jpg, tif, bmp	密集点云	obj, ply
	特征点位置索引	txt		
	相机内外参数	txt		
	稀疏点云	obj, ply		
表面重建	密集点云	obj, ply	网格模型	obj, ply
纹理映射	图像	jpg, tif, bmp	纹理模型	obj, 3ds, ply, osgb, ive
	相机内外参数	txt		
	网格模型	obj, ply		
正射图像生成	纹理模型	obj, 3ds, ply, osgb, ive	图像	jpg, tif, bmp
数据瓦片化	纹理模型	obj, 3ds, ply, osgb, ive	瓦片化模型	tls, zip
图像拼接	图像	jpg, tif, bmp	图像	jpg, tif, bmp
	相机内外参数	txt		
报告生成	—	—	文档	PDF

其中，每个数据存储文件中具体的数据元素排列及存放标准，遵从相关国际通用惯例。

2. 功能函数接口标准

在整个三维重建的过程中，每个功能模块的继承性都很强，如从特征点检测环节到纹理映射环节，若没有上一个功能模块的结果，是无法进行下一个模块运算的。因此，定义每个功能模块中调用相同功能不同性能算法时，需使用统一的功能函数接口。以 C++语言为例,伪代码结构如下。

bool 函数接口名称(输入数据表头,输入配置参数表头,输出数据表头,输出配置,参数表头);若返回值为 1,则表示成功,若返回值为 0,则表示失败。

15.2 系统流程设计

在系统的工作过程中,针对上述功能模块和数据总线内各个数据库的对接,控制总线控制各存取引擎作为二者数据流通的中枢,系统工作时序如图 15.4 所示。

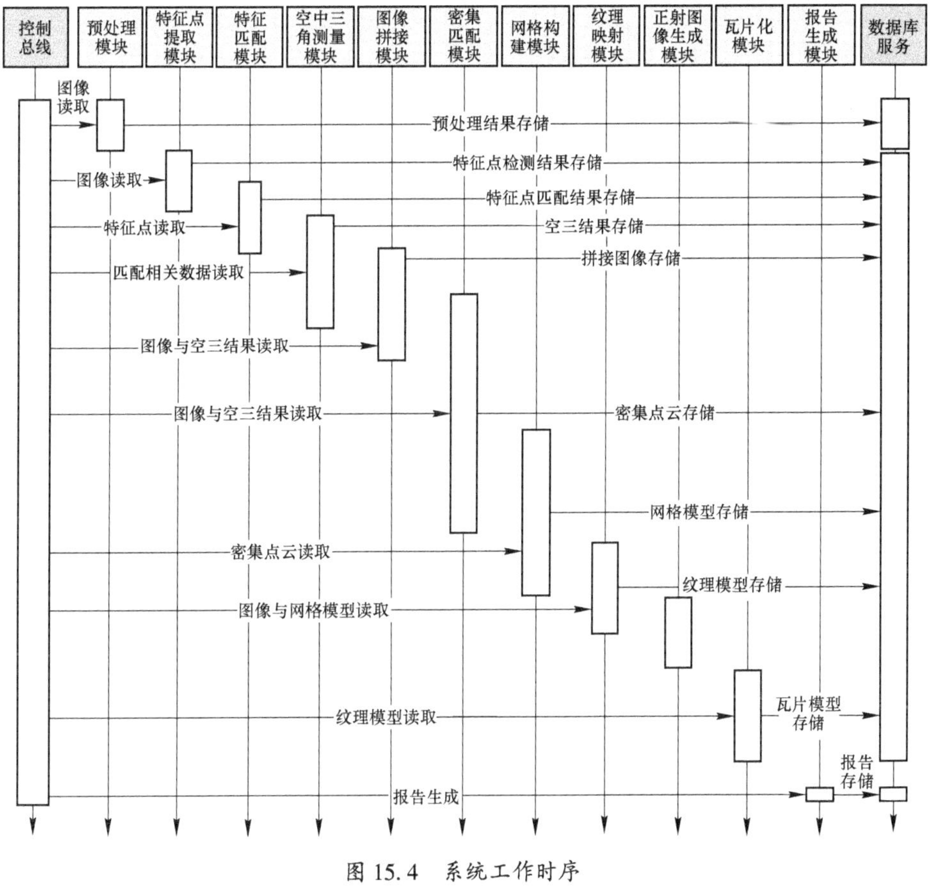

图 15.4 系统工作时序

从图 15.4 中可以看出,控制总线一方面控制各个存储引擎,另一方面控制各个模块的工作。需要注意的是,自特征检测模块开始,到正射图像生成模块运行结束,各个模块的工作时序是有一定重叠的。这样的设计是从加快系统处理速度、提高处理器和内存的利用率考虑的。

15.3 关键技术问题及解决途径

本节主要分析系统在建设过程中遇到的关键技术问题,并给出相应的解决方案。

1. 基于总线理念的软件框架构建问题

总线设计理念已广泛用于硬件系统的设计,大大提高了系统的集成化、模块化、互操作性、灵活性、通用性等,本章借鉴该理念进行软件的设计属学科的交叉,与现有的软件设计理念相比,缺乏实际操作经验。在进行实际设计时,数据总线的设计可采用数据库的方式实现,地址总线可归为各类接口函数的集合,因此控制总线的设计才是关键。

如图15.2所示,针对各个不同的子功能模块及其相应的数据库,根据数据功能模块的数据读取和输出需求,开发与各个子功能模块及其数据库相对应的引擎,实现数据流的合理调度是整个系统设计开发的关键。控制总线,顾名思义,要实现对数据流转的控制,因此在进行数据调度时,为实现数据的自动流转,可考虑反馈因子的引入,对引擎触发时机和空间存储进行实时监测。

2. 舰船密集点云外点问题

受舰船倒影、鱼鳞波、海浪等因素的影响,三维重建过程中不可避免地会出现错误匹配或冗余匹配,使舰船的密集点云存在大量的外点,从而影响后续的构网和表面重建环节。对这些外点的处理,目前多放在三维重建各环节内部的滤波、匹配等环节中,容易产生滤波过度损失细节信息、匹配过度出现冗余信息等问题。

根据对海拍摄舰船图像特点,可先对舰船图像进行预处理,利用大尺度因子高斯滤波器进行显著轮廓区域定位,基于颜色模型(hue-saturation-value, HSV)亮度分量显著图开方值,确定舰船在海面的倒影,再使用基于目标尺度的自适应高斯滤波器对轮廓区域进行更精细的近船体显著区域检测,达到滤除海面信息、提取舰船本体的目的,进而有效地消除海面冗余匹配点对三维重建的影响,提高重建的效率(本书第9章详述该方法)。

3. 密集匹配时间长的问题

在当前的三维重建框架下,若拍摄的舰船图像数据量较大,则整个重建过程少则几十分,多则几小时,无法满足三维模型快速获取需求。依据经验,一般密集匹配环节会占用整个三维重建过程50%以上的时间,因此亟须提高该环节的重建效率。目前,对于效率的提升,有的采用计算机集群的方式,多机并行完成重建，但鉴于经费与使用环境限制的客观条件，该方式是不可取的。因此，可在单机环境中采用提高硬件配置、引入超算卡及高性能显卡实现处理速度的提升。

此外，还可从数据组织上对三维重建过程进行进一步的加速策略。首先对图像数据按关联程度进行分组；然后按照工作时序对主要模块的处理时序进行交叠，即若本环节已经处理完一组与其他组无关联的数据，那么在处理器和内存允许的情况下，控制总线中的相关引擎将该组数据的处理结果立刻转入下一环节处理，形成多线程处理模式，而非在处理完所有数据后才将所有结果转入下一环节的单线程处理模式。

15.4 软件成品介绍

在课题研究过程中，依据本书的主要思想理念和优化算法，设计了一套基于航空侦察图像的舰船目标混合三维重建系统，实现了从图像输入到三维模型、DEM、正射影像以及各个中间成果的输出，整个过程既可进行全自动处理，又可进行手工分步交互处理。

15.4.1 软件结构

按照数据处理流程进行系统功能设计，舰船目标混合三维重建系统主要分为三大子系统，分别为预处理子系统、三维重建子系统及模型展示子系统。预处理子系统主要具备海面分离功能，即针对海面舰船图像，滤除海面信息，提取舰船精细轮廓。三维重建子系统包括自动三维重建、自动综合重建和分步三维重建3种。其中，自动三维重建模式基于多视图环境，可实现对近景小目标和远处大场景的全自动重建；自动综合重建模式除了具备三维重建功能外，还具备三维模型数据瓦片话功能，并且可生成DEM和正射拼图；分步三维重建可对近景小目标进行分步重建，并可读取稀疏点云、密集点云、网格模型等其他软件输出的中间级产品进行后续处理。模型展示子系统可对重建结果中的点云模型、网格模型、表面模型、纹理模型进行查看。舰船目标混合三维重建系统结构如图15.5所示。

除上述主要功能外，该系统以数据流转为主要设计特色，留有功能扩展接口，可后续添加多三维模型拼接、融合以及推理等功能。

按照重建过程中的不同数据类型，可将系统“数据总线”进行数据分层，如图15.6所示。

从图15.6中可以看出，该重建系统是如何将图像数据转化为三维产品的，而相关功能模块则融入在整个数据的流转过程中。

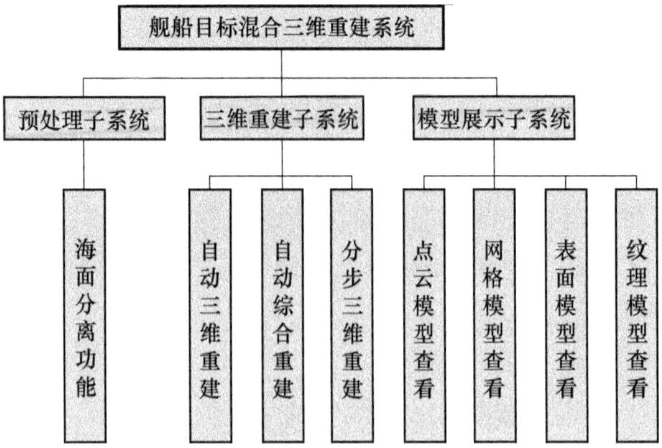

图 15.5 舰船目标混合三维重建系统结构

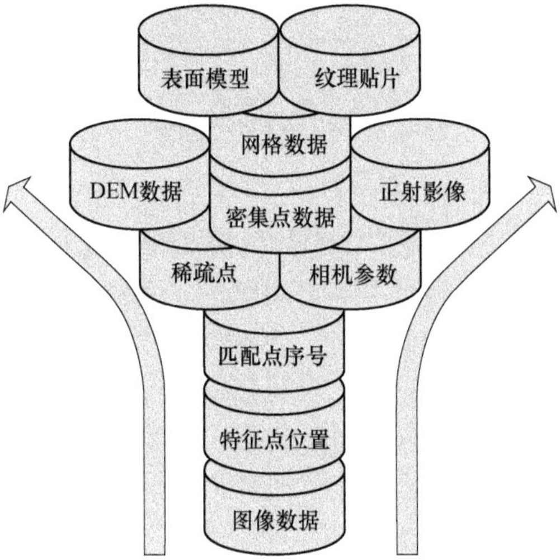

图 15.6 重建系统数据流转及分层示意图

15.4.2 软件界面

舰船目标混合三维重建系统在 64 位 Windows 7 操作系统下开发完成，采用 PyQt5 开发平台，利用 C、C++和 Matlab 语言完成算法的编写，进一步生成动态库和可执行文件，利用 Python3.6 开发软件界面和图形窗口。舰船目标混合三维重建系统运行界面如图 15.7 所示。

界面由菜单栏、工具栏、“图像组”窗口、“操作历史记录”窗口、“运行记录”窗口和“模型查看”窗口组成。

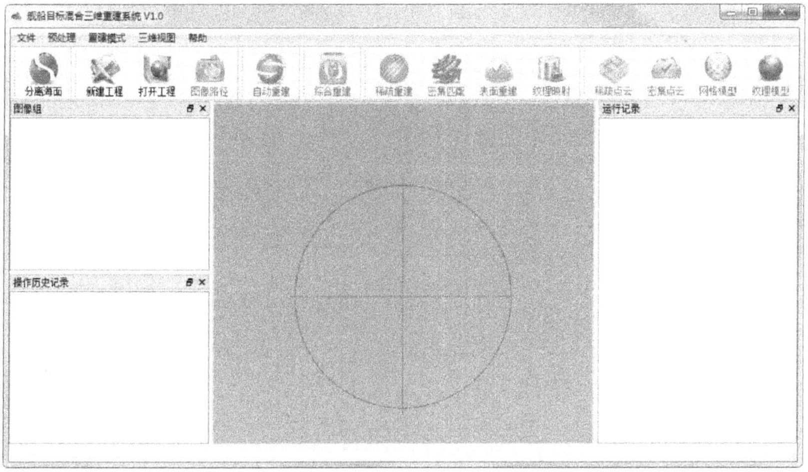

图 15.7 舰船目标混合三维重建系统运行界面

首先,介绍主要窗口。在载入需要重建的图像后,由“图像组”窗口显示图像列表;“操作历史记录”窗口记录调用可执行文件或动态库的命令、操作参数设置等信息;“运行记录”窗口按时间记录重建过程的关键步骤;“模型查看”窗口可查看重建结果是否符合要求,并可通过坐标球队模型进行旋转、缩放等操作。

下面介绍菜单栏及工具栏主要功能项。

1. 文件菜单

文件菜单包括“新建工程”“打开工程”“添加图像路径”“退出”4 个功能项,如图 15.8 所示。

工具栏设置了“新建工程”“打开工程”“添加图像”的按钮。

1) 新建工程

新建工程项可打开“新建工程”窗口,如图 15.9 所示。

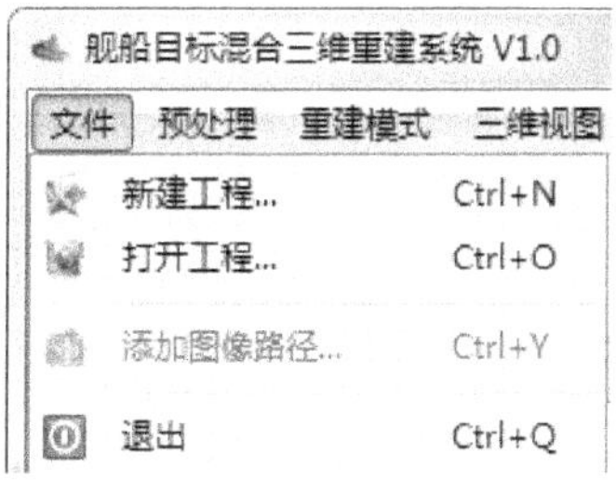

图 15.8 文件菜单功能项

图 15.9 “新建工程”窗口

通过选择工程模式下拉菜单,可选择工程中使用自动三维重建、综合三维重建及分步三维重建三种模式;工程名称中可自定义工程名称;单击“路径”按钮,可选择工程保存位置，默认为 D 盘。单击“确定”按钮，可激活添加图像路径功能。

2）打开工程

打开工程项可打开“打开工程”窗口，如图 15.10 所示。

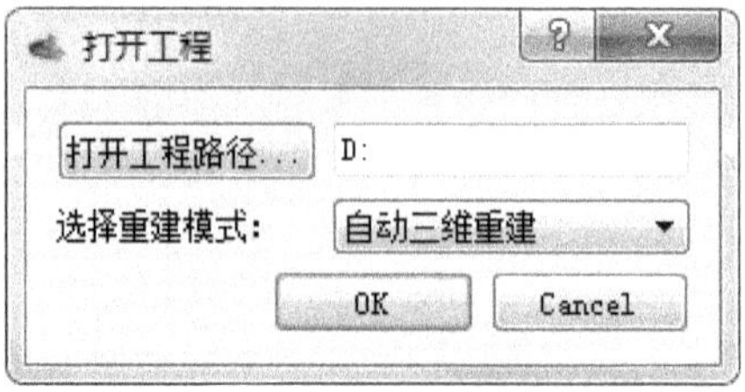

图 15.10 “打开工程”窗口

单击“打开工程路径”，可选择已有工程文件夹路径；通过下拉菜单选择已有工程中使用的重建模式。单击“确定”按钮，可激活添加图像路径功能。

3）添加图像路径

添加图像路径项可打开“图像所在路径”窗口，选择图像所在文件夹。单击“确定”按钮，激活工程中已选择的重建模式。

2. 预处理菜单

目前，该菜单下仅有分离海面一项功能，工具栏设置了分离海面按钮，单击后打开“设置显著区域提取参数窗口”，如图 15.11 所示。

图 15.11 “设置显著区域提取参数”窗口

上、下两选择按钮分别选定需要处理的图像路径和已处理图像的保存路径；中间的“粗糙轮廓高斯方差”“金字塔高斯方差”“精细轮廓高斯方差”可根据不同图像进行设置，或不设置由相应算法自动处理。

3. 重建模式菜单

重建模式菜单下包含“自动三维重建”“自动综合重建”“分步三维重建”3项,其中“分步三维重建”包括“稀疏重建”“密集匹配”“表面重建”“纹理映射”4项。重建模式菜单功能项如图 15. 12 所示。

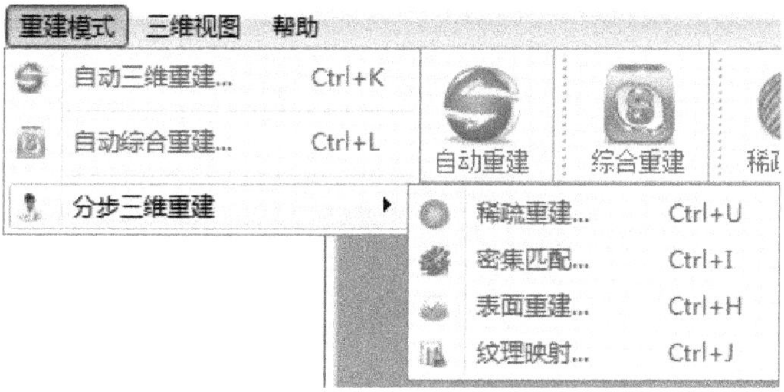

图 15. 12　重建模式菜单功能项

工具栏分别设置了相应的快捷按钮。

1) 自动三维重建

自动三维重建项可打开“设置自动三维重建参数”窗口,如图 15. 13 所示。

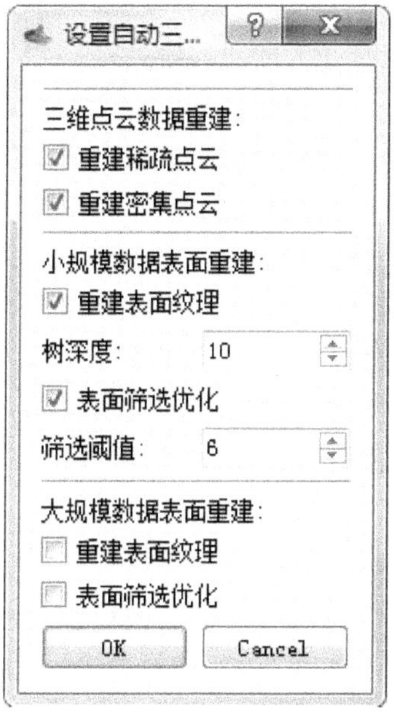

图 15. 13　“设置自动三维重建参数”窗口

上部“三维点云数据重建”可根据需要勾选相应的功能;在生成密集点云后,中部为针对数据量较小的图像组进行重建的参数设置,树深度值越大,模型越精细,筛选阈值越小,滤除模型部分越多。若中部功能无法重建数据,则可切换至下部针对数据量较大的图像组的重建设置。可根据实际情况对所需功能进行勾选。在重建完成后,模型查看功能将被激活。

2）自动综合重建

自动综合重建项可打开“设置自动综合重建参数”窗口,如图 15.14 所示。

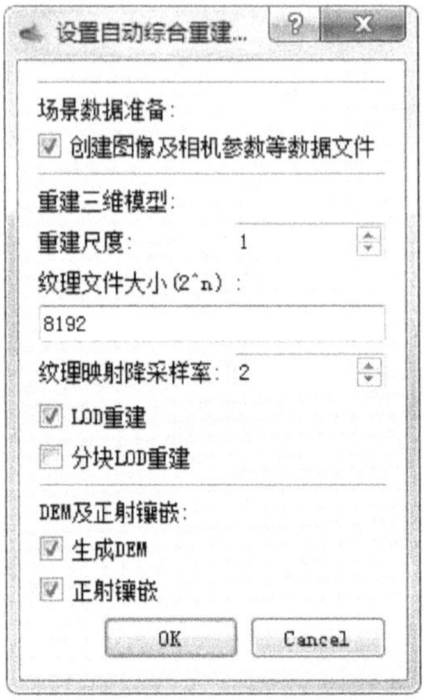

图 15.14 “设置自动综合重建参数”窗口

上部为“场景数据准备”,创建必需的数据准备文件功能;中部为“重建三维模型”,“重建尺度”参数设置图像降采样倍数,“纹理文件大小”为储存纹理贴片文件的尺寸设置,可依据图像数据量大小适宜变化;“纹理映射降采样率”设置贴片的降分辨率倍数;可根据不同的场景选择是否进行“LOD 重建”;下部为“DEM 及正射镶嵌”的功能选项。在重建完成后,模型查看功能将被激活。

3）分步三维重建

（1）稀疏重建。稀疏重建项可打开“设置稀疏重建参数”窗口,如图 15.15 所示。

可在设置特征提取方式中选择不同的特征点检测方法;可设置最大分辨率限制;若欲对图像进行降分辨率处理,则可勾选“设置降分辨率系数”,选择相应倍数;最下为设置输出稀疏点云结果保存路径。在重建完成后,稀疏点云查看功能将被激活。

（2）密集匹配。密集匹配项可打开“设置密集匹配参数”窗口,如图 15.16 所示。

上部“选择”按钮需选择稀疏重建结果所处的路径;下部“选择”按钮设置密

图 15.15 “设置稀疏重建参数”窗口

图 15.16 设置密集匹配参数窗口

集点击保存路径;中部“每个分块图像张数”为在对图像组进行分组密集匹配处理时,每个分组的图像张数。在重建完成后,密集点云查看功能将被激活。

(3) 表面重建。表面重建项可打开“选取密集点云文件”窗口,如图 15.17 所示。

上部“选择”按钮选择密集点云 ply 格式文件;下部“选择”按钮设置重建网格结果输出路径;中部树深度参数越大,模型越精细,筛选阈值越大,滤除模型冗余部分越多。在重建完成后,网格模型查看功能将被激活。

(4) 纹理映射。纹理映射项可打开“纹理映射参数设置”窗口,如图 15.18 所示。

上部“选择”按钮选择密集匹配结果输出路径;下部“选择”按钮设置纹理映射结果输出路径;中部“选择”按钮选择表面重建输出的 ply 格式文件。在重建完成后,纹理模型查看功能将被激活。

图 15.17 “选取密集点云文件”窗口

4.“三维视图”菜单

“三维视图”菜单下包含“稀疏点云”“密集点云”“网格模型”“纹理模型”4项,如图 15.19 所示。

图 15.18 “纹理映射参数设置”窗口

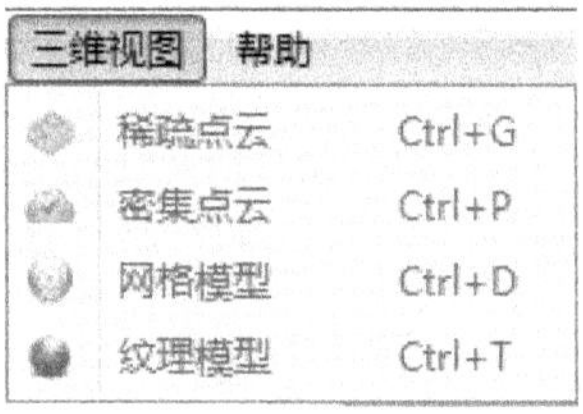

图 15.19 “三维视图”菜单功能项

工具栏分别设置了相应的快捷按钮,在相应结果被输出时,按钮即被激活。

15.4.3 操作流程

舰船目标混合三维重建系统操作流程如图 15.20 所示。

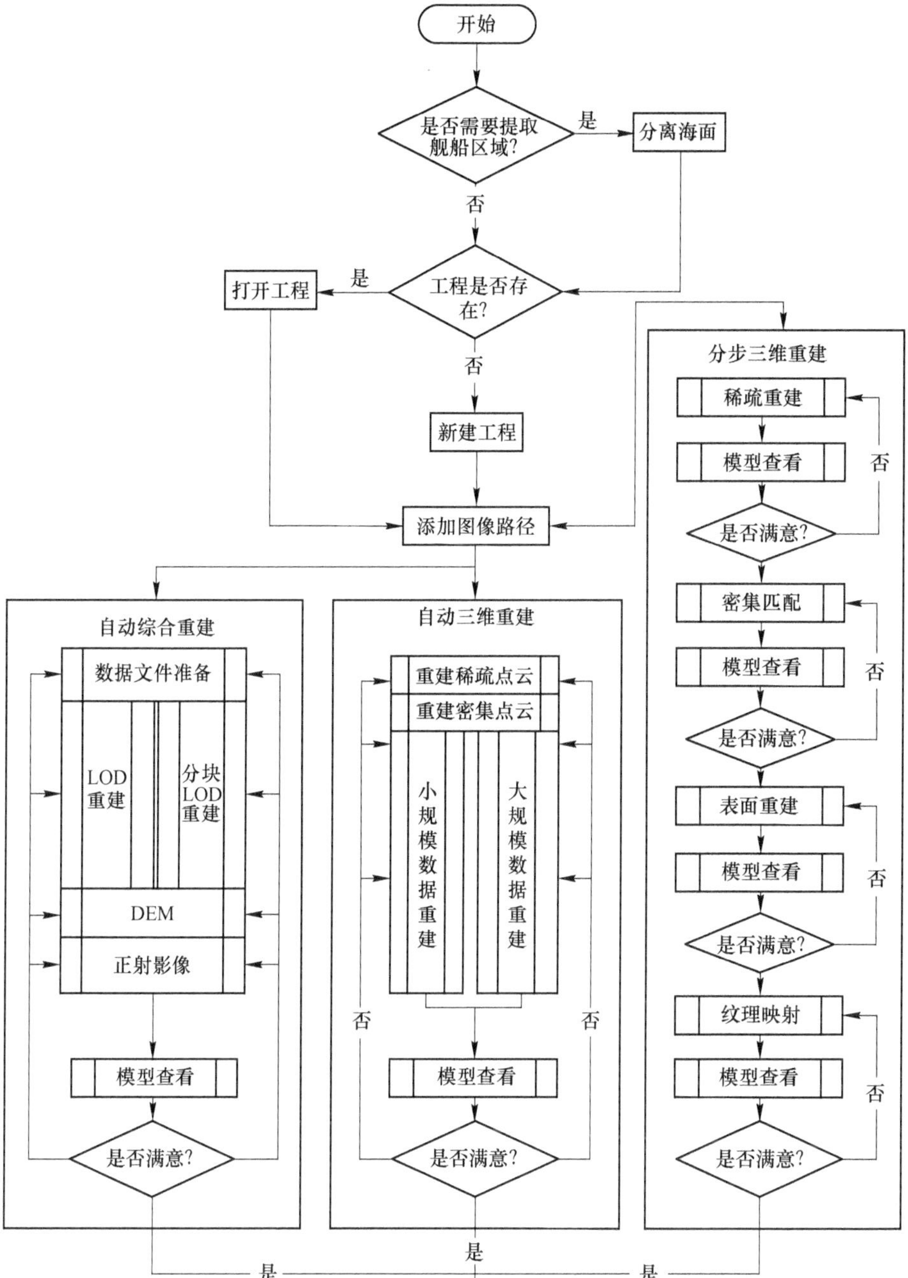

图 15.20 舰船目标混合三维重建系统操作流程

第五部分　试验测试及应用分析

本部分首先利用前面开发的三维重建系统,以不同场景下的航空侦察舰船图像为例,进行了三维重建测试,并与其他软件的重建结果进行了比较分析。其次讨论了三维模型质量的技术规格、数据组织管理和共享发布指标、舰船及其他与作战相关三维模型的进一步处理和应用问题,给出了几个应用建议,并将三维模型的展示与数字地球进行了关联。

第 16 章　试验测试及对比分析

为验证本书开发的舰船目标混合三维重建软件的可行性及正确性，本章针对不同的图像情况，在长城至翔 T550 图像处理工作站上进行试验测试。该工作站具体配置是：256G 内存，32 核 CPU，型号为 Intel(R) Xeon(R) CPU E5-2650 V2@2.6GHz，GPU 型号为 NVIDIA GeForce GTX 980 Ti，8GB 显存，操作系统为 64 位 Windows 7 专业版。

16.1　不同来源图像对比测试

16.1.1　舰船模型图像

1. 022 型导弹艇

022 型导弹艇的模型图像如图 16.1 所示，共计 72 张，不带 POS 信息，图像分辨率 1200×1200 像素。

图 16.1　022 型导弹艇的模型图像

整个重建过程约 6min，其中稀疏点云生成时间为 3min。共注册 72 张图像，生成 25472 个稀疏重建点，重投影误差为 0.176114 像素，最终优化焦距为 6011.913029，主点位置为(628.431926, 703.039916)，畸变参数 $k_1=0.226433$，$k_2=2.810690$，$k_3=-292.318299$，$p_1=-0.010764$，$p_2=-0.012349$。重建的稀疏点云和纹理模型分别如图 16.2 和图 16.3 所示。

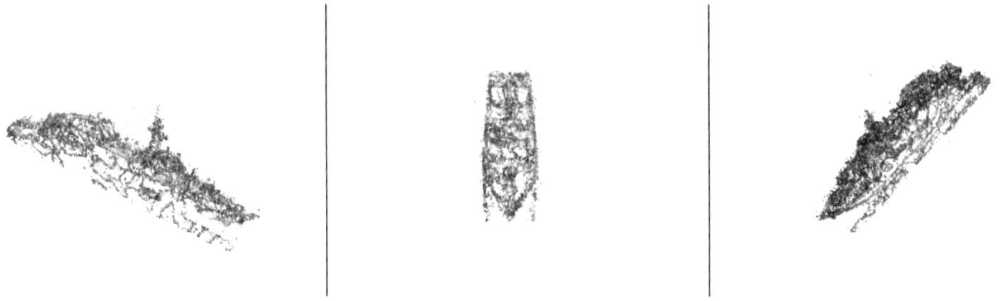

图 16.2　022 型导弹艇稀疏点云

图 16.3　022 型导弹艇纹理模型

可见重建模型要素完整,逻辑正确,主体表现良好,纹理清晰,无破面、露面,外部冗余易处理;但是由于分辨率限制,细节表现一般。

2. 水声测量船

美国无暇号双体水声测量船的模型图像如图 16.4 所示,共计 72 张,不带 POS 信息,图像分辨率 1200×1200 像素。

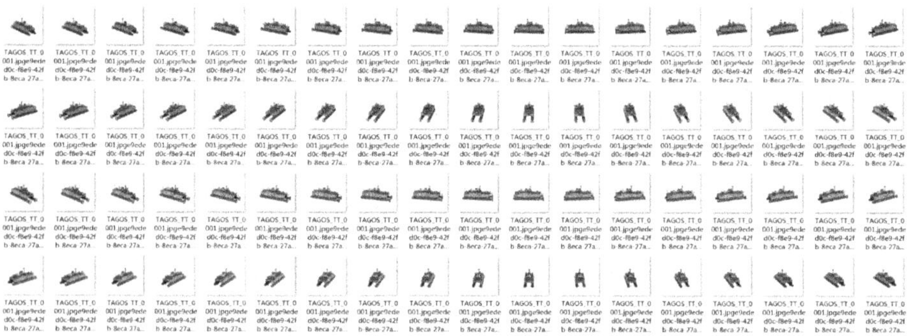

图 16.4　美国无暇号双体水声测量船的模型图像

整个重建过程共计 10min,其中稀疏点云生成时间为 3min。共注册 72 张图像,生成 16582 个稀疏重建点,重投影误差为 0. 182394 像素,最终优化焦距为 4756. 382380,主点位置为(495. 548325, 730. 010021), 畸变参数 k_1 = 0. 509391,

$k_2=-74.733662$，$k_3=3071.163217$，$p_1=-0.017797$，$p_2=-0.006444$。重建的稀疏点云和纹理模型分别如图 16.5 和图 16.6 所示。

图 16.5　美国无暇号双体水声测量船稀疏点云

图 16.6　美国无暇号双体水声测量船纹理模型

可见重建模型要素完整，逻辑正确，主体表现良好，纹理清晰，无破面、露面，外部冗余较少；但是由于分辨率限制，细节表现一般。

3. 濒海战斗舰

美国独立号（USS Independence LCS-2）滨海战斗舰的模型图像如图 16.7 所示，共计 72 张，不带 POS 信息，图像分辨率 1200×1200 像素。

图 16.7　独立号滨海战斗舰的模型图像

整个重建过程共计 12min，其中稀疏点云生成时间为 4min。共注册 72 张图像，生成 14217 个稀疏重建点，重投影误差为 0.192621 像素，最终优化焦距为

5700.859569,主点位置为(908.820189, 548.755079),畸变参数 $k_1=0.924866$, $k_2=-27.790496$, $k_3=589.065198$, $p_1=-0.023672$, $p_2=0.040783$。重建的稀疏点云和纹理模型分别如图 16.8 和图 16.9 所示。

图 16.8　独立号滨海战斗舰稀疏点云

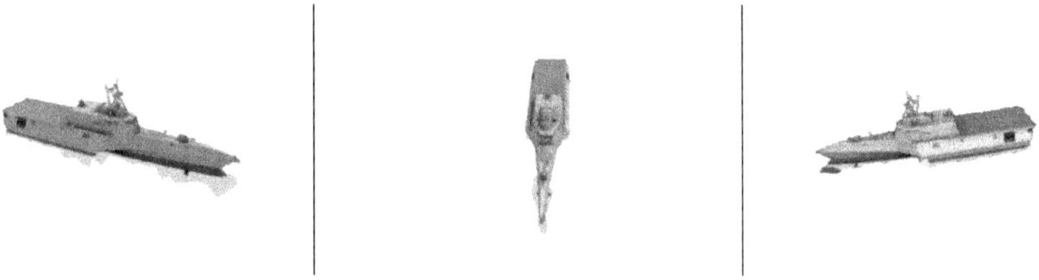

图 16.9　独立号滨海战斗舰纹理模型

可见重建模型要素完整,逻辑正确,主体表现良好,纹理清晰,无破面、露面,外部冗余较少;但是由于分辨率限制,细节表现一般。

4. 护卫舰

荷兰西格玛级护卫舰的模型图像如图 16.10 所示,共计 72 张,不带 POS 信息,图像分辨率 1200×1200 像素。

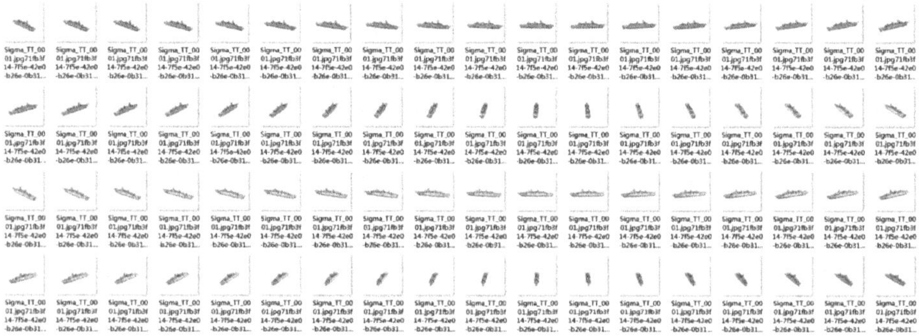

图 16.10　荷兰西格玛级护卫舰的模型图像

整个重建过程共计 12min,其中稀疏点云生成时间为 2min。共注册 72 张图像,生成 9478 个稀疏重建点,重投影误差为 0.206504 像素,最终优化焦距为 6389.296701,主点位置为(626.534139, 658.288716),畸变参数 $k_1 = -4.719806$, $k_2 = 710.798719$, $k_3 = -35329.581446$, $p_1 = -0.014893$, $p_2 = -0.002951$。重建的稀疏点云和纹理模型分别如图 16.11 和图 16.12 所示。

图 16.11　荷兰西格玛级护卫舰稀疏点云

图 16.12　荷兰西格玛级护卫舰纹理模型

可见重建模型要素完整,逻辑正确,主体表现良好,纹理清晰,无破面、露面;但细节表现一般,外部冗余较多,较易处理。

5. 补给舰

英国沧浪之主号海浪骑士级综合补给舰的模型图像如图 16.13 所示,共计 72 张,不带 POS 信息,图像分辨率 1200×1200 像素。

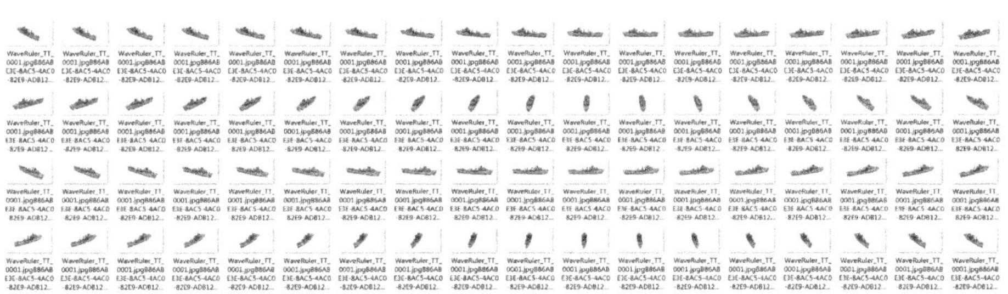

图 16.13　沧浪之主号海浪骑士级综合补给舰的模型图像

整个重建过程共计 5min,其中稀疏点云生成时间为 2min。共注册 72 张图像,生成 11826 个稀疏重建点,重投影误差为 0.259462 像素,最终优化焦距为

4691.698850，主点位置为（457.506603，438.271595），畸变参数 $k_1 = -0.077552$，$k_2 = -20.768070$，$k_3 = 160.034560$，$p_1 = -0.022709$，$p_2 = 0.011546$。重建的稀疏点云和纹理模型分别如图 16.14 和图 16.15 所示。

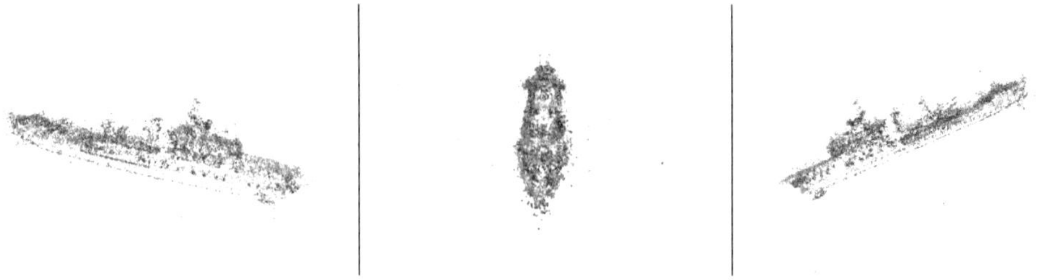

图 16.14　沧浪之主号海浪骑士级综合补给舰稀疏点云

图 16.15　沧浪之主号海浪骑士级综合补给舰纹理模型

可见重建模型要素完整，逻辑正确，主体表现良好，纹理清晰，无破面、露面；但细节表现一般，甲板钢架模糊。

6. 登陆舰

美国哈泊斯费里号（USS Harpers Ferry LSD 49）两栖登陆舰的模型图像如图 16.16所示，共计 72 张，不带 POS 信息，图像分辨率 1200×1200 像素。

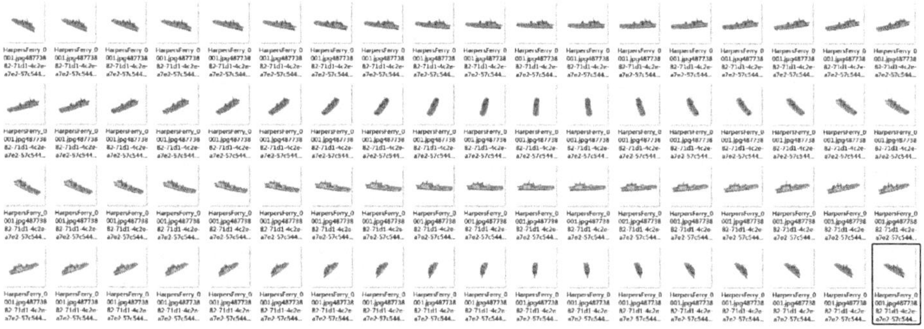

图 16.16　哈泊斯费里号两栖登陆舰的模型图像

整个重建过程共计 9min，其中稀疏点云生成时间为 3min。共注册 72 张图像，生成 14334 个稀疏重建点，重投影误差为 0.179649 像素，最终优化焦距为

4845.037276,主点位置为(555.470362, 764.563131), 畸变参数 $k_1=0.869724$, $k_2=-102.117431$, $k_3=2886.295408$, $p_1=-0.018086$, $p_2=0.000078$。重建的稀疏点云和纹理模型分别如图 16.17 和图 16.18 所示。

图 16.17 哈泊斯费里号两栖登陆舰稀疏点云

图 16.18 哈泊斯费里号两栖登陆舰纹理模型

可见重建模型要素完整,逻辑正确,主体表现良好,纹理清晰,无破面、露面,外部冗余较少;但细节表现一般。

7. 航空母舰

西班牙胡安 卡罗斯一世多用途两栖攻击舰的模型图像如图 16.19 所示,共计 72 张,不带 POS 信息,图像分辨率 1200×1200 像素。

图 16.19 西班牙胡安·卡罗斯一世多用途两栖攻击舰的模型图像

整个重建过程共计 7min，其中稀疏点云生成时间为 2min。共注册 68 张图像，生成 8623 个稀疏重建点，重投影误差为 0.228220 像素，最终优化焦距为 2294.387546，主点位置为(629.065517，908.974613)，畸变参数 $k_1=0.176931$，$k_2=-5.048444$，$k_3=32.604043$，$p_1=-0.010049$，$p_2=-0.003396$。重建的稀疏点云和纹理模型分别如图 16.20 和图 16.21 所示。

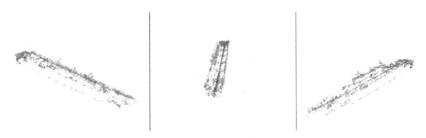

图 16.20　西班牙胡安 卡罗斯一世多用途两栖攻击舰稀疏点云

图 16.21　西班牙胡安 卡罗斯一世多用途两栖攻击舰纹理模型

可见重建模型要素完整，逻辑正确，主体表现良好，纹理清晰，无破面、露面，外部冗余较少；但细节表现一般。

16.1.2　网络下载图像

网络下载英国皇家海军“大刀”级护卫舰图像如图 16.22 所示，共计 11 张，不带 POS 信息，图像分辨率 2464×1632 像素。

图 16.22　“大刀”级护卫舰图像

整个重建过程共计 2min,其中稀疏点云生成时间为 1min。共注册 6 张图像,生成 553 个稀疏重建点,重投影误差为 0.151061 像素,最终优化焦距为 3854.480517,主点位置为(700.683277, 1042.829524),畸变参数 $k_1 = -0.183737$, $k_2 = 0.222306$, $k_3 = 0.609056$, $p_1 = -0.001236$, $p_2 = -0.001730$。重建的稀疏点云和纹理模型分别如图 16.23 和图 16.24 所示。

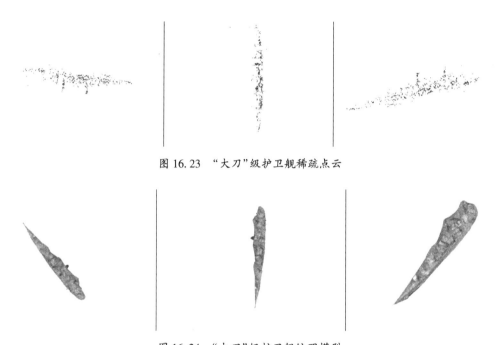

图 16.23 “大刀”级护卫舰稀疏点云

图 16.24 “大刀”级护卫舰纹理模型

由于只拍摄了左舷部分图像,因此只能重建出部分模型,逻辑性基本正确、主体建模一般。但由稀疏点云已经可以投影出舰船的基本轮廓,再经过对称拼接编辑,完全可用于对舰船目标的识别。

16.1.3 实际拍摄图像

本节利用无人机对 132 合肥舰进行了拍摄,采用单镜头航拍模式,采用DJI-FC550 相机,共计拍摄图像 217 张,带 POS 信息,图像分辨率为 4000×2250 像素。132 合肥舰实拍图像如图 16.25 所示。

132 合肥舰显著区域提取结果如图 16.26 所示。

可见纯海面背景的图像提出效果较好,有海岸背景信息的,提取效果一般。但是对于三维重建的外点消除效果已经比较明显。重建的稀疏点云和纹理模型分别如图 16.27 和图 16.28 所示。

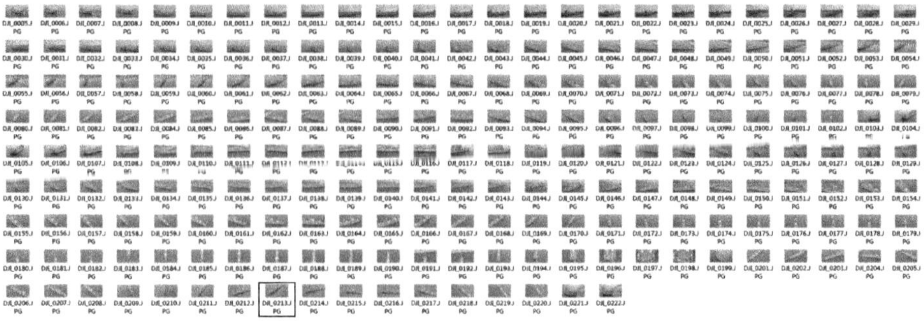

图 16.25　132 合肥舰实拍图像

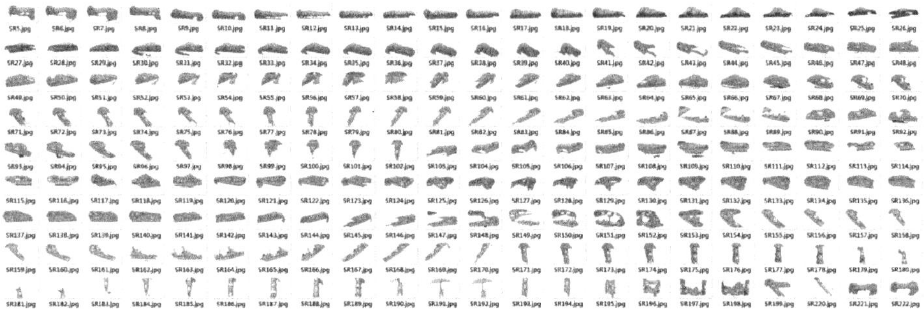

图 16.26　132 合肥舰显著区域提取结果

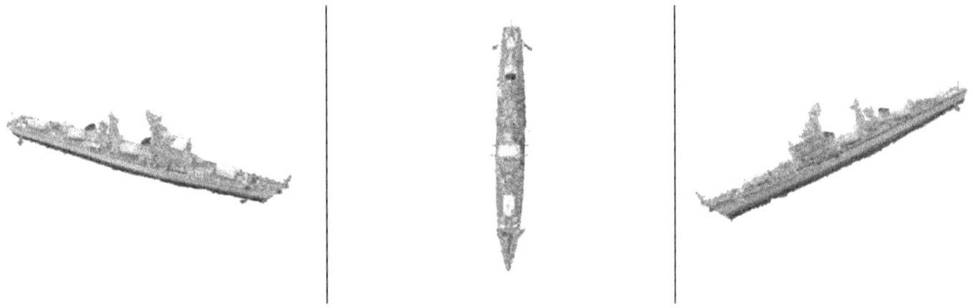

图 16.27　132 合肥舰稀疏点云

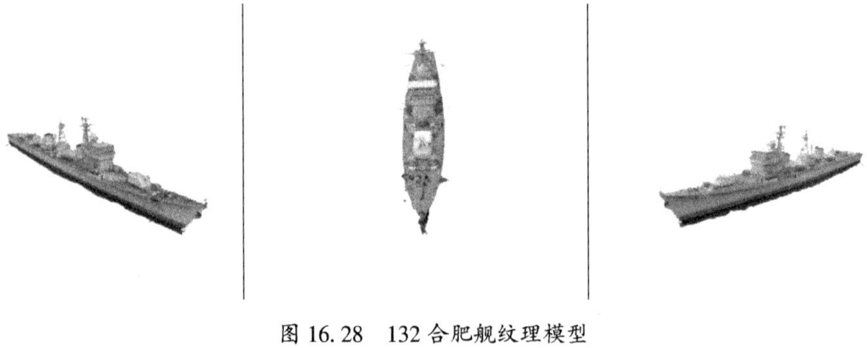

图 16.28　132 合肥舰纹理模型

整个重建过程共计 47min，其中稀疏点云生成时间为 6min。共注册 181 张图像，生成 15378 个稀疏重建点，重投影误差为 0. 326780 像素，最终优化焦距为 3523. 884489，主点位置为（2044. 214715， 1129. 404551），畸变参数 k_1 = 0. 013541，k_2 = −0. 074762，k_3 = 0. 130088，p_1 = 0. 000475，p_2 = 0. 002498。可见稀疏点云模型外点较少，纹理模型要素正确完整、基本无冗余，纹理清晰，亦无破面、露面。

网络查询 132 合肥舰全长 132m、宽 12. 8m，本处在 Acute3D Viewer 中测得纹理模型全长 132. 14m、宽 12. 81m，与实际数据相符，如图 16. 29 所示。

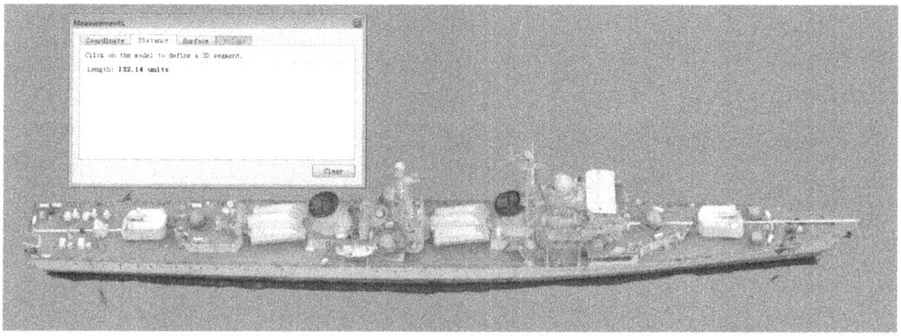

(a)

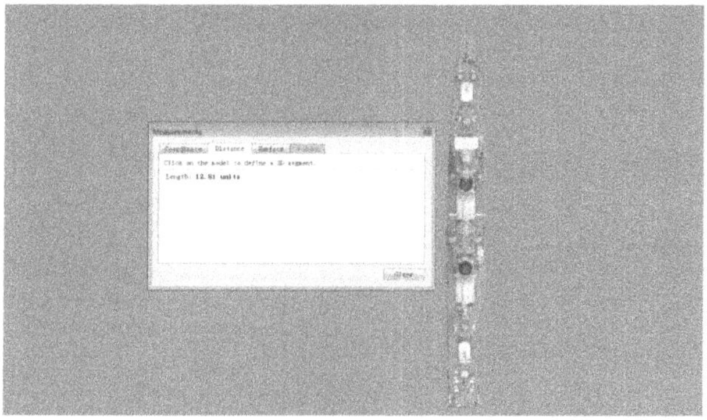

(b)

图 16. 29　132 合肥舰纹理模型长宽测量示意图

16. 2　不同软件对比测试

本节采用 16. 1. 3 的测试数据，分别对 Agisoft PhotoScan、Context Capture、Pix4D Mapper、Photo Modeler 进行测试，并针对稀疏重建结果，与本书所研发的软件进行对比。各个软件的稀疏重建结果如图 16. 30 所示，参数对比如表 16. 1 所示。

(a)

(b)

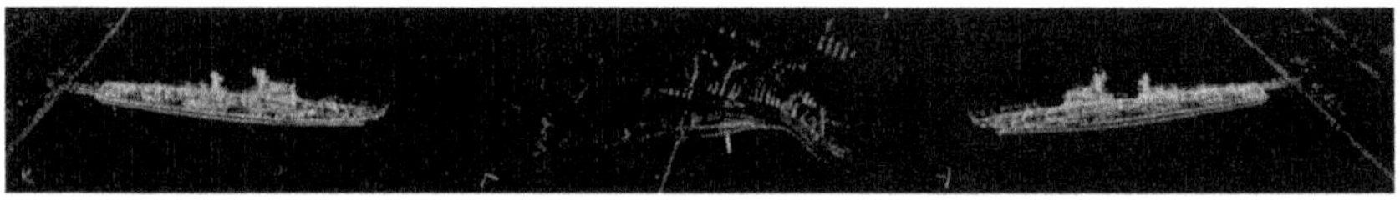

(c)

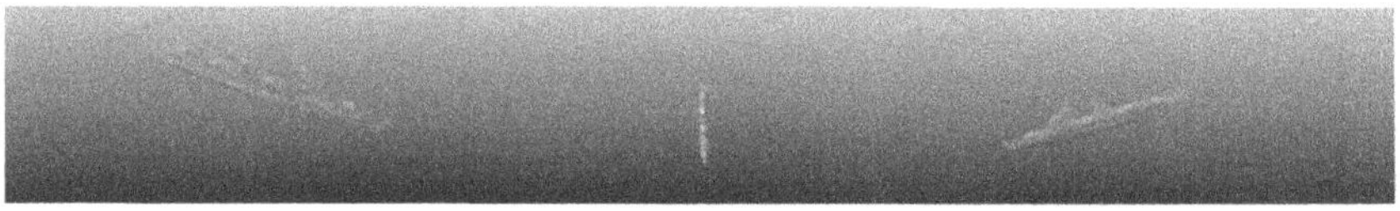

(d)

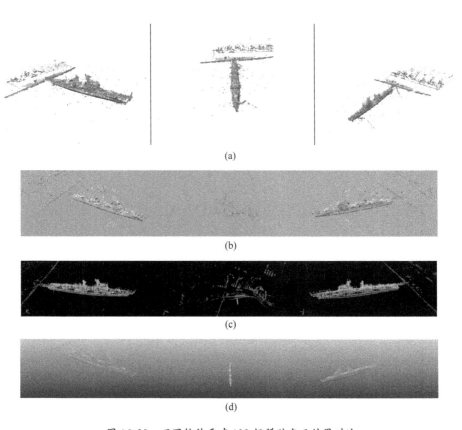

图 16.30 不同软件重建 138 舰稀疏点云结果对比

(a) Agisoft PhotoScan;(b) Context Capture;(c) Pix4D Mapper;(d) Photo Modeler。

表 16.1 不同软件性能参数比较

软件名称	重建时间/min	注册图像张数	稀疏点个数	重投影误差/(像素)
Agisoft PhotoScan	40	217	100988	0.718
Context Capture	14	217	26712	0.17
Pix4D Mapper	14	206	159980	0.257675
Photo Modeler	86	196	39601	0.8329
本系统	47	181	15378	0.326780

从上述结果可以看出,Context Capture 与 Pix4D Mapper 两个软件用时最短,本系统与 Agisoft PhotoScan 用时表现相当;Agisoft PhotoScan 和 Contex Capture 能够注册所有图像,而本系统和 Photo Modeler 则只能匹配大部图像,这说明本系统在图像的利用率和光束法平差上仍需加强;Pix4D Mapper 和 Agisoft PhotoScan 稀疏点个数最多,本系统由于进行了显著区域提取操作,因此冗余点个数明显减

少;Context Capture 的重投影误差最小,本系统基本与 Pix4D Mapper 水平相当。综合来看,Context Capture 不愧为领域先锋,重建效率和精度都很高,但是在重建过程中,Agisoft PhotoScan、Context Capture 及 Pix4D Mapper 破解版极其不稳定,重建过程中均出现 4~6 次的卡死现象,导致系统崩溃。

16.3 弱约束条件下对比测试

本节结合第 2 章的侦察图像三维重建的数据采集方式研究,分别从平行拍摄条件和环绕拍摄条件出发,模拟海战场航空侦察场景,通过部分约束条件不足的图像来重建舰船目标。

16.3.1 平行拍摄条件

1. 单轨迹条件

1) 倾斜单轨迹

仍采用 16.1.3 节的无人机和相机,模拟飞机从舰船侧上方飞过侦照情形,采集图像数据为 8 张。倾斜单轨迹拍摄图像数据如图 16.31 所示。

图 16.31 倾斜单轨迹拍摄图像数据

整个重建过程共计 2min,其中稀疏点云生成时间为 21s。共注册 5 张图像,生成 500 个稀疏重建点,重投影误差为 0.211367 像素,最终优化焦距为 3535.979881,主点位置为(2034.166408, 1060.553898),畸变参数 $k_1=0.016872$,$k_2=-0.089243$,$k_3=0.171441$,$p_1=-0.003412$,$p_2=0.002360$。重建的稀疏点云和纹理模型分别如图 16.32 和图 16.33 所示。

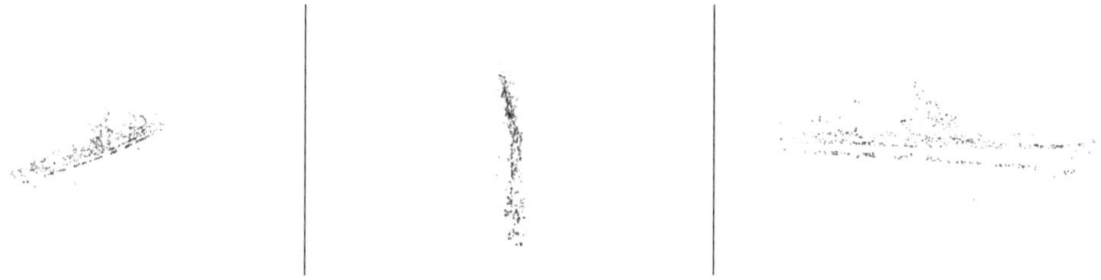

图 16.32 倾斜单轨迹拍摄图像稀疏点云

可见单侧拍摄也只能重建舰船的一部分,重建区域逻辑正确、细节表现良好。

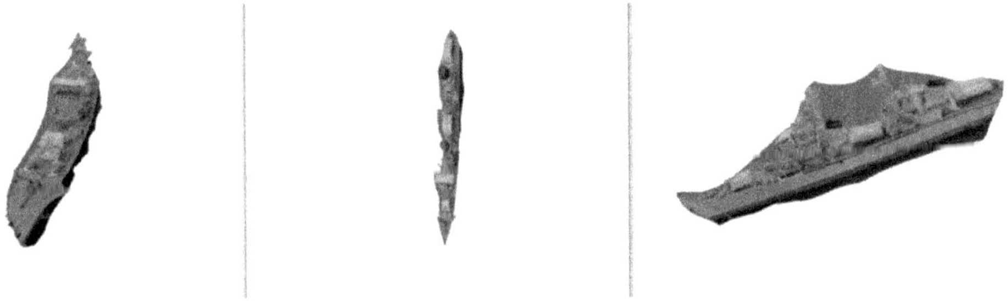

图 16.33 倾斜单轨迹拍摄图像纹理模型

2）过顶单轨迹

模拟飞机从舰船侧正上方飞过侦照情形，采集图像数据为 12 张，如图 16.34所示。

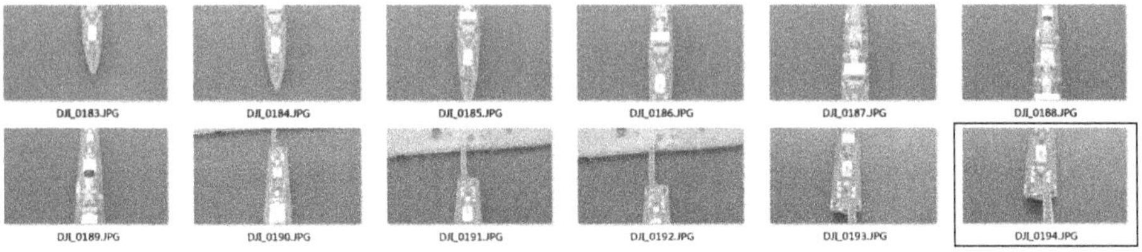

图 16.34 过顶单轨迹拍摄图像数据

整个重建过程共计 5min，其中稀疏点云生成时间为 4min。共注册 4 张图像，生成 391 个稀疏重建点，重投影误差为 0.182799 像素，最终优化焦距为 3342.224569，主点位置为（2152.442793, 1227.704636），畸变参数 $k_1=-0.021772$, $k_2=-0.255511$, $k_3=1.447688$, $p_1=0.030394$, $p_2=-0.000673$。重建的稀疏点云和纹理模型分别如图 16.35 和图 16.36 所示。

图 16.35 过顶单轨迹拍摄图像稀疏点云

由于舰尾部分的图像重叠率不佳，因此只能重建出前甲板的部分形状，可见逻辑正确、表现良好。

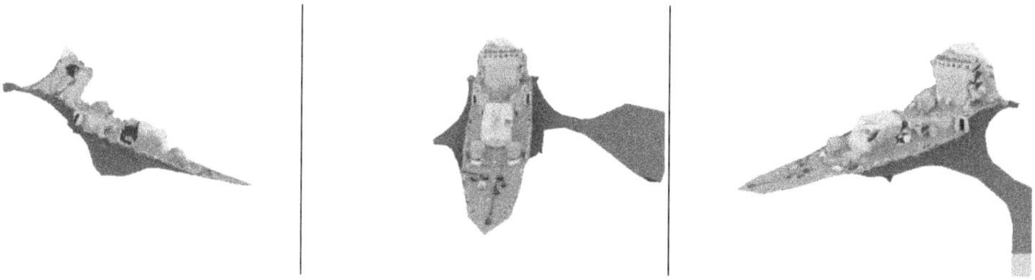

图 16.36　过顶单轨迹拍摄图像纹理模型

2. 同侧双轨迹条件

1）倾斜双轨迹

模拟飞机从舰船侧斜上方来回飞过侦照情形，采集图像数据为 22 张。其中，轨迹 1 图像为 13 张，如图 16.37(a)所示；轨迹 2 图像为 13 张，倾斜双轨迹拍摄图像数据如图 16.37(b)所示。

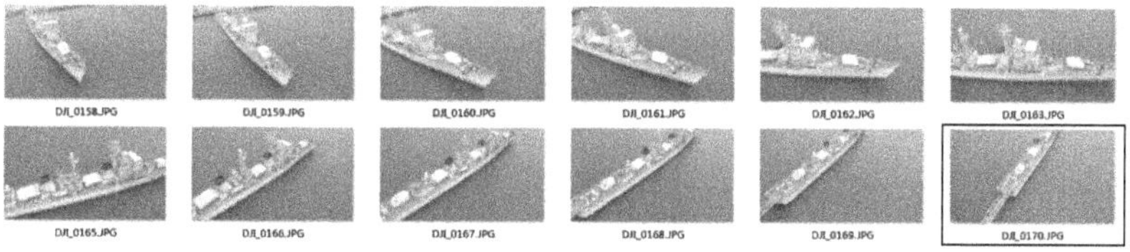

(a)

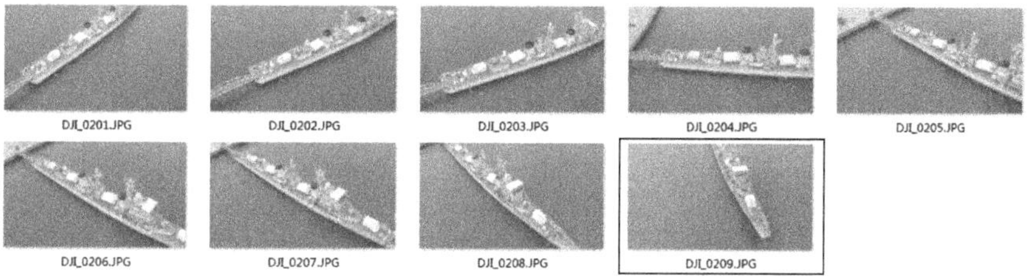

(b)

图 16.37　倾斜双轨迹拍摄图像数据

整个重建过程共计 6min，其中稀疏点云生成时间为 3min。共注册 17 张图像，生成 2331 个稀疏重建点，重投影误差为 0.282111 像素，最终优化焦距为 3556.203889，主点位置为（2034.869374，1099.027470），畸变参数 $k_1=0.014194$，$k_2=-0.080257$，$k_3=0.149098$，$p_1=-0.000623$，$p_2=0.001623$。重建的稀疏点云和纹理模型分别如图 16.38 和图 16.39 所示。

双轨迹重建情况明显好于单轨迹情况，近一半的船体基本可以重建出，因此可得出若要重建舰船的基本轮廓，至少要从舰船侧上方进行双轨迹侦照。

2）过顶双轨迹

模拟飞机从舰船侧正上方来回飞过侦照情形，采集图像数据为 22 张。其

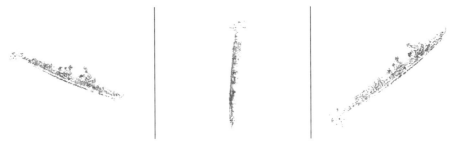

图 16.38　倾斜双轨迹拍摄图像稀疏点云

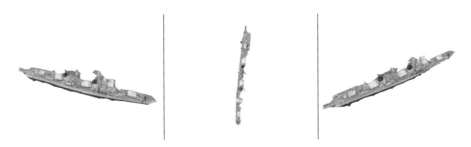

图 16.39　倾斜双轨迹拍摄图像纹理模型

中,轨迹 1 图像为 12 张,如图 16.40(a)所示;轨迹 2 图像为 10 张,如图 16.40(b)所示。

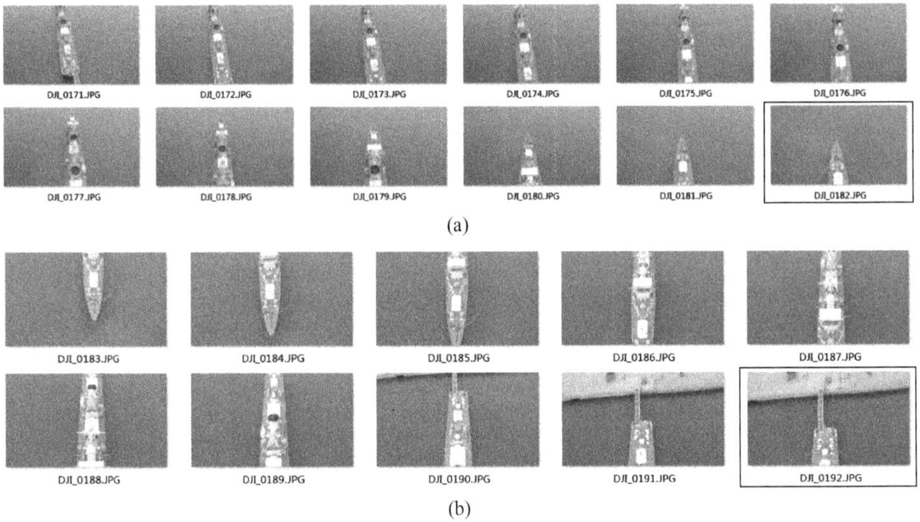

图 16.40　倾斜双轨迹拍摄图像数据

整个重建过程共计 3min,其中稀疏点云生成时间为 2min。共注册 7 张图像,生成 651 个稀疏重建点,重投影误差为 0.231231 像素,最终优化焦距为 3567.793029,主点位置为(2002.455044, 1086.595362),畸变参数 k_1 =

$-0.021841, k_2 = 0.517392$, $k_3 = -2.516641$, $p_1 = 0.008868$, $p_2 = 0.003774$。重建的稀疏点云和纹理模型分别如图 16.41 和图 16.42 所示。

图 16.41　倾斜双轨迹拍摄图像稀疏点云

图 16.42　倾斜双轨迹拍摄图像纹理模型

可见过顶垂直拍摄，只能重建出甲板部分。

3. 两侧双轨迹条件

模拟飞机从舰船两侧上方来回飞过侦照情形，采集图像数据为 27 张。其中，轨迹 1 图像为 12 张，如图 16.43（a）所示；轨迹 2 图像为 15 张，如图 16.43（b）所示。

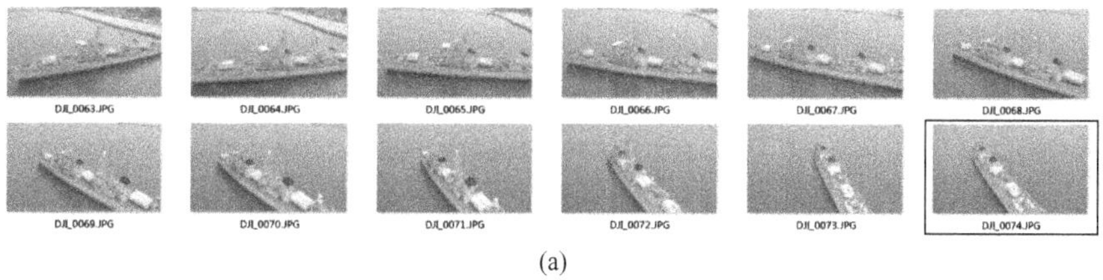

(a)

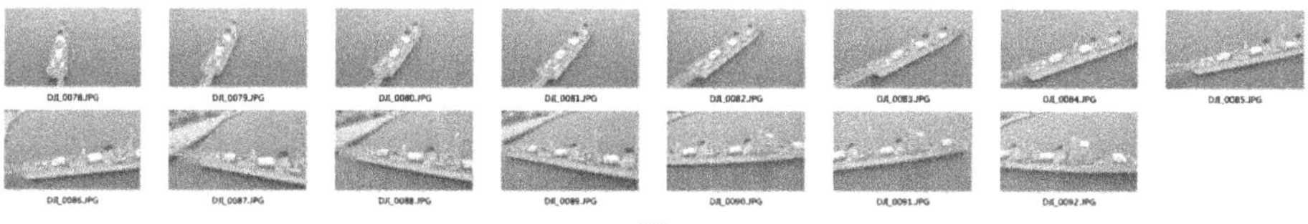

(b)

图 16.43　两侧双轨迹拍摄图像数据

相机标定后的轨迹示意图为如图 16.44 所示，整个重建过程共计 5min，其中稀疏点云生成时间为 1min。共注册 15 张图像，生成 2409 个稀疏重建点，重投影误差为 0.211212 像素，最终优化焦距为 3536.569382，主点位置为(2041.722706，1123.117820)，畸变参数 $k_1=0.012450$，$k_2=-0.055296$，$k_3=0.094737$，$p_1=-0.000286$，$p_2=0.002147$。

图 16.44　两侧双轨迹拍摄相机标定后的轨迹示意图

重建的稀疏点云和纹理模型分别如图 16.45 和图 16.46 所示。

图 16.45　两侧双轨迹拍摄图像稀疏点云

图 16.46　两侧双轨迹拍摄图像纹理模型

可见只有轨迹 2 被标定，由于两个轨迹之间缺乏连接，且第一个轨迹中图像重叠率太小，因此对于舰船目标的侦照不建议采用这种两侧分别拍照的方式。

16.3.2 环绕拍摄条件

模拟飞机围绕舰船飞行一周侦照情形,采集图像数据为 43 张,如图 16.47 所示。

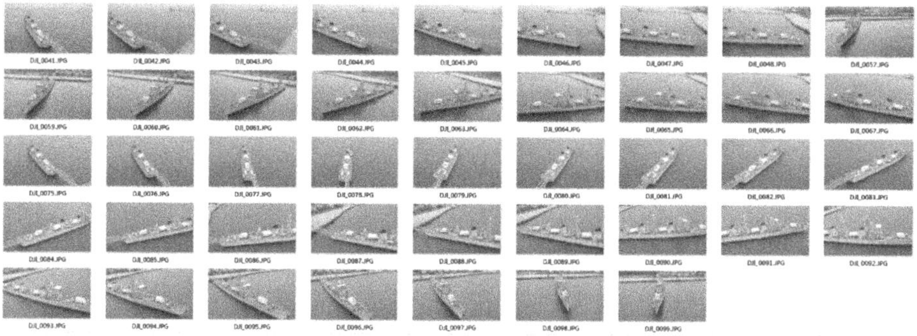

图 16.47 环绕飞行轨迹拍摄图像数据

整个重建过程共计 11min,其中稀疏点云生成时间为 1min。共注册 36 张图像,生成 6010 个稀疏重建点,重投影误差为 0.229354 像素,最终优化焦距为 3519.949550,主点位置为(2054.530626, 1124.408790),畸变参数 $k_1=0.009021$, $k_2=-0.052217$, $k_3=0.089496$, $p_1=-0.000103$, $p_2=0.003107$。重建的稀疏点云和纹理模型分别如图 16.48 和图 16.49 所示。

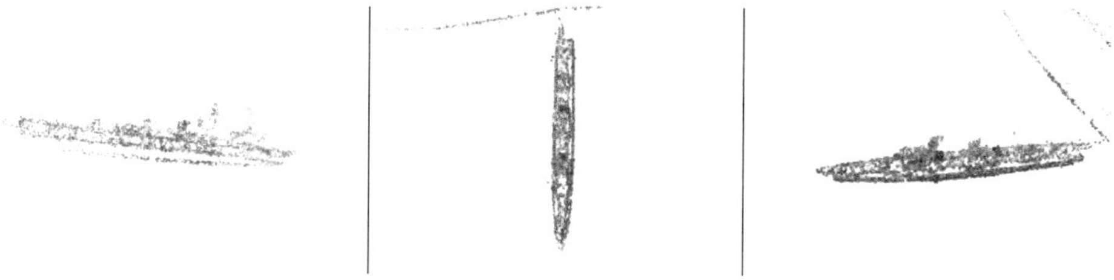

图 16.48 环绕飞行轨迹迹拍摄图像稀疏点云

图 16.49 环绕飞行轨迹迹拍摄图像纹理模型

一圈 43 张的重建效果与 16.1.3 节多圈 217 张的重建效果基本一致，而且钢架结构附近外点更少，因此强烈推荐这种环绕飞行侦照模式。

测试结果表明，该系统能够全自动实现舰船目标图像的三维重建，各个环节的运行效率表明本书设计的方案还具有较大的优化空间，特别是对钢架结构的精细重建，可作为下一步研究和探讨的方向。

第 17 章　模型质量评价、组织管理及应用建议

本章首先给出了三维模型成品的技术规格，可作为评价重建质量好坏的参考；其次描述了几个三维模型数据组织管理与共享发布的指标，可作为三维模型的进一步应用的参考；再次给出了一些三维模型数据在未来军事、民用上的应用建议；最后通过利用数字地球平台，给出了一个舰船模型实景定位浏览的案例。

17.1　三维模型的质量评价

如前所述，本书中的三维模型仅能可视化反映物体在立体空间中的位置、几何形态、表面纹理及其属性等信息，不包含内部信息的模型。总的来说，模型的结构和纹理要求，要达到各个客观要素表现真实，准确反映建模目标的形状、质感、色彩、明度、位置、高度、分布以及明暗关系，整体色彩、光照效果应协调一致[292]。

17.1.1　三维模型数据类型与格式

三维模型数据包括几何数据、纹理数据、属性数据和元数据。几何数据是指存储模型的三维结构；纹理数据是指模型表面纹理信息，根据不同的贴图类型使用不同的存储格式；属性数据是指三维模型数据附带的属性信息；元数据是对基础三维数据格式的描述。三维表面模型典型的数据类型与数据格式如表 17.1 所示。

表 17.1　三维表面模型典型的数据类型与数据格式

数据类型		数据格式
几何数据		3DS、3DMAX、3DM、OBJ、KML、DAE、PLY、KMZ 等
纹理数据	不带 Alpha 通道	JPG、TIFF、PNG 等
	带 Alpha 通道	DDS、TGA、TIFF、PNG 等
属性数据		XLS、DBF、TXT、KML、SHP 等
元数据		XLS、DBF、TXT、KML、SHP 等

17.1.2 三维模型数据质量

三维模型数据质量应采用数据质量元素描述。数据质量元素主要包括完整性、位置精度及表现精细度、属性精度、现势性和逻辑一致性。

1. 三维模型完整性

三维模型完整性要求如下。

(1) 三维模型数据要素应全面完整,不应有遗漏和冗余;

(2) 不同类型、不同细节层次数据的拓扑关系应完整、正确;

(3) 大小(长宽高)小于该类模型所允许的误差范围。

2. 三维模型的位置精度及表现精细度

三维模型的位置精度及表现精细度包括平面精度、高度精度、地形精度、DOM 精度、模型精细度以及纹理精细度 6 个指标。

(1) 要求不得有较大视觉误差,坐标基本单位为 m。

(2) 最大误差限制根据等级不同。Ⅰ级最大误差不得超过 0.2m,Ⅱ级最大误差不得超过 0.5m,其余级别最大误差不得超过 1m,Ⅳ级最大绝对误差不得超过 2m。

(3) 最大衔接高差误差(指不同地物之间衔接的相对高程差距)不得超过最大绝对误差且高低方向一致。

(4) 所有的纹理都必须清晰,无扭曲变形,无缝拼接且过渡自然、处理遮挡物,色调协调。

(5) 仿真度根据地物级别要求达到不同的要求,纹理从影像或照片中提取,若效果不佳,则可用类似的替代。

(6) 纹理图像采用 RGB 模式。

3. 三维模型属性精度

三维模型属性精度要求如下。

(1) 三维模型属性应根据不同模型类别设置不同的属性字段;

(2) 各类模型分类及其编码应正确完整;

(3) 三维模型的属性项和属性值应准确、完整。

4. 三维模型现势性

三维模型现势性要求如下。

(1) 应按需求定期或及时对数据进行更新,保持数据的现势性;

(2) 元数据应包含采集更新时间标识。

5. 三维模型逻辑一致性

三维模型逻辑一致性要求如下。

（1）三维模型数据在遵循的概念模式规则上应具有一致性，避免破面、漏面、漏缝、游离点、边、面等，不可见面需删除；

（2）模型的面都必须由凸多边形组成，布线合理，模型的多边形面数和三角形面数（转化成可编辑网格后的面数）都不得超过相同贴图情况下最优模型的30%；

（3）带透明纹理的建筑模型，其透明贴面不得与其主建筑分离，保证建筑对象的唯一性，且以可编辑多边形的形式存储，不得用三角网格的形式存储，对于标准中规定可综合的多个对象可以合并成一个对象；

（4）三维模型数据存储的数据格式应具有一致性；

（5）三维模型数据空间位置应具有拓扑一致性；

（6）模型文件内不得包含模型数据以外的信息。

17.1.3 模型分级

根据模型表现重要程度需求将三维模型划分为四个等级，从Ⅰ、Ⅱ、Ⅲ、Ⅳ重要性依次降低。模型的表现方式不得与模型精度相冲突，即当模型的平面或高程误差不得超过0.5m、某结构尺寸（长宽高斜角任一角度最大差值）大于0.5m时，则必须用模型表现出来，不得精简为贴图。四个等级如下。

（1）Ⅰ级。逼真反映目标外形变化特征和形态的模型，以航空影像及实地采集数据为基础，DEM格网单元尺寸不大于2m×2m，采用真实的地表覆盖纹理反映地表的质地、色彩、纹理等特征，DOM地面分辨率优于0.2m。

（2）Ⅱ级。反映目标外形变化特征和表面形态及其影像的模型，DEM格网单元尺寸不大于2.5m×2.5m，DOM地面分辨率优于0.2m。

（3）Ⅲ级。反映目标外形变化特征和表面影像的模型，DEM格网单元尺寸不大于5m×5m，DOM地面分辨率优于1m。

（4）Ⅳ级。反映目标外形变化特征，DEM格网单元尺寸不大于10m×10m。

17.1.4 模型表现复杂度分类

1. 主体建模表现

主体建模表现是指仅对目标要素主体进行几何建模表现，甲板、栅栏、栏杆等模型仅用单面片、十字面片或多面片的方式表示，外立面无纹理（白膜），或采用能基本反映物体色调、饱和度、明度等特征的影像或照片纹理，或纹理库中纹理图像。

2. 细节建模表现

细节建模表现是指对目标要素主体结构、细部结构进行精细几何建模表现，外立面纹理通常采用能精确反映物体色调、饱和度、明度等特征的影像或照片。

待基础三维模型成果生产完毕后，为适应不同平台的浏览环境，需要针对平台进行效果美化。搭建实时浏览平台，并将美化后的三维模型成果（以下称为三维模型表现成果）导入三维平台中，对于平台特有的特效设定和效果表现进行完善。

17.2 三维模型数据组织建议

本节针对三维模型的组织管理和共享发布提出几条建议。

1. 三维模型数据的组织管理

（1）数据应集中存储，数据容量应达到 TB 级；

（2）DOM 和 DEM 数据应按金字塔切片方式组织，对于大规模三维数据，应进行分区 LOD 方式进行组织数据量至少应达到 700GB；

（3）应使用成熟的空间数据库组织管理二维向量数据，数据容量应达到 500GB。

2. 三维模型数据的共享发布

（1）应支持跨平台数据发布，支持后台多节点多进程群集；

（2）应支持标准协议发布，包括支持 ArcGis Rest API，支持 Google API，支持天地图 API，支持自定义三维数据发布协议 API，支持 WMS、WFS 等；

（3）支持海量 DOM 和 DEM 发布，加载显示某一级别 DOM 和 DEM 时间小于 1s；

（4）支持海量二维向量数据发布，加载显示 1000 条向量线条时间小于 1s；

（5）支持海量三维模型数据发布，加载 40MB 大小三维模型时间小于 1.5s。

17.3 三维模型数据实景定位浏览案例

本节给出一个舰船三维模型的实景定位浏览案例，该案例可实现三维数据在数字地球上的快速浏览，包括显示、缩放、旋转等操作，可直观展示周边地理环境。如图 17.1 所示，将第 16 章重建的舰船模型定位到数字地球上，并通过缩放、旋转的方式显示。

建设目标三维模型的目的，最终是服务部队、打赢未来战争。在三维重建问题得以解决后，三维模型的管理应用平台可快速转换到应用环节。下一步，应针对不同作战单元的需求，打造不同的专业化平台，真正将三维重建成果应用到部队的实际工作中，提升部队的信息化作战能力。

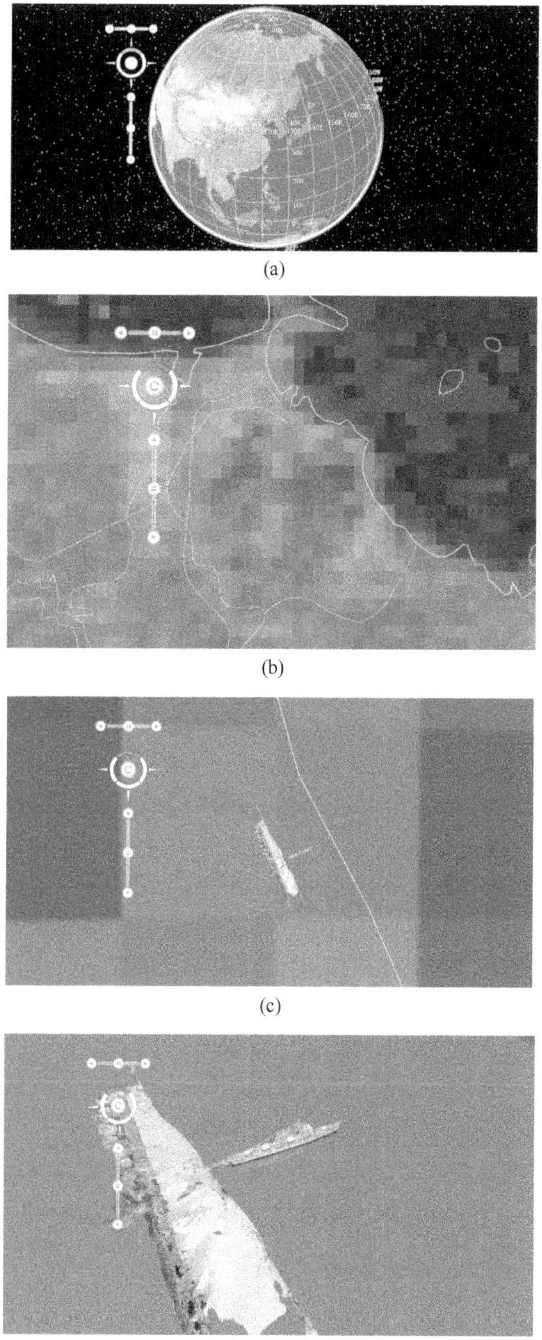

图 17.1　舰船三维模型的实景定位浏览示意图

参 考 文 献

[1] HARTLEY R, ZESSERMAN A. Multiple View Geometry in Computer Vision Second Edition [M]. New York: Cambridge University Press, 2004.

[2] SHAPIRO G, STOCKMAN C. Computer Vision [M]. San Franciso: Pearson Education, 2001.

[3] CHANDLER J, FRYER J. Autodesk 123D catch: how accurate is it [J]. Geomatics World, 2013, 2(21): 28-30.

[4] BARMEYER C, MAYRHOFER U. EADS (European Aeronautic Defence and Space Company): Managing Human Resources in a European Context [OL]. https://halshs. archivesouvertes. fr. halshs-00690202, 2011.

[5] UNGER J, REICHE M, HEIPKE C. UAV-based photogrammetry: monitoring of a building zone [J]. ISPRS-International Archives of the Photogrammetry, Remote Sensing and Spatial Information Sciences, 2014, XL-5(5): 601-606.

[6] 张小宏,赵生良,等. Agisoft PhotoScan 在无人机航空摄影影像数据处理中的应用[J]. 价值工程,2013(20):230-231.

[7] 张骥,高钊,等. 基于 Leica RCD 30 倾斜航摄仪和 Smart3D 技术快速进行城市三维实景生产[J]. 测绘技术装备,2014(3):61-64.

[8] 蔡钦涛,方水良. 基于图像的三维重建技术研究[D]. 杭州:浙江大学,2004.

[9] 康来. 基于图像点特征的多视图三维重建[M]. 北京:科学出版社,2015.

[10] 赵小川. 现代数字图像处理技术提高及应用案例详解(MATLAB 版)[M]. 北京:北京航空航天大学出版社,2012.

[11] LOWE D G. Distinctive image features from scale-invariant keypoints [J]. Kluwer Academic Publishers, 2004, 60 (2): 91-110.

[12] KE Y, SUKTHANKAR R. PCA-SIFT: a more distinctive representation for local image descriptors [C]. In Proceedings of IEEE Conference on Computer Vision and Pattern Recognition (CVPR), 2004: 506-513.

[13] BAY H, ESS A, TUYTELAARS T, et al. SURF: speeded up robust features [J]. ComputerVision and Image Understanding, 2008, 110 (3): 346-359.

[14] LOWE D G. Object recognitionfrom local scale-invariant features [J]. Seventh IEEE International Conference on Computer Vision, 2001, 2: 1150.

[15] TOLA E, LEPETIT V, FUA P. Daisy: An efficient dense descriptor applied towide-baseline stereo [J]. Pattern Analysis and Machine Intelligence, IEEE Transactions on, 2010, 32(5): 815-830.

[16] WANG Z, FAN B, WU F. Local intensity order pattern for feature description [C]. Computer Vision (ICCV), 2011 IEEE International Conference on IEEE, 2011: 603-610.

[17] FAN B, WU F, HU Z. Rotationally invariant descriptors using intensity order pooling [J]. Pattern Analysis and Machine Intelligence, IEEE Transactions on, 2012, 34(10): 2031-2045.

[18] CALONDER M,LEPETIT V,STRECHA C,et al. Brief:Binary robust independent elementary features [C]. Computer Vision - ECCV 2010,2010:778-792.
[19] RUBLEE E,RABAUD V,KONOLIGE K. ORB:an efficient alternative to SIFT or SURF [C]. Computer Vision (ICCV),2011 IEEE International Conference on IEEE,2011:2564-2571.
[20] ALAHI A, ORTIZ R, VANDERGHEYNST P. Freak: fast retina keypoint [C]. Computer Vision and Pattern Recognition (CVPR),2012 IEEE Conference on. Ieee,2012:510-517.
[21] LEWIS J P. Fast normalized cross-correlation [J]. Vision interface,1995,10(1):120-123.
[22] FRIEDMAN J H,BENTLEY J L,FINKEL R A. An algorithm for finding best matches in logarithmic expected time [J]. ACM Transactions on Mathematical Software (TOMS),1977,3(3):209-226.
[23] LIU T,MOORE A,CRAY A,et al. An investigation of practical approximate nearest neighbor algorithms [C]. ProceedingNIPS'04 Proceedings of the 17th International Conference on Neural Information Processing Systems,2004:825-832.
[24] INDYK P,MOTWANI R. Approximate nearest neighbors: towards removing the curse of dimensionality [C]. Symposium on Theory of Computing,1998.
[25] MUJA M,LOWE D G. Fast approximate nearest neighbors with automatic algorithm configuration [J]. VISAPP,2009,2 (1):44-47.
[26] 王永明,王贵锦. 图像局部不变性特征与描述[M]. 北京:国防工业出版社,2010.
[27] HARTLEY R,ZISSERMAN A. Multiple View Geometry In Computer Vision [M]. New York: Cambridge University Press,2003.
[28] HARTLEY R. In defense of the eight-point algorithm [J]. IEEE Trans. Pattern Analysis and Machine Intelligence,1997,19(6):580-593.
[29] MORÉ J J. The Levenberg-Marquardt Algorithm: Implementation And Theory. Numerical analysis[M]. Berlin Heidelberg:Springer,1978.
[30] 吴朝福. 计算机视觉中的数学方法[M]. 北京: 科学出版社,2008.
[31] PILU M. A direct method for stereo correspondence based on singular value decomposition [C]. Proceedings of Computer Vision & Pattern Recongnition Puero Rico,1997:445-453.
[32] LUONG Q T,FAUGERAS O. The fundamental matrix:theory,algorithms and stability analysis [J]. The International Journal of Computer Vision,1996,1(17):43-76.
[33] ZHANG Z. A flexible new technique for camera calibration [J]. IEEE Transactions on Fattem Analysis and Machine Intelligence,2000,11:1330-1334.
[34] FAUGERAS O D,LUONG Q-T,MAYBANK SJ. Camera self-calibration:Theory and experiments[C]. InProceedings of the 2nd European Conference on Computer Vision,Proc. ECCV'92, Italy,1992.
[35] MAYBANK S J,FAUGERAS O. A theory of self-calibration of moving camera [J]. International Journal of Computer Vision,1992,8 (2):123-151.
[36] HARTLEY R. Krnppa's equations derived from the fundamental matrix [J]. IEEE Transac-

tions on Pattern Analysis and Machine Intelligence,2001,27(5):621-630.

[37] 雷成,吴福朝,等. Kruppa 方程与摄像机自标定[J]. 自动化学报,2001,27(5):621-630.

[38] MA Y,VIDAL R,KOSECKA J,et al. Kruppa equation revisited:its renormalizationand degeneracy [C]. In Proceedings of European conference on Computer vision (ECCV), 2000:561-577.

[39] POLLEFEYS M,GOOL L V. Stratified self-calibration with the modulus constraint [J]. IEEE Transactions on Pattern Analysis and Machine Intelligence,1999,21 (8):707-724.

[40] HARTLEY R. Euclidean reconstruction and invariants form multiple images[C]. In:Proceedings of theInternational Conference on Pattern Recognition, IEEE Computer Society Press, 1996:339-343.

[41] TRIGGS B. Auto-calibration and the absolute quadric[C]. In:Proceedings of the Conference on ComputerVision and Pattern Recognition,Puerto Rico,USA,1997:609-614.

[42] POLLEFEYS M,GOOL LV, Oostertlinck A. The modulus constraint:a new constraint forself-calibration[C]. In:Proceedings of International Conference of Pattern Recognition,Vienna, 1996:349-353.

[43] 李海滨. 基于影像序列的三维重建的研究与实践[D]. 南京:解放军信息工程大学,2007.

[44] HEYDEN A, ASTROM K. Euclidean reconstruction from image sequences with varying and unknown focal length and principle point [C]. In Proceedings of IEEEConference on Computer Vision and Pattern Recognition (CVPR),1997:438-443.

[45] HEYDEN A, ASTROM K. Flexible calibration:minimal cases for auto-calibration [C]. In Proceedings of IEEE International Conference on Computer Vision (ICCV),1999:350-355.

[46] POLLEFEYS M,KOCH R,GOOL L V. Self-calibration and metric reconstruction in spiteof Varying and unknown internal camera parameters [J]. International Journal ofComputer Vision,1999,32 (1):7-25.

[47] 孟晓桥,胡占义. 摄像机自标定方法的研究与进展[J]. 自动化学报,2003,29 (1):110-124.

[48] WU C. Towards linear-time incremental structure from motion [J]. International Conference on 3dv-conference,2013,8768(2):127-134.

[49] LONGUET-HIGGINS H C. A computer algorithm for reconstructing a scene from twoprojections [J]. Nature,1982,293:133-135.

[50] SPETSAKIS M,ALOIMONOS J Y. A multi-frame approach to visual motion perception [J]. International Journal of Computer Vision,1991,6 (3):245-255.

[51] SZELISKI R,KANG S B. Recovering 3D shape and motion from image streams usingnonlinear least squares [J]. Journal of Visual Communication and Image Representation,1994,5 (1):10-28.

[52] OLIENSIS J. A multi-frame structure-from-motion algorithm under perspective projection [J]. International Journal of Computer Vision, 1997, 34 (2): 34-42.

[53] SCHAFFALITZKY F, ZISSERMAN A. Multi-view matching for unordered image sets, or "How do I organize my holiday snaps?" [C]. In Proceedings of European Conference on Computer Vision (ECCV), 2002: 414-431.

[54] VERGAUWEN M, VAN GOOL L. Web-based 3D reconstruction service [J]. Machine Vision and Applications, 2006, 17 (2): 321-329.

[55] SNAVELY N, SEITZ S M, SZELISKI R. Modeling the world from internet photo collections [J]. InternationalJournal of Computer Vision, 2008, 80(2): 189-210.

[56] BROWN M, LOWE D. Unsupervised 3D object recognition and reconstruction in unordered datasets [C]. In Proceedings of International Conference on 3D Digital Imaging and Modeling, 2005: 56- 63.

[57] TRIGGS B, MCLAUCHLAN P, HARTLEY R, et al. Bundle adjustment: a modern synthesis [C]. In Vision Algorithms: Theory and Practice, LNCS, 2000: 298-375.

[58] LOURAKIS M I A, ARGYROS A A. SBA: a software package for generic sparse bundle adjustment [J]. ACM Transactions on Mathematical Software (TOMS), 2009, 36 (1): 1-30.

[59] AGARWAL S, SNAVELY N, SIMON I, et al. Building Rome in a day [C]. In Proceedingsof IEEE International Conference on Computer Vision (ICCV), 2009: 72-79.

[60] AGARWAL S, SNAVELY N, SEITZ S M, et al. Bundle adjustment in the large [C]. InProceedings of European conference on Computer vision (ECC): Part Ⅱ, 2010: 29-42.

[61] WU C, AGARWAL S, CURLESS B, et al. Multicore bundle adjustment [C]. In Proceedings of IEEE Conference on Computer Vision and Pattern Recognition (CVPR), 2011: 3057-3064.

[62] FITZGIBBON A W, ZISSERMAN A. Automatic camera recovery for closed or open image sequences [C]. In Proceedings of European Conference on Computer Vision (ECCV), 1998: 311-326.

[63] GHERARDI R A F, FARENZENA M. Improving the efficiency of hierarchical structure-and-motion [C]. In Proceedings of IEEE Conference on Computer Vision and Pattern Recognition (CVPR), 2010: 1594-1600.

[64] FARENZENA M, FUSIELLO A, GHERARDI R. Structure-and-motion pipeline on a hierarchical cluster tree [C]. In Proceedings of IEEE International Conference on Computer Vision (ICCV) Workshops, 2009: 1489-1496.

[65] GOESELE M, CURLERS B, SEITZ S M. Multi-view stereo revisited [C]. IEEE Computer Society Conference on Computer Vision and Pattern Recognition, 2006 (6): 2402-2409.

[66] BRADLEY D, BOUBEKEUR T, HEIDRICH W. Accurate multi-view reconstruction using Robust Binocular Stereo and Surface Meshing [C]. IEEE Conference on Computer Vision and Pattern Recognition, 2008: 1-8.

[67] GOESELE M, SNAVELY N, CURLESS B, et al. Mufti-view stereo for community photo collec-

tions [C]. IEEE International Conference on Computer Vision,2007:1-8.
[68] VOGIATZIS G,HERNÁNDEZ E C,TORR P H,et al. Mufti-view stereo via volumetric graph-cuts and occlusion robust photo-consistency [J]. Pattern Analysis & Machine Intelligence IEEE Transactions,2007 ,29(12):2241-2246.
[69] SEITZ S M,CURLESS B,DIEBEL J,et al. Mufti-view stereo evaluation [EB/OL]. http://vision. middlebury. edu/mview/.
[70] FAUGERAS O,KERIVEN R. Variational principles,surface evolution,PDE's,level set methodsand the stereo problem [J]. IEEE Trans. Image Processing,1998,7(3):336-344.
[71] ESTEBAN H C,SCHMITT F. Silhouette and stereo fusion for 3D object modeling [J]. Computer Vision and ImageUnderstanding,2004,96(3):367-392.
[72] GOESELE M, CURLESS B, SEITZ SM. Multi - view stereo revisited [C]. Proc. IEEE Conf. Computer Vision and Pattern Recognition, 2006:2402-2409.
[73] LHUILLIER M,QUAN L. A quasi-dense approach to surface reconstruction from uncalibrated images [J]. IEEE Trans. PatternAnalysis and Machine Intelligence,2005,27(3):418-433.
[74] FURUKAWA Y,PONCE JEAN. Accurate,dense and robust multi-view stereopsis [J]. IEEE Conference on Computer Vision & Pattern Recognition,2007,32 (8):1-8.
[75] SEITZ S M,CURLESS B,DIEBEL J,et al. A comparison and evaluation of multi-view stereo reconstruction algorithms [J]. Computer Vision and Pattern Recognition,2006,1:519-528.
[76] FURUKAWA Y,CURLESS B,SEITZ S M,et al. Towards internet-scale multi-view stereo [J]. Computer Vision & Pattern Recognition,2010,5:1434-1441.
[77] BERNARDINI F,MITTLEMAN J,RUSHMEIER H,et al. The ball-pivoting algorithm for surface reconstruction [J]. Visualization and Computer Graphics,IEEE Transactions on,1999,5(4):349-359.
[78] CHUNG,TSAI-HUA,et al. The effect of surface charge on the uptake and biological function of mesoporous silica nanoparticles in 3T3-L1 cells and human mesenchymal stem cells [J]. Biomaterials,2007,28(19):2959-2966.
[79] 李俊山,王蕊,等. 三维视景仿真可视化建模技术[M]. 北京:科学出版社,2011.
[80] BOISSONNAT J D. Geometric structures for three-dimensional shape representation [J]. ACM Transactions on Graphics (TOG),1984,3(4):266-286.
[81] AMENTA N,BERN M,KAMVYSSELIS M. A new Voronoi-based surface reconstruction algorithm [C]. Proceedings of the 25th annual conference on Computer graphics and interactive techniques,ACM,1998:415-421.
[82] EDELSBRUNNER H. Smooth surfaces for multi-scale shape representation [C]. Foundations of Software Technology and Theoretical Computer Science. Springer Berlin Heidelberg,1995:391-412.
[83] HOPPE H,DEROSE T,DUCHAMP T,et al. Surface reconstruction from unorganized points [J]. Computer Graphics,1992,26(2):92-98.

[84] CARR J C,BEATSON R K,CHERRIE J B,et al. Rcconstruction and representation of 3D objects with radial basis functions[C]. Proceedings of the 28th annual conference on Computer graphics and interactive techniques,ACM,2001:67-76.

[85] TURK G,O'BRIEN J F. Modelling with implicit surfaces that interpolate [J]. ACM Transactions on Graphics(TOG),2002,21(4):855-873.

[86] DU H,QIN H. A shape design system using volumetric implicit PDEs [J]. Computer-Aided Design,2004,36(11):1101-1116.

[87] OHTAKE Y,BELYAEV A,ALEXA M,et al. Multi-level partition of unity implicits [C]. ACM SIGGRAPH 2005 Courses. ACM,2005:173.

[88] KAZHDAN M,HOPPE H. Screened Poisson surface reconstruction [J]. Acm Transactions on Graphics,2013 ,32 (3) :1-13.

[89] 丁立军,卢章平,等. 基于摄影原理的文物表面纹理重建技术研究[D]. 镇江:江苏大学,2007.

[90] 刘彬,陈向宁,等. 多参数加权的无缝纹理映射算法[J]. 中国图象图形学报,2015,20(7):929-936.

[91] BAUMBERG A. Blending images for texturing 3D models [J]. BMVC,2002,3:5.

[92] LEMPITSKY V, IVANOV D. Seamless mosaicing of image-based texture maps [C]. Computer Vision and Pattern Recognition, 2007. CVPR'07. IEEE Conference on. IEEE, 2007:1-6.

[93] CHEN Z,ZHOU J,CHEN Y,et al. 3D Texture Mapping in Multi-View Reconstruction [M]. Advances in VisualComputing. Springer Berlin Heidelberg,2012.

[94] GOLDLÜCKE B,CREMERS D. A Super Resolution Framework for High-Accuracy Multiview Reconstruction [M]. Pattern Recognition:Springer Berlin Heidelberg,2009.

[95] 陈晓琳,郭立,等. 一种无接缝纹理映射算法[J]. 计算机工程,2011,37 (4) :235-237.

[96] GAL R,WEXLER Y,OFEK E,et al. Seamless montage for texturing models [J]. Computer Graphics Forum. Linköping University, Sweden, Blackwell Publishing Ltd, 2010, 29 (2): 479-486.

[97] KINDERLEHRER,D,STAMPACCHIA,G. An introduction to variational inequalities andtheir applications [M]. New York:Academic Press,1980.

[98] BAIOCCHI,C,CAPELO,A. Variational and Quasivariational Inequalities:Applications to Free Boundary Problems [M]. New York: A Wiley-Interscience Publication, JohnWiley and Sons,1984.

[99] GIANNESSI, F, MAUGERI, A. Variational Inequalities and Network EquilibriumProblems [M]. New York:Plenum Press,1985.

[100] ZEIDLER, E. Nonlinear Functional Analysis and Its Applications [M]. Ⅲ. New York: Springer,1985.

[101] ZEIDLER,E. Nonlinear Functional Analysis and Its Applications [M]. Ⅱ/B. New York:

Springer,1990.

[102] TAKAHASHI, W. Nonlinear Functional Analysis: Fixed Point Theory and Its Applications [M]. Yokohama: Yokohama Publishers, 2000.

[103] XU, X B, XU, HK. Regularization and iterative methods for monotonevariational inequalities [J/OL]. Fixed Point Theory and Applications, 2010, 765206 (2009), http://doi.org/10.1155/2010/765206.

[104] ZHOU, H Y, ZHOU, Y, FENG, GH. Iterative methods for solving a class of monotone variational inequality problems with applications [J/OL]. Journal of Inequalities and Applications, 2015, 68, https://doi.org/10.1186/s 13660-015-0590-y.

[105] YAMADA, I. The hybrid steepest descent method for the variational inequalityproblem over the intersection of fixed point sets of nonexpansive mappings [C]. InInherently Parallel Algorithms in Feasibility and Optimization and Their Applications, North - Holland, Amsterdam, 2001: 473-504.

[106] Iemoto S, Hishinuma, K, Iiduka, H. Approximate solutions to variationalinequality over the fixed point set of a strongly nonexpansive mapping[J/OL]. FixedPoint Theory and Applications, 2014, 51, https://doi.org/10.1186/1687-1812-2014-51.

[107] MOUNDAFI A. Viscosity approximation methods for fixed - points problems [J]. J. Math. Anal. Appl., 2000, 241: 46-65.

[108] BYRNE C. A unified treatment of some iterative algorithms insignal processing and image reconstruction [J]. Inverse Problems, 2004, 20: 103-120.

[109] ZHOU H Y, WANG P Y. A simpler explicit iterative algorithm for a classof variational inequalities in Hilbert spaces [J]. Journal of Optimization Theory and Applications, 2014, 161: 716-727.

[110] 王培元,周海云．基于近似逐次超松弛预处理的自适应 CQ 算法 [J]．系统工程理论与实践,2014,34(12):3190-3198.

[111] ZHOU H Y, WANG P Y. Adaptively relaxed algorithms for solving the splitfeasibility problem with a new stepsize [J/OL]. Journal of Inequalities and Applications, 2014:448, https://doi.org/10.1186/1029-242X-2014-448.

[112] PhotoMesh. PhotoMesh 用户操作手册[EB]. http://www.docin.com/p-1848454132.

[113] Insigt3Dinsight3d-quicktutorial [EB]. http://insight3d.sourceforge.net/.

[114] Smart3DCapture 照相中文技巧[OL]. http://www.chinadmd.com/file/poxscacutzcoetsausiz63uw_1.html.

[115] Agisoft. AgisoftPhotoScan Help [EB]. Chapter 2 Capturing Photos.

[116] 武汉郎视软件有限公司．多基线数字近景摄影测量系统 LensphotoV2.0 操作手册 [EB]. http://www.lensoft.com.cn.

[117] Altizure. Altizure 采集数据[OL]. https://www.altizure.com/support/articles/tutorial_capture.

[118] Pix4D. Pix4Dmapper Manual [EB]. http://www. pix4d. com.

[119] Kien D T. A review of 3D reconstruction from video sequences [R]. Amsterdam: Intelligent Sensory Information Systems Technical Report, 2005.

[120] 李竞超. 基于立体视觉的三维重建[D]. 北京:北京交通大学, 2010.

[121] 刘彬. 倾斜摄影三维重建关键技术研究[D]. 北京:装备学院, 2015.

[122] 王永明,王贵锦. 图像局部不变性特征与描述[M]. 北京:国防工业出版社, 2010.

[123] Ronny. Harris 角点[EB/OL]. http://www. cnblogs. com/ronny/p/4009425. html, 2014-10-09.

[124] Zddhub. SIFT 算法详解[EB/OL]. http://blog. csdn. net/zddblog/article/details/7521424, 2012-04-28.

[125] WITKIN A P. Scale space filtering [M]. Vieweg+Teubner Verlag, 2004:656-672.

[126] KOENDERINK, J J. The structure of images[J]. Biological Cybernetics, 1984, 50:363-396.

[127] SOLEM J E. Programming computer vision with python [M]. O'Reilly Media, Inc, 2012:58.

[128] LEE DT, WONG C K. Worst-caseanalysis for region and partial region searches in multidimensional binary search trees and balanced quad trees [J]. Acta. Informatica, 1977, 9 (1): 23-29.

[129] LOWE D G. Distinctive image features from scale invariant key points [J]. International Journal of Computer Vision (0920-5691), 2004, 60(2):91-110.

[130] HUBER P J, RONCHETTI E M. Robust statistics, 2nd edition [M]. New York: John Wiley, 2009.

[131] TORR PHS, ZISSERMAN A. MELSAC: anew robust estimator with application to estimating image geometry [J]. Computer Vision&Image Understanding, 2000, 78 (1) :138-156.

[132] FISCHLER M A, BOLLES R C. Random sample consensus: a paradigm for model fitting with application to imageanalysis andautomated cartography [EB/OL]. Readings in Computer Vision, https://doi. org/10. 1016B978-0-08-051581-6. 50070-2, 2014-06-27.

[133] SARIERL H P, INDYK, P, MOTWANI, R. Approximate nearest neighbor: towards removing the curse of dimensionality [J]. Theory Comput, 2012, 8:321-350.

[134] 孟晓桥,胡占义.摄像机自标定方法的研究与进展[J].自动化学报, 2003, 3:234-245.

[135] 朱铮涛, 黎绍发. 镜头畸变及其校正技术[J]. 光学技术, 2005, 31(1):136-138.

[136] 阚江明,李文彬. 基于计算机视觉的活立木三维重建方法[M]. 北京:中国环境科学出版社, 2011.

[137] MAHAMUD S, HEBERT M. Iterative projective reconstruction from multiple views [C]. Proceedings of IEEE Computer Vision & Pattern Recongnition, Hilton Head Island, SC, USA, 2000, (2):430-437.

[138] NISTÉR D. An efficientsolution to the five-point relative pose problem[J]. Pattern Analysis and Machine Intelligence, IEEE Transactions on, 2004, 26(6):756-770.

[139] MA Y, KOŠECKÁ J, SOATTO S, et al. An invitation to 3-D vision from images to models

[M]. Berlin:Springer,2004.
[140] 马颂德,张正友. 计算机视觉[M]. 北京:科学出版社,1998.
[141] SfMToolkit [EB/OL]. http://www. visual-experiments. com/demos/sfmtoolkit/,2010.
[142] Furukawa Y, Ponce J. Accurate, dense, and robustmulti - view stereopsis [C]. IEEE Conference on Computer Vision & Pattern Recognition,2007,32 (8):1-8.
[143] PONS J P,KERIVEN R,FAUGERAS O. Multi-view stereoreconstruction and scene flow estimation with a globalimage-based matching score [J]. IJCV,2007,72(2):179-193.
[144] VOGIATZIS G,TORR P H,CIPOLLA R. Multi-view stereovia volumetric graph-cuts [C]. IEEE Computer Society Conference on Computer Vision & Pattern Recognition,2005:391-398.
[145] KULIS B, GUAN Y. Graclus software [EB/OL]. http://www. cs. utexas. edu/users/dml/Software/graclus. html,2007.
[146] SHI J, MALIK J. Normalized cuts and image segmentation [J]. Chaos An Interdisciplinary Journal of Nonlinear Science,2000,22(8):888-905.
[147] FURUKAWA Y, PONCE J. PMVS [EB/OL]. http://grail. cs. washington. edu/software/pmvs.
[148] RUSINKIEWICZ S, LEVOY M. Qsplat: A multiresolutionpoint rendering system for large meshes [C]. SIGGRAPH '00 Proceedings of the 27th annual conference on Computer graphics and interactive techniques,2000:343-352.
[149] NAYLOR W,CHAPMAN B. Wnlib [EB/OL]. http://www. willnaylor. com/wnlib. html,2010.
[150] HOMUNG A, KOBBELT L. Robust reconstruction of watertight 3D models from non - uniformly sampledpoint clouds without normal information[C]. In:Symposium on Geometry Processing,2006:41-50.
[151] OHTAKE Y,BELYAEV A,Alexa M,et al. Multi-level partition of unity implicits[C]. In ACM SIGGRAPH2005 Courses. ACM,2005:173.
[152] LIPMAN Y,COHEN-OR D,Levin D. Data-dependent MLS for faithfulapproximation[C]. In Proceedings of the fifth Eurographicssymposium on Geometry processing. Eurographics Association,2007:59-67.
[153] KAZHDAN M,BOLITHO M,HOPPE H. Poisson reconstruction[C]. In Proceedings of the fourthEurographics symposium. 2006:61-70.
[154] 侯文博. 基于图像的三维场景重建[D]. 沈阳:东北大学,2011.
[155] 张凯. 基于泊松方程的三维表面重建算法的研究[D]. 天津:河北工业大学,2013.
[156] KAZHDAN M. Reconstruction of solid models from oriented point sets [J]. SGP,2005,4:73-82.
[157] GRINSPUN E,KRYSL P,SCHRODER P. Charms:a simple framework for adaptive simulation [C]. In SIGGRAPH,2002:281-290.
[158] LOSASSO F, GIBOU F, FEDKLW R. Simulating waterand smoke with an octree data

structure [J]. TOG (SIGGRAPH '04),2004,23:457-462.
[159] LORENSEN W,CLINE H. Marching cubes:A high resolution 3d surface reconstruction algorithm [J]. SIGGRAPH,1987:163-169.
[160] WILHELMS J,GELDER A. Octrees for faster isosurface generation [J]. TOG,1992,11:201-227.
[161] SHEKHAR R,FAYYAD E,YAGEL R,et al. Octree-based decimation of marching cubes surfaces [C]. In IEEEVisualization,1996:335-342.
[162] WESTERMANN R,KOBBELT L,ERTL T. Real-timeexploration of regular volume data by adaptive reconstruction ofiso-surfaces [J]. The Visual Computer,1999,15:100-111.
[163] KAZHDAN M. Reconstruction of solid models from oriented point sets [C]. In Proceedings of the third Eurographics symposium on Geometry processing(SGP'05). Eurographics Association,Goslar,DEU,2005:73-es.
[164] PARZEN E. On estimation of a probability density function and mode [J]. Ann. Math Stat. 1962,33:1065-1076.
[165] CALAKLI F,TAUBIN G. SSD:Smooth signed distance surface reconstruction [J]. Computer Graphics Forum,2011,30(7):1-10.
[166] BOLITHO M,KAZHDAN M,BURNS R,et al. Multilevel streaming for out-of-core surface reconstruction [C]. In Proceedings of the fifth Eurographics symposium on Geometry processing(SGP'07). Eurographics Association,Goslar,DEU,2007:69-78.
[167] 何晖光,田捷. 网格模型化简综述[J]. 软件学报,2002,13(12):15-20.
[168] ROSSIGNAC J,BOWEL P. Multi-resolution 3D approximations for rendering complex scenes [C]. Modeling irr Computer Graphics:Methods and Applications,1993:455-465.
[169] KALVIN A,TAYLOR R. Superfaces:polygonal mesh simplification with bounded error [J]. Computer Graphics and Application,1996,16(3):64-77.
[170] LOUNSBERY M. Multiresolution analysis for surfaces of arbitrary topological type [D]. st. Louis:University of Washington,1994.
[171] FLORIANI L. D,MAGILLO P,Puppo E. Building and traversing a surface at variable resolution [C]. Proc. IEEE Visualization'97,1997:103-110.
[172] LINDSTROM P, TURK G. Fast and memory efficient polygonal simplification [C]. Proc. IEEE Visualization'98,1998:279-286.
[173] 江巨浪. 纹理映射技术的研究及实现[D]. 合肥:合肥工业大学,2003.
[174] EDWIN C. Computer display of curved surface [C]. Proceedings of IEEE Conference on Computer Graphics Pattern Recognition and Data Structures,1975:11-17.
[175] ROGERS D F. Procedural elements for computer graphics [M]. New York: McGraw-Hill,1985.
[176] BLINN J F. Simulation of wrinkled surface[J]. Computer Graphics,1978,12(3):286-292.
[177] 张洁. 基于纹理映射真实感图形的研究[D]. 西安:西安电子科技大学,2007.

[178] 徐文鹏. 计算机图形学基础(OpenGL版)[M]. 北京: 清华大学出版社,2014.
[179] 范冲,王学. 三维城市建筑物的纹理映射综述[J]. 测绘与空间地理信息,2014,37(7):1-10.
[180] 仇兵.面向三维激光扫描的真实感纹理映射技术研究[D].南京:南京理工大学,2009.
[181] 杨玲,张剑清.基于模型的航空影像矩形建筑物半自动建模[J].计算机工程与应用,2008,44(33):10-12.
[182] 刘钢,彭群生,等. 基于多幅实拍照片为真实景物模型添加纹理[J]. 软件学报,2005,16(11):2014-2020.
[183] 裴玉茹,陈越. 基于二维照片图像序列的三维多面体可见壳模型重构算法研究[D]. 杭州:浙江大学,2003.
[184] BOYKOV Y,VEKSLER O,ZABIH R. Fast approximate energy minimization viagraph cuts [J]. PAMI,2001,23:5- 6.
[185] GEVA A. ColDet 3D collision detection [EB/OL]. sourceforge. net/projects/coldet 6.
[186] CALLIERI M,CIGNONI P,CORSINI M,et al. Masked photo blending:Mapping dense photographic dataset on high-resolution sampled 3D models [J]. Computers& Graphics 2008, 32: 3-6.
[187] SINHA S N,STEEDLY D,SZELISKI,R,et al. Interactive 3Darchitectural modeling from unordered photo collections [C]. In:SIGGRAPH Asia,2008:2-11.
[188] GRAMMATIKOPOULOS L, KALISPERAKIS I, KARRAS G, et al. Automatic multiview texture mapping of 3D surface projections [C]. In:3D-ARCH,2007:3-11.
[189] PEREZ P, GANGNET M, BLAKE A. Poisson image editing [J]. ACM Transactions on Graphics,2003,22(3):8-9.
[190] 沈美容. 海空背景下舰船小目标检测算法研究[D]. 重庆:重庆大学通信工程学院,2014.
[191] FURUKAWA Y, PONCE J. Accurate, dense, and robust multiview stereopsis [J]. IEEE Transactions on Patern Analysis and Machine Intelligence,2010,32(8):1362-1276.
[192] FURUKAWA Y,CURLESS B,SEITZ S M. Towards Internet-scale Multi-view Stereo[C]. IEEE Conference on Computer Vision & Pattern Recognition,2010,2010(5):1434-1441.
[193] PUNAM K,UDUPA K J and ODHNER D. Scale-Based Fuzzy Connected Image Segmentation:Theory,Algorithms,and Validation [J]. Computer Vision and Image Understanding, 2000,77:145-174.
[194] CHEN K. Adaptive Smoothing via Contextual and Local Discontinuities[J]. IEEE Transactions on Pattern Analysis and Machine Intelligence,2005,27(10):1552-1567.
[195] 钱晓亮,郭雷,等. 基于目标尺度的自适应高斯滤波[J]. 计算机工程与应用,2010,46(12):14-16.
[196] 余博,郭雷,等. 一种新的自适应双边滤波算法[J]. 应用科学学报,2012,30(5):517-523.

[197] HOU X,ZHANG L. Saliency Detection:Aspectral residual approach[C]. IEEE Conference on Computer Vision and Pattern Recognition,Minneapolis,2007:1-8.
[198] 赵春晖,栾世杰. 相位谱的光学遥感图像舰船目标检测[J]. 沈阳大学学报(自然科学版),2015,27(5):369-375.
[199] 周伟,关键,等. 光学遥感图像低可观测区域舰船检测[J]. 中国图象图形学报,2012,17(9):1181-1187.
[200] 吕尧新,刘志强,等. 基于相位谱分析技术的图像特征提取研究[J]. 计算机应用研究, 2005,1:258-260.
[201] 赵倩,曹家麟,等. 结合高斯多尺度变换和颜色复杂度计算的显著区域检测[J]. 仪器仪表学报,2012,33(2):405-412.
[202] 张巧荣,顾国昌,等. 利用多尺度频域分析的图像显著区域检测[J]. 哈尔滨工程大学学报,2010,31(3):361-365.
[203] 李海洋,文永革. 一种改进的 SIFT 特征点检测方法[J]. 计算机应用与软件,2013,30(9):147-150.
[204] 向景睿,吴维德,等. 计量现场手持终端激光光斑的检测方法[J]. 河北师范大学学报(自然科学版),2017(3):222-228.
[205] 贾阳林,高华,等. 基于显著性检测和高斯混合模型的早期视频烟雾分割算法[J]. 计算机工程,2016,42(2):206-209.
[206] HARRIS C,STEPHENS M. A Combined Corner and Edge Detector [C]. 4th Alvey Vision Conference,1988:147-151.
[207] 江铁,朱桂斌,等. 特征点提取算法性能分析研究[J]. 科学技术与工程,2012,12(30):7924-7930.
[208] 何海清. 一种无人机影像分块的亚像素角点快速检测算法[J]. 国土资源遥感,2012,4:21-25.
[209] 李莹,秦丽娟,等. 采用特征点提取算法的车牌倾斜校正方法研究[J]. 沈阳理工大学学报,2014,33(6):1-6.
[210] 陶超,邹峥嵘. 利用角点进行高分辨率遥感影像居民地检测方法[J]. 测绘学报,2014,43(2):164-169.
[211] 唐昌华,庄庆华. 夜视环境下的雷达遥感图像的小特征分割仿真[J]. 计算机仿真,2015,32(12):22-25.
[212] 沈美容. 海空背景下舰船小目标检测算法研究[D]. 重庆:重庆大学,2014.
[213] 朱丽娟. 一种双边核函数的新 Harris 角点检测算法[J]. 激光与红外,2013,43(5):569-572.
[214] 舒远,胡钊政,等. 彩色图像特征点检测算子[J]. 微电子学与计算机,2004,12(21):135-141.
[215] 杨惠,杨会成,等. 改进 Harris 角点检测算法的零件形状识别[J]. 重庆理工大学学报(自然科学),2013,27(12):64-67.

[216] 张永,纪东升. 一种改进的 Harris 特征点检测算法[J]. 计算机工程,2011,37(13):196-201.
[217] 沈士喆,张小龙,等. 一种自适应阈值的预筛选 Harris 角点检测方法[J]. 数据采集与处理,2011,26(2):207-213.
[218] 袁晓亚. 基于改进 Harris 角点特征匹配的图像拼接算法研究[D]. 信阳:信阳师范学院,2013.
[219] 王慧勇. 一种快速自适应的 Harris 角点检测方法研究[J]. 电视技术,2013,37(19):208-212.
[220] SUN L,WANG Sq,et al. Self-adaption harris corner detection algorithm based on image contrast area [C]. Control & Decision Conference,2015.
[221] 王付新,黄毓瑜,等. 三维重建中特征点提取算法的研究与实现[J]. 工程图学学报,2007,3:91-96.
[222] 赵宏才,潘爱先. 基于提升小波和动态两阈值分块角点检测算法[J]. 辽宁工程技术大学学报(自然科学版),2011,30(2):276-279.
[223] 赵垒. 基于三维重建的图像特征点检测和匹配技术的研究[D]. 内蒙古:内蒙古农业大学,2010.
[224] 张登荣,刘辅兵,等. 基于 Harris 算子的遥感影像自适应特征提取方法[J]. 国土资源遥感,2006,2:35-38.
[225] 时洪光,张凤生. 双目视觉中的角点检测算法研究[J]. 现代电子技术,2010,12:97-102.
[226] WANG X, XUE J, et al. Image forensic signature for content authenticity analysis [J]. J. Vis. Commun. Image R. ,2012,23:782-797.
[227] 敬淇文,李文荣. 基于 Harris 角点检测的零件形状识别[J]. 微计算机信息,2010,26(6-1):182-183.
[228] FREEMAN H, DAVIS LS. A corner finding algorithm for chain-coded curves [J]. IEEE Trans. on Computer,1977,26(3):297-303.
[229] 秦华标,张亚宁. 基于局部邻域像素的快速时空特征点检测方法[J]. 模式识别与人工智能,2015,28(1):74-79.
[230] 马世伟,陈辉,等. 彩色伪随机编码图像角点检测方法研究[J]. 计量学报,2009,29(2):110-113.
[231] 许桢英,曹丹丹. 基于彩色伪随机编码与角点检测的三维重构法[J]. 农业机械学报,2012,43(2):221-225.
[232] TOMASI C,MANDUCHI R. Bilateral filtering for gray and color images [C]. Proceedings of the 1998 IEEE International Conference on Computer Vision,Bombay,India,1998.
[233] 邹志远,安博文. 基于红外面阵传感器的图像拼接算法[J]. 传感器与微系统,2015,34(1):128-130.
[234] 郭丽珍. 基于角点特征的图像配准[J]. 西安工程大学学报,2012,26(6):766-770.

[235] SUN L, XING J, et al. A self-adaptive corner detection algorithm for low-contrast images [J]. Applied Mechanics and Materials, 2014, 615: 158-164.

[236] 刘花香,王玲. 基于 Harris 角点能量的指纹图像分割算法[J]. 计算机工程与应用, 2011, 47(15): 206-208.

[237] 朱海峰,赵春晖. 图像特征点分布均匀性的评价方法[J]. 大庆师范学院学报, 2010, 30(3): 9-12.

[238] 何海清,黄声享. 改进的 Harris 亚像素角点快速定位[J]. 中国图象图形学报, 2012, 17(7): 853-857.

[239] 张麟华,刘鹏,等. 一种基于区域分割的无阈值 Harris 特征点检测算法[J]. 山西大学学报(自然科学版), 2014, 37(1): 57-63.

[240] GONZALEZ R C, WOODS R E. Digital Image Processing, seconded [M]. Upper Saddle River, N. J.: Prentice Hall, 2002.

[241] 冯宇平,戴明,等. 一种用于图像序列拼接的角点检测算法[J]. 计算机科学, 2009, 36(12): 270-293.

[242] 江铁,朱桂斌,等. 特征点提取算法性能分析研究[J]. 科学技术与工程, 2012, 12(30): 7924-7930.

[243] 徐倩,陈咸志. 基于 Harris 算法的自适应双极性红外舰船目标检测[J]. 激光与红外, 2014, 44(12): 1364-1368.

[244] 李莹,秦丽娟,等. 采用特征点提取算法的车牌倾斜校正方法研究[J]. 沈阳理工大学学报, 2014, 33(6): 1-6.

[245] 曾凯,王慧婷. 基于多尺度角点的种子破损特征检测算法[J]. 中国农业大学学报, 2014, 19(5): 187-191.

[246] 朱丽娟. 一种双边核函数的新 Harris 角点检测算法[J]. 激光与红外, 2013, 43(5): 569-572.

[247] 舒远,胡钊政,等. 彩色图像特征点检测算子[J]. 微电子学与计算机, 2014, 21(12): 135-141.

[248] 徐贤锋,檀结庆. 一种改进的多尺度 Harris 特征点检测方法[J]. 计算机工程, 2012, 38(17): 174-177.

[249] 毛晨,钱惟贤,等. 基于双边滤波的 Harris 角点检测[J]. 红外技术, 2014, 36(10): 812-819.

[250] 朱少何,檀结庆. 基于双边滤波改进的 Harris 特征点检测[J]. 合肥工业大学学报自然科学版, 2015, 38(5): 618-621.

[251] 钱晓亮,郭雷,等. 基于目标尺度的自适应高斯滤波[J]. 计算机工程与应用, 2010, 46(12): 14-20.

[252] 余博,郭雷,等. 一种新的自适应双边滤波算法[J]. 应用科学学报, 2012, 30(5): 517-523.

[253] YAMADA Y. The hybrid steepest descent method for variational inequality problem over the

intersection of fixed point sets of nonexpansive mappings [C] . Inherently Parallel Algorithms in Feasibility and Optimization and Their Applications, North-Holland, Amsterdam, 2001:473-504.

[254] XU H K, KIM T H. Convergence of hybrid steepest descent methods for variational inequalities [J]. J. Optim. Theory Appl, 2003, 119:185-201.

[255] ZENG L C, WONG N C, YAO J C. Convergence analysis of modified hybrid steepest-descent methods with variable parameters for variational inequalities [J]. J. Optim. Theory Appl., 2007, 132:51-69.

[256] LIU X, CUI Y. The common minimal-norm fixed point of a finite family of nonexpansive mappings [J]. Nonlinear Anal., 2010, 73:76-83.

[257] IEMOTO S, TAKAHASHI W. Strong convergence theorems by a hybrid steepest descent method for countable nonexpansive mappings in Hilbert spaces [J]. Sciential Mathematical Japonicae Online, 2008, 5:557-570.

[258] BUONG D, DUONG L T. An explicit iterative algorithm for a class of variational inequalities in Hilbert spaces [J]. J. Optim. Theory Appl., 2011(151):513-524.

[259] ZHOU H Y, WANG PY. A simpler explicit iterative algorithm for a class of variational inequalities in Hilbert spaces [J]. Journal of Optimization Theory and Applications, 2014, 161: 716-727.

[260] KIM J K, BUONG D. A new explicit iteration method for variational inequalities on the set of common fixed points for a finite family of nonexpansive mappings[J/OL]. Journal of Inequalities and Applications, 2013:419, https://doi.org/10.1186/1029-242X-2013-419.

[261] CENSOR Y, ELFVING T, KOPF N, et al. The multiple-sets split feasibility problem and its applications for inverse problems [J]. Inverse Problems, 2005 (21):2071-2084.

[262] XU H K. A variable Krasnosel' ski-Mann algorithm and the multiple-set split feasibility problem [J]. Inverse Problems, 2006 (22):2021-2034.

[263] CENSOR Y, MOTOVA A, SEGAL A. Perturbed projections and subgradient projections for the multiple-sets split feasibility problem [J]. J. Math. Anal. Appl, 2007, 327:1244-1256.

[264] CHANG S, CHO Y, KIM J K, et al. Multiple-set split feasibility problems for asymptotically strict pseudocontractions [J/OL]. Abstract and Applied Analysis, 2012, https://doi.org/10.1155/2012/491760.

[265] XU H K. Iterative methods for the split feasibility problem [EB/OL]. http://www.doc88.com/p-035415145998.html.

[266] GUO Y, YU Y, CHEN R. Strong convergence theorem of the CQ algorithm for the multiple-set split feasibility problem [C]. 2011 International Conference on Future Computer Sciences and Application, 2011:61-64.

[267] HE H, LIU S, NOOR MA. Some krasnonsel' ski-mann algorithms and the multiple-set split feasibility problem [J/OL]. Fixed Point Theory and Applications, 2010, 513956, https://

doi. org/10. 1155/2010/513956.

[268] DENG B,CHEN T,DONG Q. Viscosity iteration methods for a split feasibility problem and a mixed equilibrium problem in a Hilbert space [J]. Fixed Point Theory and Applications, 2012,2012:226.

[269] BROWDER F E. Fixed point theorems for noncompact mappings in Hilbert space,Proc [J]. Natl Acad. Sci. USA,1965,53:1272-1276.

[270] SUZUKI T. Strong convergence theorems for infinite families of nonexpansive mappings in general Banach spaces [J]. Fixed Point Theory Appl. ,2005,1:103-123.

[271] XU H K. Iterative algorithms for nonlinear operators [J]. J. Lond. Math. Soc. , 2002, 2: 240-256.

[272] YANG Q. On variable-step relaxed projection algorithm for variational inequalities [J]. J. Math. Anal. Appl. ,2005,302:166-179.

[273] WANG F,Xu H K,Su M. Choice of variable steps of the CQ algorithm for the split feasibility problem [J]. Fixed Point Theory,2011,12(2):489-496.

[274] LÓPEZ G, MARTÍN-MÁRQUEZ V, WANG F, ct al. Solving the split feasibility problem without prior knowledge of matrix norms [J]. Inverse Problems,2012,28:085004.

[275] QU B,XIU N. A note on the CQ algorithm for the split feasibility problem [J]. Inverse Problems,2005,21:1655-1665.

[276] BYRNE C. A unified treatment of some iterative algorithms in signal processing and image reconstruction [J]. Inverse Problems,2004,20:103-120.

[277] AUBIN J P. Optima and Equilibria: An Introduction to Nonlinear Analysis [M]. Berlin: Springer,1993.

[278] BAUSCHKE H H,Borwein J M. On projection algorithms for solving convex feasibility problems [J]. SIAM Rev. ,1996,38:367-426.

[279] TARAZAGA. P. Eigenvalue estimates for symmetric matrices [J]. Linear Algebra and Its Application,1990,135:171-179.

[280] DEUBECHIES I,DEFRISE M,DEMOL C. An iterative thresholding algorithm for linear inverse problems [J]. Comm. Pure Appl. Math,2004,57(11):1413-1457.

[281] CHAMBOLLE A,DEVORE R A,LEE N Y,et al. Nonlinear wavelet image processing: variational problems, compression, and noise removal through wavelet shrinkage [J]. IEEE Trans. Image Process,1998,7:3319-3335.

[282] DAUBECHIES I, FORNASIER M, LORIS I. Accelerated Projected Gradient Method for linear Inverse Problems with Sparsity Constraints [J]. The Journal of Fourier Analysis and Applications,2008,14:764-792.

[283] WANG F,XU H K. Approximating Curve and Strong Convergence of the CQ Algorithm for the Split Feasibility Problem [J]. Journal of Inequalities and Applications,2010,Article ID 102085,DOI:10. 1155/2010/102085.

[284] DANG Y, YAN G. The strong convergence of a KM-CQ-like algorithm for a split feasibility problem [J]. Inverse Problems, 2011, 27, 015007.
[285] YU X, SHAHZAD N, YAO Y. Implicit and explicit algorithms for solving the split feasibility problem [J]. Optim Letters, 2012, 6: 1447-1462.
[286] YAO Y, POSTOLACHE M, Liou Y. Strong convergence of a self-adaptive method for the split feasibility problem [J/OL]. Fixed point Theory and Applications, 2013:201, https://doi.org/10.1186/1687-1812-2013-201.
[287] BYRNE C. Iterative oblique projection onto convex sets and the split feasibility problem [J]. Inverse Problems, 2002, 18: 441-453.
[288] BAY B H, ESS A, TUYTELAARS T, et al. Speeded-Up Robust Features (SURF) [J]. Computer Vision and Image Understanding, 2008, 110(3): 346-359.
[289] 阚江明,李文彬. 基于计算机视觉的活立木三维重建方法[M]. 北京:中国环境科学出版社,2011.
[290] 彭科举. 基于序列图像的三维重建算法研究[D]. 长沙:国防科学技术大学,2012.
[291] 任家富,庹先国,陶永莉. 数据采集与总线技术[M]. 北京:北京航空航天大学出版社,2008.
[292] 国家测绘地理信息局. 三维地理信息模型生产规范:CH/T 9016—2012 [S]. 北京:中国标准出版社,2012.